高等职业教育土建类新编技能型规划教材

建筑工程CAD

主　编　刘　焱　李　燕
副主编　赵书锋　闫帅平

黄河水利出版社
·郑州·

内 容 提 要

本书根据“以工作过程为导向”的职业教育要求，利用项目教学法，着重讲解 AutoCAD 软件在建筑工程实践中的基本原理及操作方法，以使读者了解 AutoCAD 2012 的基本功能及其在建筑设计中的应用，快速掌握绘制建筑图纸的方法。

本书共分为 8 个模块，包括 AutoCAD 基本知识，图形组织在建筑图中的应用，建筑制图中的尺寸标注，建筑平面图的绘制，建筑立面图、剖面图、详图和总平面图的绘制，图形输出，建筑工程图的绘制，天正建筑软件的使用等内容。

本书可作为建筑类专业的教材，也可作为建筑相关专业的参考书。

图书在版编目(CIP)数据

建筑工程 CAD/刘焱，李燕主编. —郑州：黄河水利出版社，2014.2

高等职业教育土建类新编技能型规划教材

ISBN 978-7-5509-0641-9

Ⅰ.①建… Ⅱ.①刘… ②李… Ⅲ.①建筑制图-计算机输助设计-AutoCAD 软件-高等职业教育-教材 Ⅳ.①TU204

中国版本图书馆 CIP 数据核字(2013)第 287382 号

出 版 社：黄河水利出版社

地址：河南省郑州市顺河路黄委会综合楼 14 层　邮政编码：450003

发行单位：黄河水利出版社

发行部电话：0371-66026940、66020550、66028024、66022620(传真)

E-mail：hhslcbs@126.com

承印单位：黄河水利委员会印刷厂

开本：787 mm×1 092 mm　1/16

印张：12.25

字数：300 千字　　印数：1—4 100

版次：2014 年 2 月第 1 版　　印次：2014 年 2 月第 1 次印刷

定价：27.00 元

前　言

本书根据“以工作过程为导向”的职业教育要求，体现工学结合，利用项目教学法有针对性地讲解 AutoCAD 软件在建筑工程实践中的应用基本原理及操作方法，以使读者了解 AutoCAD 2012 的基本功能及其在建筑设计中的应用，快速掌握绘制建筑图纸的方法。

本书与传统书籍的编写模式有很大不同，以项目教学为主，注重培养学生的动手能力，利用项目练习将 AutoCAD 的操作方法融合到专业图纸的绘制中，对发挥职业教育在适应社会对建筑工作的新要求方面具有重要的作用。

全书共分为 8 个模块，每个模块下设项目任务，包括 AutoCAD 基本知识，图形组织在建筑图中的应用，建筑制图中的尺寸标注，建筑立面图、剖面图、详图和总平面的绘制，图形输出，建筑工程图的绘制，针对建筑制图的特殊性，还介绍了天正建筑软件的运用。

本课程建议安排 64 学时，根据知识的延伸性，实施理论实践教学一体化的原则，为了使学生掌握 AutoCAD 的基本绘图、编辑方法与技巧，各个学校可根据实际情况结合不同专业灵活安排。

本书具体编写分工如下：河南建筑职业技术学院刘焱、李燕编写模块 1、模块 2、模块 6；济源职业技术学院闫帅平编写模块 4、模块 5；河南建筑职业技术学院郑日忠编写模块 3；郑州城市职业学院刘聪聪编写模块 7；开封大学赵书锋编写模块 8。本书由刘焱、李燕担任主编，由赵书锋、闫帅平担任副主编。

本书在编写过程中，编者参考和引用了国内外大量与 AutoCAD 相关的文献资料，在此谨向这些文献资料的作者致以最诚挚的敬意。

由于编者水平有限，书中难免有疏忽、不妥的地方，敬请广大读者批评指正。

编　者

2013 年 11 月

目　录

模块 1　AutoCAD 基本知识

任务 1　AutoCAD 概述

任务目标：了解 AutoCAD 的基本知识。

任务解析：熟悉 AutoCAD 的基本界面及主要功能。

AutoCAD 是美国 Autodesk 公司于 1982 年开发推出的计算机辅助绘图和设计的软件，经过 20 多年的发展与完善，已从简单的二维绘图软件发展成为一个庞大的计算机辅助设计系统，它具有易于掌握、使用方便和体系结构开放等优点，深受广大工程技术人员的欢迎。

AutoCAD 2012 软件是目前 AutoCAD 的最新版本，其应用更加方便、性能更加优越、功能更加强大。

计算机辅助设计(Computer Aided Design，简写为 CAD)，是指利用计算机的计算功能和高效的图形处理能力，对产品进行辅助设计分析、修改和优化。它综合了计算机知识和工程设计知识的成果，能够绘制二维图形与三维图形、标注尺寸、渲染图形以及打印输出图纸，并且随着计算机硬件性能和软件功能的不断提高而逐渐完善。

AutoCAD 的发展可分为初级阶段、发展阶段、高级发展阶段、完善阶段和进一步完善阶段等 5 个阶段，各阶段版本的 AutoCAD 在性能、功能等方面都更进一步。

1.1.1　AutoCAD 软件功能特点

(1)具有直观的用户界面、方便使用的对话框等。

(2)能够绘制各种准确的二维平面图，取代工程师使用的图板与直尺。

(3)可以在绘制过程中制作图形模板或图块，减少手绘过程中的重复工作，大大提高工作效率，节约时间。

(4)经过多个版本的改进，建造和编辑三维模型更加方便快捷。

(5)具有强大的文件兼容性。

(6)提供了许多 Internet 工具，用户可以通过 AutoCAD 在 Web 上打开、插入和保存图形。

(7)具有开放的体系结构，为其他软件提供了多元化的开发工具。

1.1.2　AutoCAD 2012 新增功能

AutoCAD 2012 和 AutoCAD 前几个版本相比，新增了一些功能，下面简要介绍一下：

(1)编辑 UCS 图标。可选择 UCS 图标，并使用多功能夹点改变 UCS。

(2)关联阵列功能。可以在已排列的对象之间建立并维持一组特定关系。

(3)图纸集管理器。可整理图纸，减少发布步骤，自动建立布局视图，将图纸集信息链接到标题块和打印标记，对整个图纸集执行任务，进而简化工作量。

(4)多功能夹点。支持直接操作，能够加速并简化编辑工作。

(5)三维自由形状设计。利用三维网面、网格和实体建模工具自由探索设计创意。

(6)自动完成命令。可在用户输入命令时自动提供一份清单，列出匹配的命令名称、系统变量和命令别名。

(7)三维打印支持。

1.1.3 AutoCAD 2012 的用户界面

1.1.3.1 AutoCAD 2012 启动

方法如下：

(1)双击桌面上的快捷图标，启动 AutoCAD 2012 中文版系统，如图 1-1 所示。

(2)选择“开始”菜单→“程序”→“Autodesk”→“AutoCAD 2012 - Simplified Chinese”，如图 1-2 所示。

图 1-1 启动界面

1.1.3.2 AutoCAD 2012 界面

AutoCAD 2012 的用户界面是 Windows 系统的标准工作界面，包括标题栏、菜单栏、工具栏、命令行、状态栏等元素。

AutoCAD 2012 为用户提供了“AutoCAD 经典”“草图与注释”“三维基础”“三维建模”4 种工作空间模式。AutoCAD 2012 二维草图与注释操作界面由标题栏、菜单栏、快速访问工具栏、绘图区、工具栏、选项卡、面板、工具选项板、命令行、坐标系图标、状态栏等组成，如图 1-3所示。

AutoCAD 2012 还可以通过状态栏中的“切换工作空间”按钮，进行“AutoCAD 经典”“三维基础”“三维建模”界面的切换，如图 1-4 ~ 图 1-6 所示。

1)“应用程序”菜单

单击按钮，打开“应用程序”菜单，如图 1-7 所示，在该菜单中可以搜索命令、访问常用工具和浏览文件。

2)快速访问工具栏

快速访问工具栏位于菜单栏的上方，用于快速访问常用的工具，如图 1-8 所示。

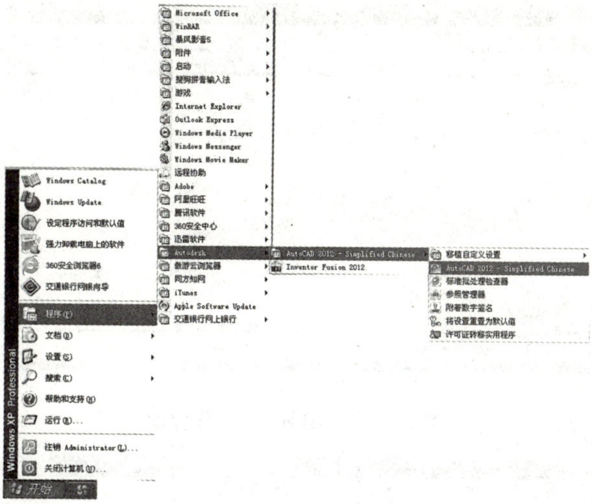

图 1-2 AutoCAD 2012 打开方式

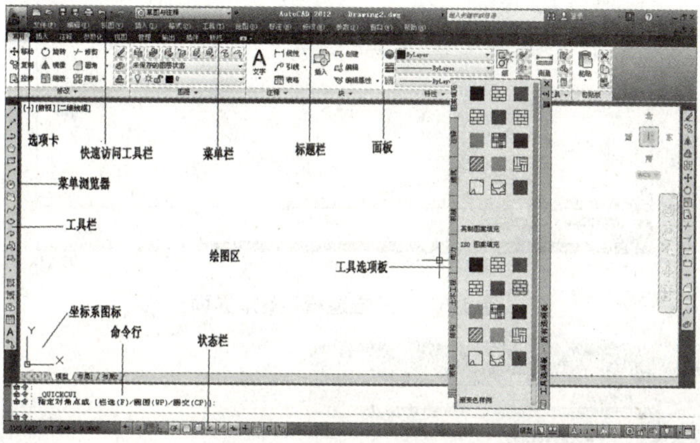

图 1-3 基本操作界面

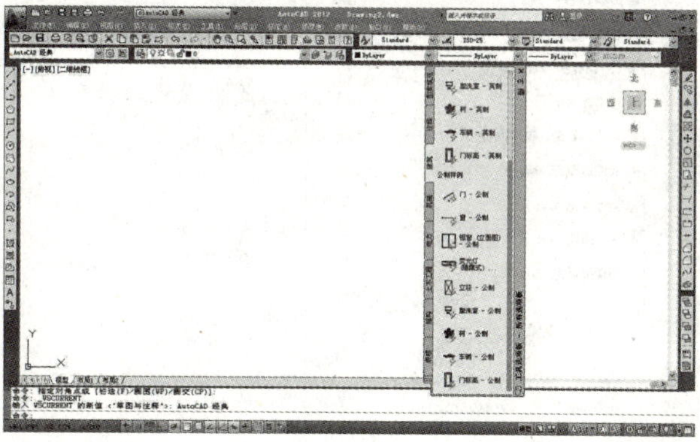

图 1-4 “AutoCAD 经典”操作界面

3）标题栏

标题栏位于快速访问工具栏的右侧，显示软件的名称、版本，以及当前正在操作的文件

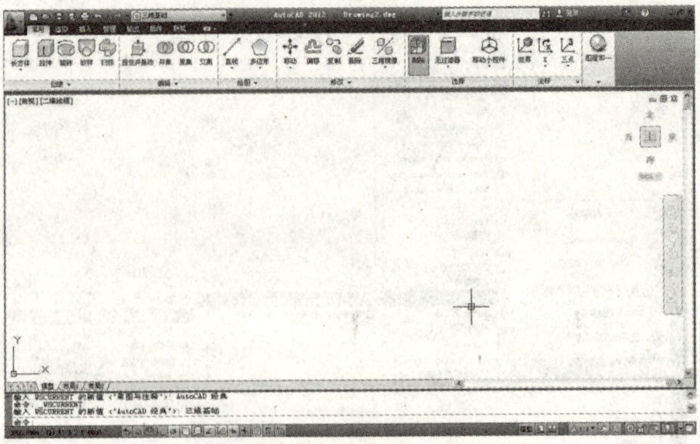

图 1-5 “三维基础”操作界面

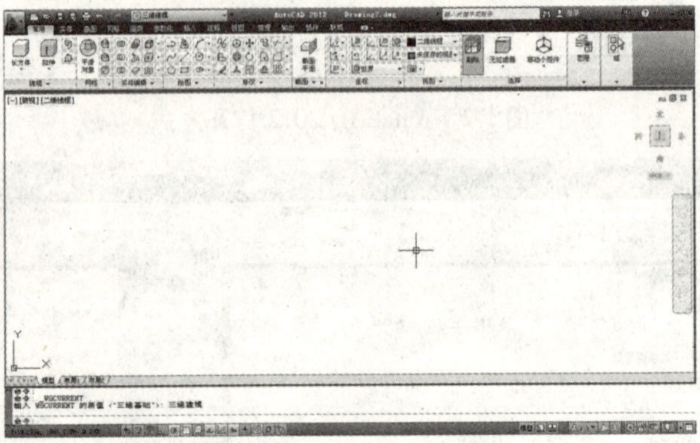

图 1-6 “三维建模”操作界面

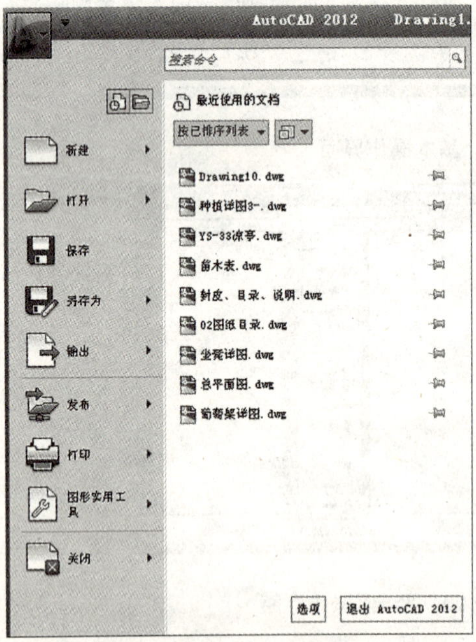

图 1-7 “应用程序”菜单

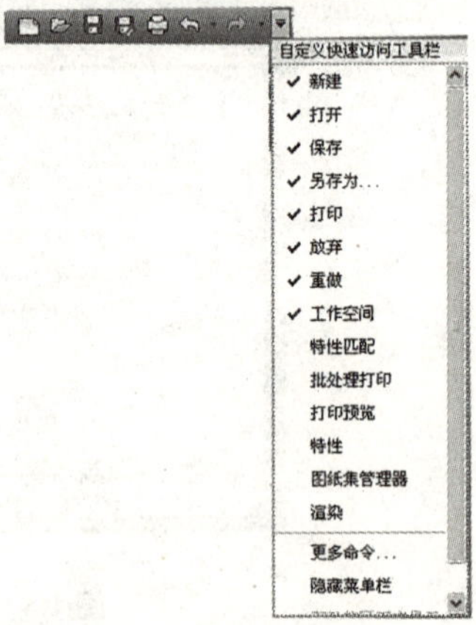

图 1-8 快速访问工具栏

名。如启动 AutoCAD，载入一个新文件，默认名为"Drawing1. dwg"。

4）菜单栏

AutoCAD 2012 菜单栏包含 12 个主菜单，即"文件""编辑""视图""插入""格式""工具""绘图""标注""修改""参数""窗口""帮助"，如图 1-9 所示。

图 1-9　菜单栏

点击每一个主菜单就会出现下拉菜单，可选择其次级菜单命令。

如：点击"绘图"→"块"→"创建块"命令。

注意：在选取子菜单时，会出现下面三种情况：

（1）子菜单后面出现"▶"符号，这说明该命令还有下一级的子菜单。

（2）子菜单命令后面出现"..."符号，这说明该命令将弹出对话框，用户可以在该对话框中进行设置和选择。

（3）子菜单显示为灰色，说明此命令暂不可用。

5）工具栏

AutoCAD 2012 共有 37 组工具栏，但在初始界面中不显示工具栏，用户需要自己调出需要的工具栏，具体办法如下：

（1）在"工具"菜单中选择"工具栏"→"AutoCAD"项，在打开的菜单中选择需要的工具栏，如图 1-10 所示。

（2）用鼠标光标指向屏幕上任意一个工具栏的按钮并单击鼠标右键，将显示工具选项菜单。

注意：在工具选项菜单中带"√"的都是目前在屏幕上已经存在的工具栏，选择所需的工具栏，即可在屏幕上显示该工具栏。

在 AutoCAD 经典工作空间默认的状态下，显示"标准""工作空间""绘图""绘图顺序""对象特性""图层顺序""修改""样式"8 个工具栏。

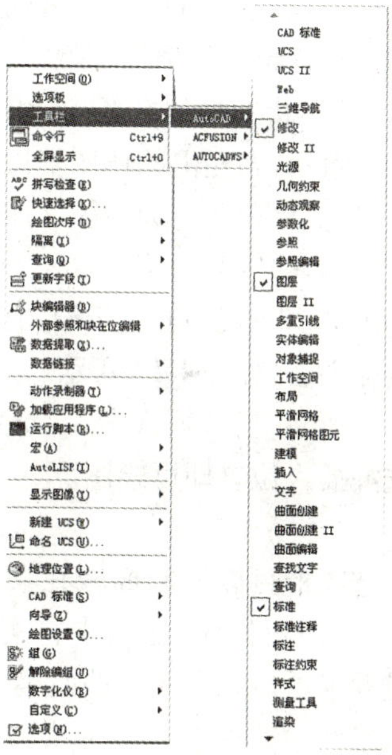

图 1-10　菜单栏中选择工具

6）绘图区

绘图区主要是图形绘制和编制的区域，当将鼠标移至这个区域时，鼠标光标会变成一个十字游标的形式。在一些特定的情况下，光标会变成方框光标或其他形式的光标。

7）命令行

命令行是绘图区下端的文本窗口，用来接收用户输入的命令或数据，同时显示命令、系统变量、选项和信息等，引导用户进行下一步操作，如图 1-11 所示。

命令行的作用主要有两个：一是显示命令的步骤，初学者往往忽略命令行中的提示，实际上，它像指挥官一样指挥用户下一步该干什么，所以要养成看命令行的习惯，才能真正做到灵活快速的使用；二是可以通过命令行的滚动条查询命令的历史记录。

图 1-11　命令行

8) 状态栏

状态栏位于 AutoCAD 2012 窗口的最下端,如图 1-12 所示。

图 1-12　状态栏

(1) 在状态栏的左边,显示当前光标所处位置的坐标值。

(2) 在状态栏的中部,是非常重要的作图辅助工具的开关按钮。通过捕捉工具、极轴工具、对象捕捉工具和对象追踪工具的快捷菜单,可以更改这些绘图工具的设置。

(3) 在状态栏的右部,快速查看工具可以预览打开的图形和图形中的布局,并在其间进行切换。

(4) 在状态栏的右部,导航工具可以在打开的图形之间进行切换和查看图形中的模型。

(5) 在状态栏的右部,注释工具可以显示注释缩放。

注意:状态栏上的作图辅助工具的开关按钮呈现浅蓝色为打开状态,呈现灰色为关闭状态。

9) 工具选项板

工具选项板一般位于绘图区的右部,主要提供了绘制图形的快捷方法,如图 1-13 所示。

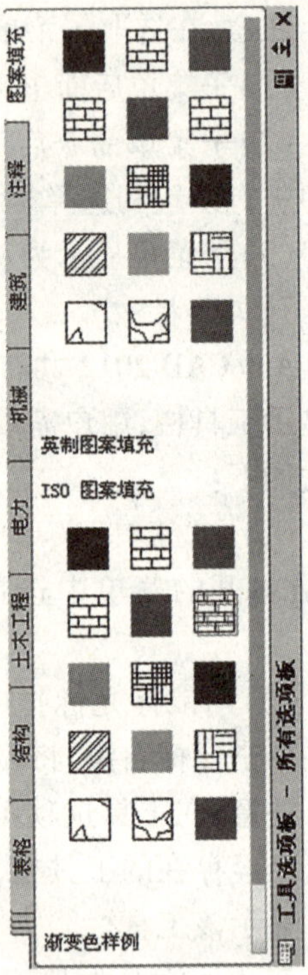

图 1-13　工具选项板

一般来说,只须选中工具选项板上的按钮,然后在绘图区域选择插入位置即可绘图。

10) 选项卡和面板

选项卡可以控制面板在功能区上的显示和顺序。可以在"自定义用户界面"窗口中将选项卡放至工作空间。单击不同的选项卡可以打开相应的面板,面板包含的很多工具和控件与工具栏和对话框中的相同,如图 1-14、图 1-15 所示。

图 1-14　"常用"选项卡

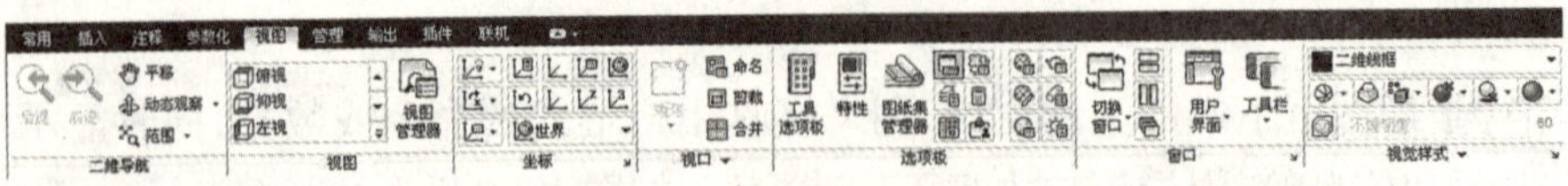

图 1-15　"视图"选项卡

任务2　AutoCAD 的基本操作

任务目标：掌握如何创建新文件、打开现有文件、保存文件、关闭文件和退出程序。

任务解析：熟练掌握创建文件的办法、打开文件的注意事项、保存文件的格式等内容。

1.2.1　创建新文件

AutoCAD 2012 创建新文件的方法如下：

（1）在“文件”菜单中选择“新建”项，屏幕弹出“选择样板”对话框，如图 1-16 所示，从中选择一个要用的样板后单击“打开”按钮，建立一个新文件。

（2）命令行输入：NEW，单击回车键即可。

（3）在快速访问工具栏中单击按钮，选择“新建”项，屏幕弹出“选择样板”对话框，如图 1-16所示，从中选择一个要用的样板后单击“打开”按钮，建立一个新文件。

（4）按 Ctrl + N 键即可。

（5）在标准工具栏中单击按钮即可。

图 1-16　“选择样板”对话框

1.2.2　打开现有文件

AutoCAD 2012 打开现有文件的方法如下：

（1）在“文件”菜单中选择“打开”项，屏幕弹出“选择文件”对话框，如图 1-17 所示，从中选择一个需要使用的文件后单击“打开”按钮。

（2）命令行输入：OPEN，单击回车键即可。

（3）在快速访问工具栏中单击按钮，选择“打开”项，屏幕弹出“选择文件”对话框，如图 1-17 所示，从中选择一个需要使用的文件后单击“打开”按钮。

（4）按 Ctrl + O 键。

（5）在标准工具栏中单击按钮即可。

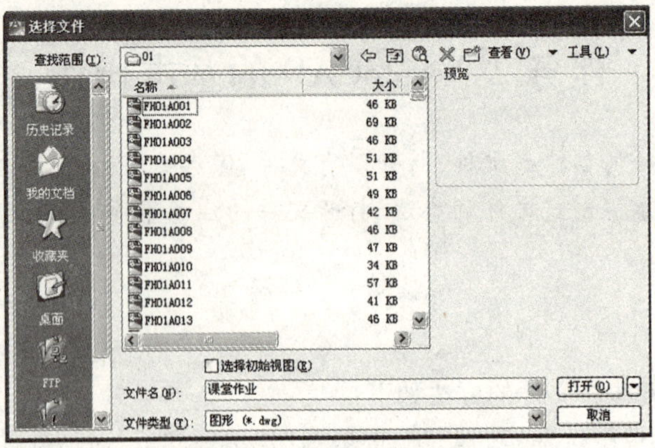

图 1-17 “选择文件”对话框

1.2.3 保存文件

AutoCAD 2012 保存文件的方法如下：

(1)在“文件”菜单中选择“保存”项，文件自动保存。

(2)命令行输入：SAVE，单击回车键即可。

(3)在快速访问工具栏中单击按钮即可。

(4)按 Ctrl + S 键即可。

(5)在标准工具栏中单击按钮即可。

在第一次保存文件时，使用上述保存方法后，系统都会出现“图形另存为”对话框，如图 1-18所示，在该对话框中，用户需要设置保存的路径、文件名、文件类型。

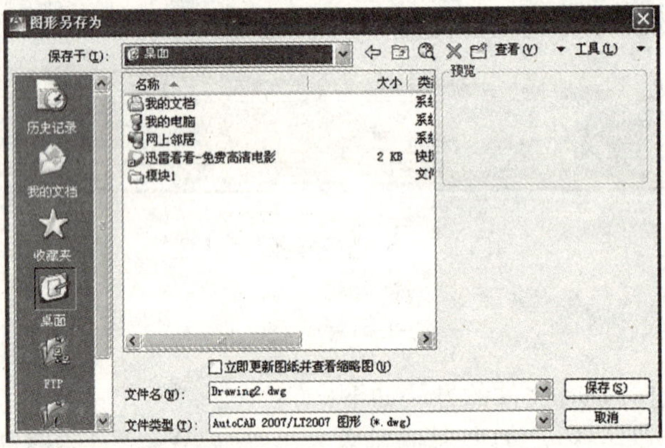

图 1-18 “图形另存为”对话框

注意：

(1)在高版本 AutoCAD 中绘制的图形，用低版本的 AutoCAD 通常打不开。如果用 AutoCAD 2012 绘制一个图形，而该图形文件需要在 AutoCAD 2004 中打开，就需要将该文件另存为低版本的 AutoCAD 文件类型，如图 1-19 所示。

(2)AutoCAD 还有自动保存文件的功能，防止意外断电或死机等导致图形文件丢失。选择“工具”菜单中“选项”项，屏幕弹出“选项”→“打开和保存”对话框，在“自动保存”复选

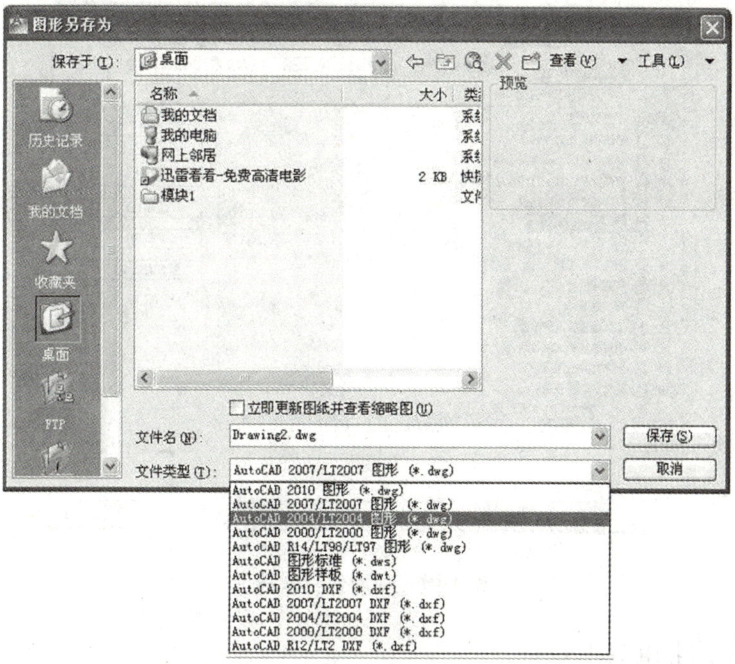

图 1-19　另存为低版本文件

框中“保存间隔分钟数”文本框中输入设定值,如图 1-20 所示。文件自动保存的路径可在“选项”→“文件”对话框查到,如图 1-21 所示。如果文件被删除,可以按照 C:\Documents and Settings\Administrator\local settings\temp 路径打开 Temp 临时文件夹,找到被自动保存的文件并将其复制到自己设定的文件夹中。自动保存的文件为备份文件格式,文件后缀为“.bak”,只有将其后缀用重命名的方式改为“.dwg”后,才能在 AutoCAD 中打开。

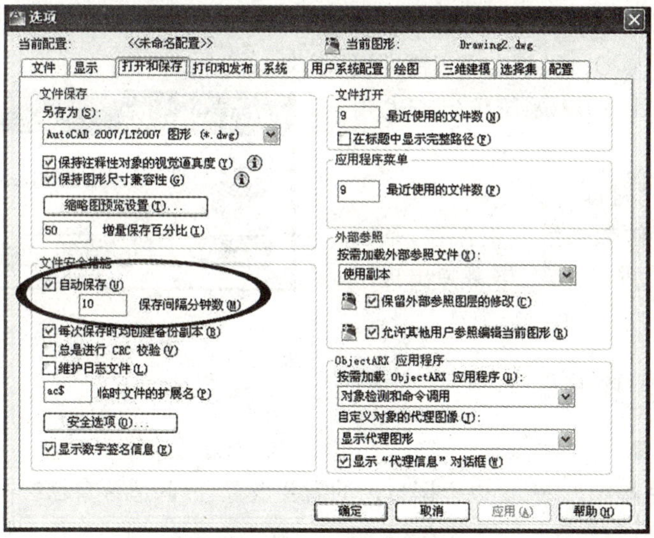

图 1-20　自动保存

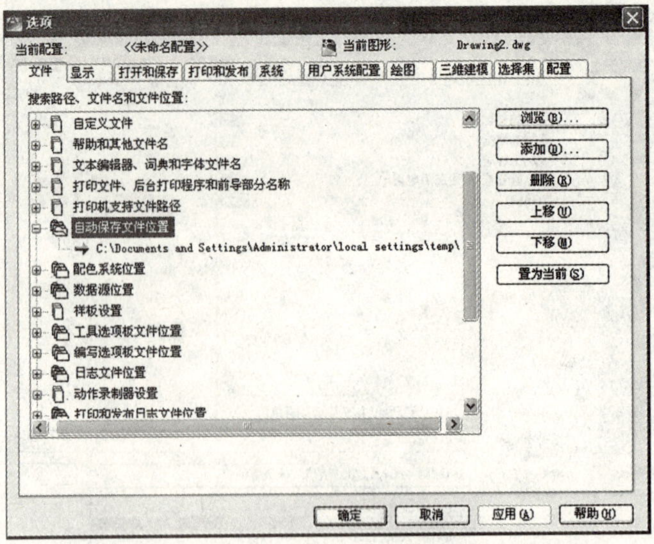

图 1-21　自动保存文件

1.2.4　关闭文件和退出程序

1.2.4.1　AutoCAD 2012 关闭图形文件的方法

(1)在“文件”菜单中选择“关闭”项。

(2)命令行输入:CLOSE,单击回车键即可。

(3)在工作窗口右上角单击按钮即可。

(4)按 Ctrl + C 键即可。

1.2.4.2　退出 AutoCAD 2012 的方法

(1)在“文件”菜单中选择“退出”项。

(2)命令行输入:QUIT,单击回车键即可。

(3)在 AutoCAD 2012 系统窗口右上角单击按钮即可。

(4)按 Ctrl + Q 键即可。

注意:图形文件如果没有被保存,系统退出时将提示用户进行保存,屏幕弹出提示对话框,如图 1-22 所示,用户选择是否保存。

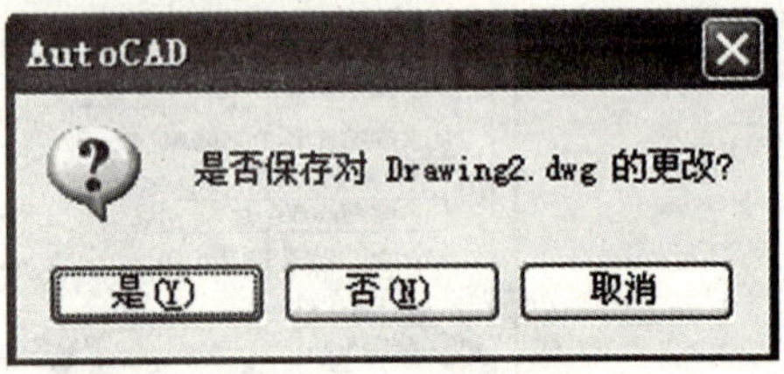

图 1-22　提示对话框

1.2.5　设置绘图环境

1.2.5.1　参数设置

用户在绘制一幅图形前,可以根据自己的需要设置合理、适合自己绘图习惯的参数,以提高绘图的速度和质量。

具体方法如下:

(1)在“工具”菜单中选择“选项”项,打开“选项”对话框,在该对话框中,用户可以设置相应的内容,如图 1-23 所示。

(2)命令行输入:OPTIONS,单击回车键即可。

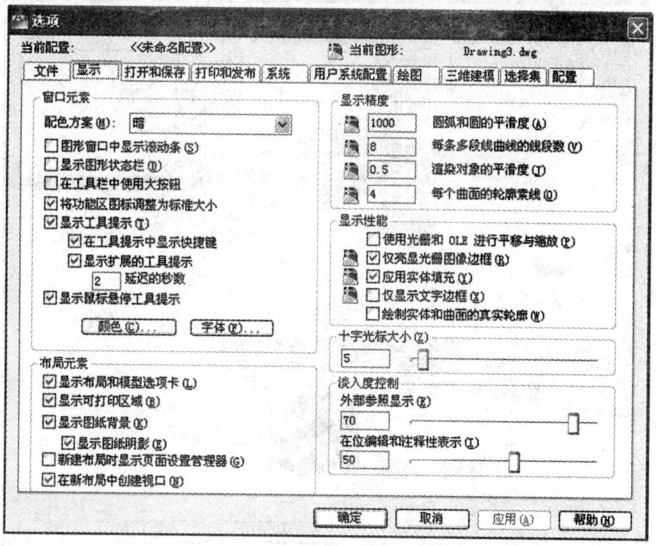

图 1-23 “选项”对话框

在“选项”对话框中,可以单击“显示”标签,单击“颜色”或“字体”按钮,设置图形窗口颜色或字体,如图 1-24、图 1-25 所示。

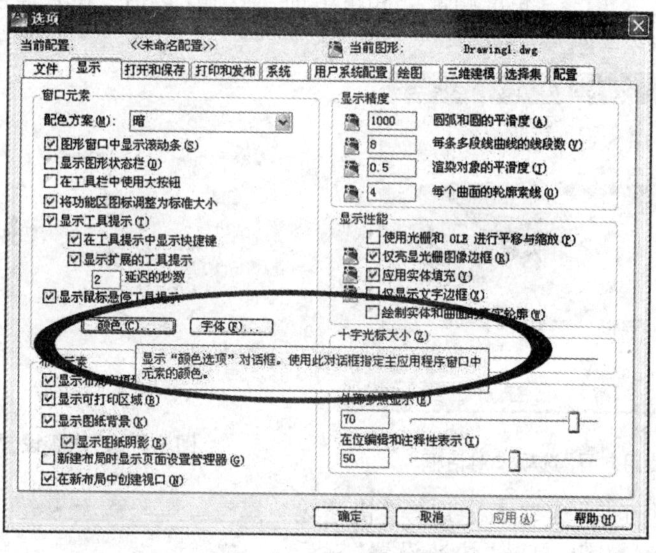

图 1-24 “选项”对话框中“显示”选项

同样地,在“选项”对话框中,用户可以设置“系统”“用户系统配置”“绘图”“配置”等标签下的相关内容。

1.2.5.2 绘图单位设置

用户可以根据自己的需要设置绘图单位。

具体方法如下:

(1)在“文件”菜单中选择“新建”项,打开“创建新图形”对话框,单击该对话框中的“使用向导”标签,切换到“使用向导”选项卡,如图 1-26 所示。在“使用向导”选项卡中选择“高

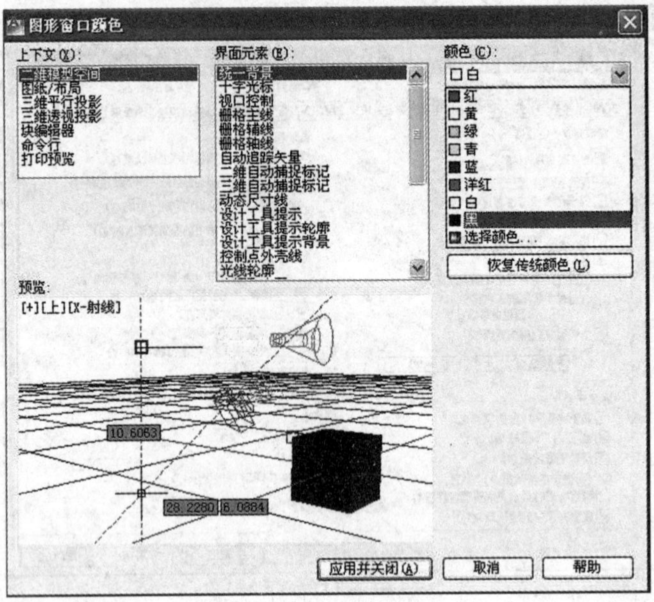

图 1-25 “显示”选项中设置“图形窗口颜色”

级设置”项,单击“确定”按钮,打开“高级设置”对话框,如图 1-27 所示。在该对话框中,用户可以设置“单位”“角度”“角度测量”“角度方向”“区域”等值。设置完成,单击“完成”按钮。

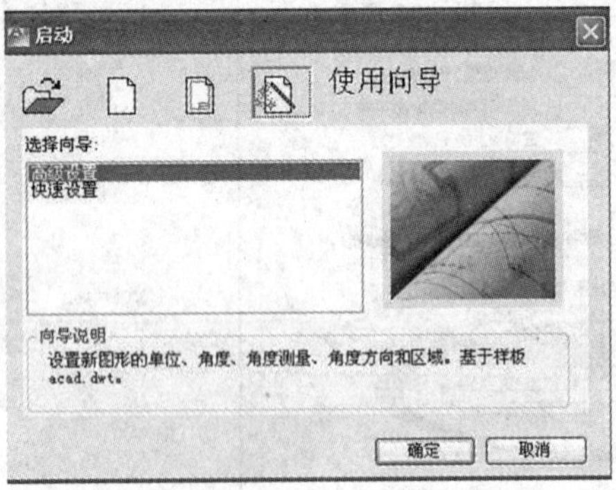

图 1-26 “使用向导”选项卡对话框

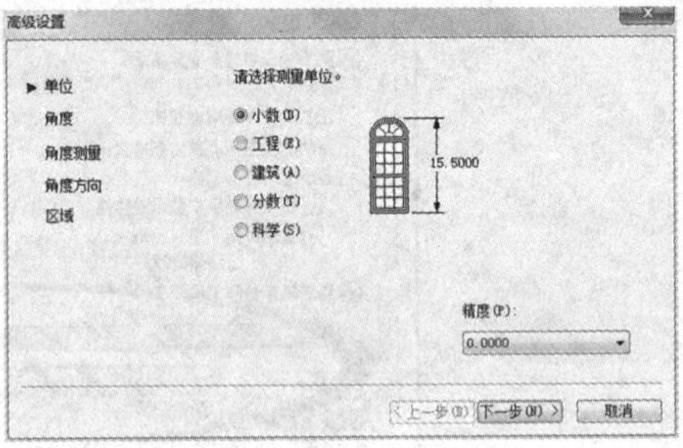

图 1-27 “高级设置”对话框

(2)在“使用向导”选项卡中选择“快速设置”项,单击“确定”按钮,打开“快速设置”对话框,如图 1-28 所示。在该对话框中,用户可以设置“单位”“区域”。设置完成,单击“下一步”按钮。

(3)在“格式”菜单中选择“单位”项,打开“图形单位”对话框,在该对话框中,用户可以设置相应的单位,如图 1-29 所示。

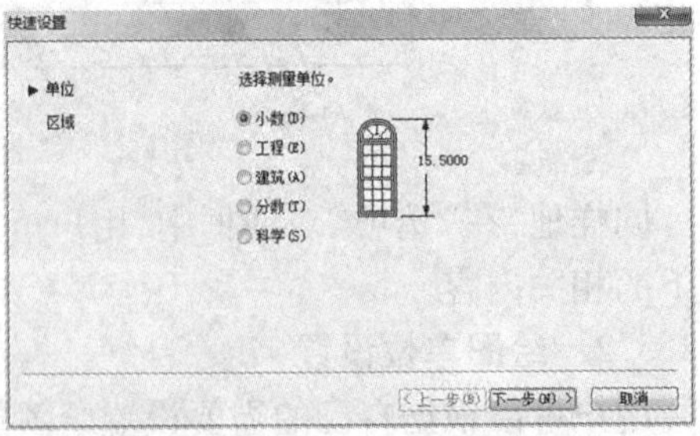

图 1-28 “快速设置”对话框

1.2.6 观察图形的方法

1.2.6.1 平移视图

使用“平移”命令相当于用手将桌子上的图纸上下左右来回挪动。

具体方法如下：

(1)在“视图”菜单中选择“平移”→“实时”项。

(2)命令行输入：PAN，单击回车键即可。

(3)在标准工具栏中单击按钮即可切换到“实时平移”命令。

(4)长按鼠标中间的滑轮即可切换到“实时平移”命令。

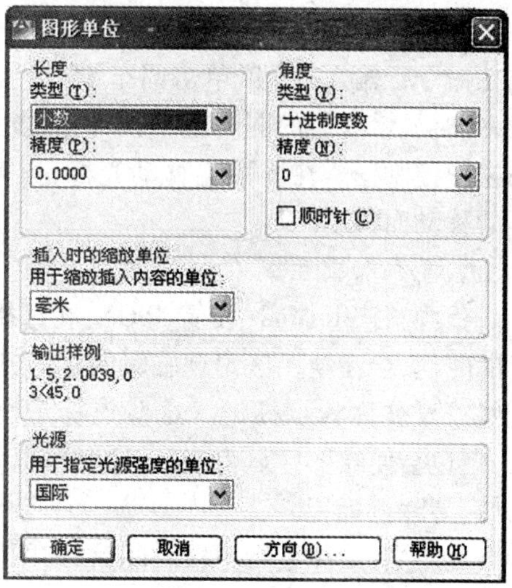

图 1-29 “图形单位”对话框

1.2.6.2 缩放视图

在绘图时，有时需要放大或缩小视图的显示比例。对视图进行缩放不会改变对象的绝对大小，改变的只是视图的显示比例。

1)实时缩放

“实时缩放”命令可以将视图任意放大或缩小。

单击标准工具栏上的“实时缩放”图标，这时光标变成“放大镜”形状，按住鼠标左键将鼠标向前推则图形变大，向后拉则图形变小。

2)范围缩放

“范围缩放”命令可以将图形文件中所有的图形居中并占满整个屏幕。

单击标准工具栏上的嵌套式按钮中的“范围缩放”图标，如图 1-30 所示，即可执行“范围缩放”命令；或在命令行输入“Z”后单击回车键，然后输入“E”，单击回车键即可，此时会发现刚才被移动的图形居中并占满整个屏幕。

3)窗口缩放

“窗口缩放”命令放大局部图形是很常用的操作。

单击“标准”工具栏上的嵌套式按钮中的“窗口缩放”图标，即可执行“窗口缩放”命令；或在命令行输入“Z”后单击回车键，然后输入“W”，单击回车键即可，这时在需要放大的局部处用鼠标光标在一个角点拉向它的对角点即可，窗口所包含的图形居中并占满整个屏幕。

4)前一视图

“前一视图”命令可以使视图回到上一次的视图显示状态，最多能恢复此前的 10 个视图。当图形相对复杂时，“前一视图”命令经常和“窗口缩放”命令配合使用。

单击“标准”工具栏上“前一视图”图标，就会返回到上一步缩放的视图。

5)动态缩放

执行“动态缩放”命令后，视图中显示出的蓝色虚线框标注的是图形的范围，当前视图所占的区域用绿色的虚线显示，实线黑框是视图控制框，可通过视图控制框的大小和位置来实现移动和缩放。

单击“标准”工具栏上的嵌套式按钮中的“动态缩放”图标，或在命令行输入“Z”后单击回车键，然后输入“D”，单击回车键即可，此时显示蓝色的图形范围、绿色的当前视图所占的区域和黑色的视图控制框。在屏幕上移动光标，黑色的视图控制框会随着光标的移动而移动。

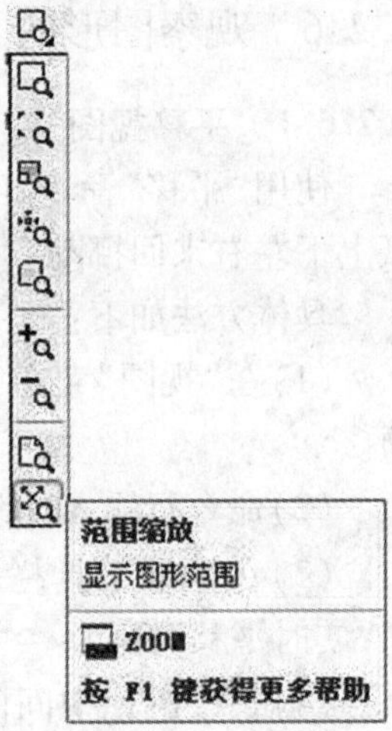

图 1-30　范围缩放

6）重画和重生成

重画：若 BlioMode 设置为 ON，在选择对象、绘制图形或编辑图形的时候，会在绘图区出现临时的标记光标点的小“ + ”字叉符号，这些符号被称为点标记。这些点标记会帮助用户在绘图区中定位，但也会使绘图区显得凌乱，这时可以使用“重画”命令刷新绘图区域，清除点标记。

重生成：绘图进行一段时间后，绘图区域的某些弧线或曲线会以折线的形式显示，这时就需要执行“重生成”命令重新生成图形，并重新计算所有对象的屏幕坐标，使弧线和曲线变得光滑。

具体方法是：选择“视图”菜单中的“重生成”或“全部重生成”项。

任务 3　点坐标的输入

任务目标：了解 AutoCAD 2012 坐标系。

任务解析：熟练掌握世界坐标系与用户坐标系。

要在 AutoCAD 中准确、高效地绘制图形，必须充分利用坐标系并掌握各坐标系的概念以及输入方法，它是确定对象位置的最基本的手段。对象在空间中的位置是通过坐标系来确定的。坐标系可以根据对象的不同分为世界坐标系（WCS）和用户坐标系（UCS）。

1.3.1　世界坐标系（WCS）

根据笛卡儿坐标系的习惯，沿 X 轴正方向为水平方向，沿 Y 轴正方向为垂直方向，沿 Z 轴正方向为垂直于 XY 平面的方向，原点 O 的坐标为(0,0,0)。这一套坐标轴确定了世界坐标系，简称 WCS。该坐标系的特点是它总存在于一个设计图形之中，而且不可更改。

1.3.1.1　绝对直角坐标

绝对直角坐标以坐标原点 $O(0,0,0)$ 为基点定位所有的点，可以通过输入 (X,Y,Z) 坐标方式来定义一个点的位置。

1.3.1.2　绝对极坐标

绝对极坐标以坐标原点 $O(0,0,0)$ 为极点定位所有的点，通过输入相对于极点的距离和角度的方式来定义一个点的位置。

1.3.1.3　相对直角坐标

相对直角坐标以某点相对于另一特定点的相对位置来定义一个点的位置。

1.3.1.4 **相对极坐标**

相对极坐标以某一特定点为参考极点,输入相对于参考极点的距离和角度来定义一个点的位置。在 AutoCAD 2012 中用“@”来标志相对坐标。

1.3.2 用户坐标系(UCS)

相对于世界坐标系,用户可以建立自己需要的用户坐标系。用户坐标系是一个可以移动的坐标系,简称 UCS。这种坐标系在绘制三维对象时非常有用。

建立用户坐标系的具体方法如下:

(1)在“工具”菜单中选择“新建 UCS”→“三点”项。

(2)命令行输入:UCS,单击回车键即可。

任务4 二维绘图基本绘图命令

任务目标:掌握 AutoCAD 二维绘图命令的操作方法。

任务解析:熟练运用 AutoCAD 绘制简单二维图形。

1.4.1 点

“点”命令包括绘点命令、绘等分点命令和绘定距等分点命令。可生成单个或多个点对象,点的大小和样式可以通过变量 PDMODE 和 PDSIZE 进行设置。

1.4.1.1 **点设置的方法**

(1)在“格式”菜单中选择“点样式”项,屏幕弹出“点样式”对话框,如图 1-31 所示,即可设置点样式。

(2)选择所需点样式和设置点大小。

(3)单击“确定”按钮结束设置。

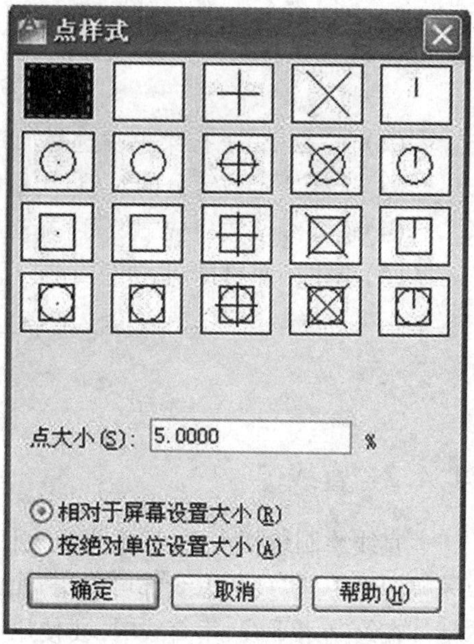

图 1-31 “点样式”对话框(一)

1.4.1.2 **打开“点”命令的方法**

(1)在“绘图”下拉菜单中选择“点”命令,选择“单点/多点/定数等分/定距等分”项。

(2)命令行输入:POINT(PO),单击回车键即可。

(3)在“绘图”工具栏中单击按钮。

说明如下:

(1)改变变量 PDMODE 和 PDSIZE 后,只影响以后的点,已画好的点不发生变化,只有在用“重生成”命令或重新打开图形时才会改变。

(2)连续绘制点实际是“点”命令的重复,按 Esc 键中止命令。

(3)“点”命令可以和其他命令同时使用,点可作为对象捕捉的点。

1.4.1.3　命令运用

对图 1-32 中的直线定数等分为 8 份。

图 1-32　直线

操作顺序如下：

(1)打开“点样式”对话框，选择适当的点样式，如图 1-33 所示。

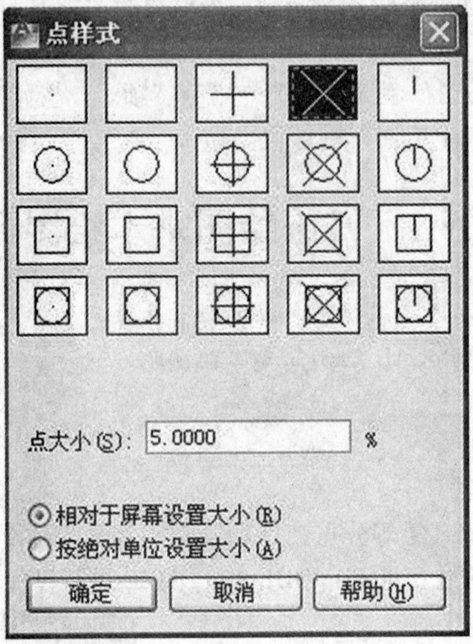

图 1-33　“点样式”对话框(二)

(2)在“绘图”下拉菜单中选择“点”命令中“定数等分”项，单击回车键。

(3)选择要定数等分的对象：用鼠标左键单击直线，单击回车键。

(4)输入线段数目或“块(B)”：8。

(5)单击回车键即可，如图 1-34 所示。

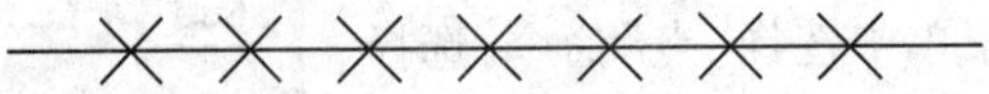

图 1-34　等分直线

1.4.2　直线

直线绘制包括水平线、垂直线及任意斜线绘制，并可以绘制任意长度及角度的直线。在一幅图纸中，实线和虚线都可以用“直线”命令完成。

在绘制水平线、垂直线时，要使用“正交/极轴”命令来辅助完成。如果绘制一条精确数值的直线，需要根据命令提示行的提示输入相应的数值即可。在绘制斜线时，需要把“正交”命令关闭，如果已知直线的长度和角度，则通过输入公式@长度 <角度，来确定这条斜线。

打开“直线”命令的方法如下：

(1)在“绘图”下拉菜单中选择“直线”命令。

(2)命令行输入:LINE(L),单击回车键即可。

(3)在“绘图”工具栏中单击“直线”按钮。

说明如下:

(1)连续执行“LINE”命令,在第一步提示输入点的坐标时,如果直接单击回车键,则以前面绘制的直线段终点作为新线段的起始点,继续绘制新的直线段。

(2)命令运用。

绘制如图 1-35 所示的三角形。

操作顺序如下:

命令:LINE(L)↙

指定第一个点: (在屏幕中单击任意一点为起点)

指定下一点或“放弃(U)”:1000↙ (这时将鼠标放在状态栏“极轴追踪”位置,单击鼠标右键,打开“设置”,将增量角改为“45”,将鼠标向右上方位置移动,当出现如图 1-36 所示的图形时,按回车键)

指定下一点或“放弃(U)”:500↙

指定下一点或“闭合(C)/放弃(U)”:C↙

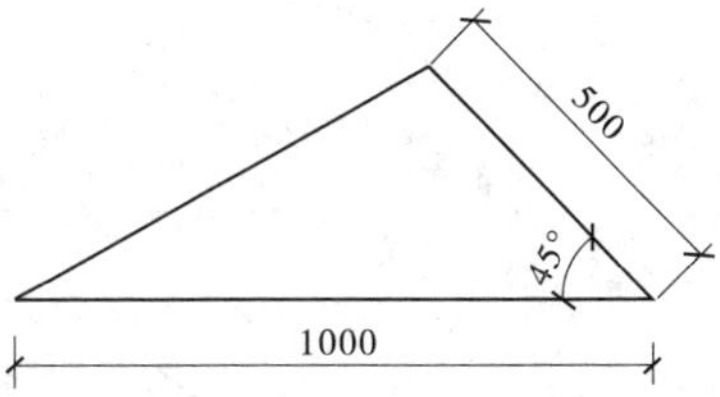

图 1-35 绘制三角形

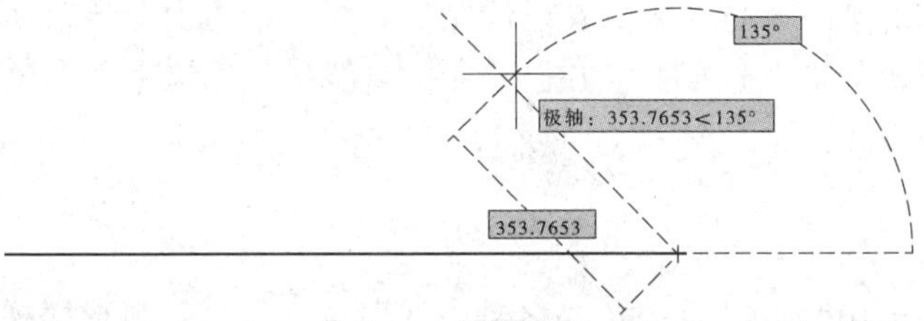

图 1-36 绘制 45°直线

1.4.3 圆

绘制圆有 6 种方式,分别通过圆心、半径、直径和圆上的点等参数来控制。其中,“相切、相切和半径”绘制圆的方法是圆和 2 条已知的直线相切;“相切、相切和相切”绘制圆的方法是圆和 3 条已知的直线相切。

1.4.3.1 打开“圆”命令的方法

(1)在“绘图”下拉菜单中选择“圆”命令,选择“圆心、半径/圆心、圆心、直径/两点/三点/相切、相切和半径/相切、相切和相切”项。

(2)命令行输入:CIRCLE(C),单击回车键即可。

(3)在“绘图”工具栏中单击按钮。

说明:

(1)用“圆”命令绘制的圆没有宽度,有宽度的圆可以用“圆环”命令绘制。

(2)圆不能用“分解”“多段线”命令编辑。

(3)圆的光滑度只能用“VIEWRES”命令控制,与出图无关。值越大,圆越光滑。

1.4.3.2　**命令运用**

(1)绘制半径为200的圆,如图1-37所示。

操作顺序如下:

命令:CIRCLE(C)↙

指定圆的圆心或"三点(3P)/两点(2P)/切点、切点、半径(T)":（鼠标在屏幕中点击任意一点为圆心）

指定圆的半径或"直径(D)":200↙

(2)绘制和2条直线相切的圆,并且圆的半径为100,如图1-38所示。

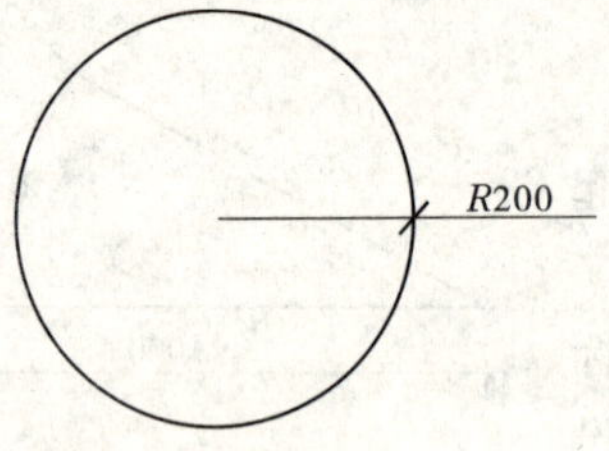

图1-37　绘制图

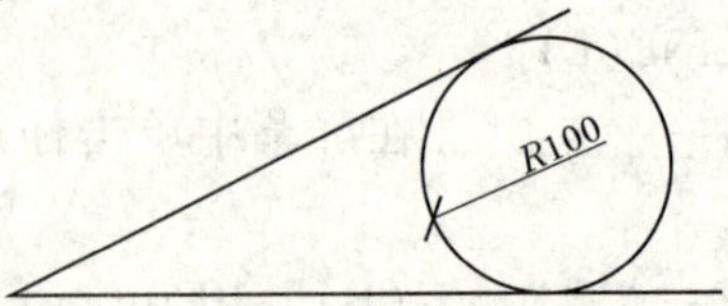

图1-38　利用切点、半径方法绘制圆

操作顺序如下:

命令:CIRCLE(C)↙

指定圆的圆心或"三点(3P)/两点(2P)/切点、切点、半径(T)":T↙

指定对象与圆的第一个切点:（在已绘制的直线一条边上单击鼠标左键）

指定对象与圆的第二个切点:（在已绘制的直线另一条边上单击鼠标左键）

指定圆的半径:100↙

1.4.4　圆弧

在建筑图纸中可用"圆弧"命令绘制各种弧线段,如弧形门、弧形楼梯、弧形阳台。

1.4.4.1　**打开"圆弧"命令的方法**

(1)在"绘图"下拉菜单中选择"圆弧"命令,选择相应选项。

(2)命令行输入:ARC(A),单击回车键即可。

(3)在"绘图"工具栏中单击⌒按钮。

常用绘弧的方法有以下几种:

3点/起点、圆心、端点/起点、端点、半径/起点、端点、角度。

说明如下:

(1)圆弧有方向,输入+角度按逆时针方向绘制,输入-角度按顺时针方向绘制。定位点相同,而定位顺序不同,绘制出的圆弧不一定相同。"圆弧"命令不能一次绘制封闭的圆或自身相交的圆弧。

(2)弧的显示分辨率由"VIEWRES"命令控制,该值越大,则圆弧越光滑。

1.4.4.2　**命令运用**

绘制一卫生间的门(半径为700的圆弧),如图1-39所示。

操作顺序如下:

命令:ARC↙

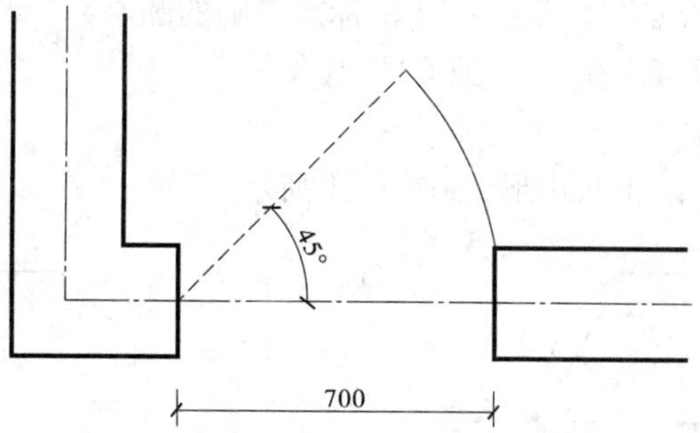

图 1-39 绘制圆弧

指定圆弧的起点或"圆心(C)"：（在门洞右侧垂直墙线的中点处单击鼠标左键为起点）

指定圆弧的第二个点或"圆心(C)/端点(E)"：C↙

指定圆弧的圆心：（在门洞左侧垂直墙线的中点处单击鼠标左键为圆心）

指定圆弧的端点或"角度(A)/弦长(L)"：A↙

指定包含角：45↙

1.4.5 正多边形

在建筑制图中，我们常用"正多边形"命令绘制正四棱柱、装饰图案、八角塔等图形。

1.4.5.1 打开"正多边形"命令的方法

(1)在"绘图"下拉菜单中选择"正多边形"命令。

(2)命令行输入：POLYGON(POL)，单击回车键即可。

(3)在"绘图"工具栏中单击⬠按钮。

说明如下：

(1)同样的半径，外切于圆方式比内接于圆方式绘制的正多边形大。

(2)不论采用哪种方式绘制正多边形，都必须先给定边数。

1.4.5.2 绘制正多边形的方法

绘制正多边形有以下三种方法：

(1)内接于圆：假设正多边形内接于一个圆中，正多边形的每一个顶点都在圆周上。需要多边形 3 个参数：边数、正多边形中心点、外接圆半径。

(2)外切于圆：假设正多边形外切于一个圆，正多边形的每个边在圆之外，各边与圆相切。需要多边形 3 个参数：边数、内切圆圆心、内切圆半径。

(3)边长：直接给出边长大小，边长两个端点的先后顺序决定了正多边形的位置。该法适合于正多边形一角通过某一点，或正多边形的边长已知。

1.4.5.3 命令运用

(1)绘制正六边形，内接于圆，圆半径为 100，如图 1-40 所示。

操作顺序如下：

命令：POLYGON(POL)↙

输入侧面数：6↙

指定正多边形的中心点“边(E)”： （鼠标点击圆的圆心）
输入选项“内接于圆(I)/外切于圆(C)”：I↙
指定圆的半径：100↙
(2)绘制边长为100的正八边形，如图1-41所示。

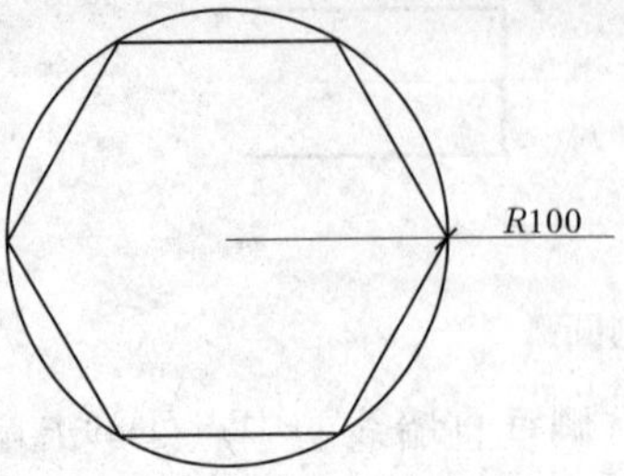

图1-40 绘制正六边形

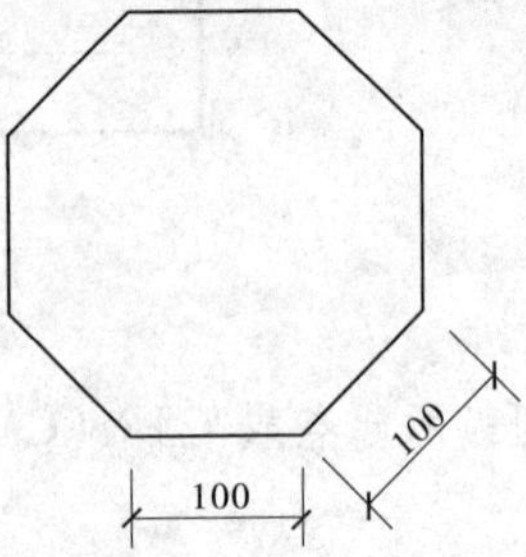

图1-41 绘制正八边形

操作顺序如下：
命令：POLYGON(POL)↙
输入侧面数：8↙
指定正多边形的中心点或“边(E)”：E↙
指定边的第一个端点： （鼠标在屏幕中点击任意一点为端点）
指定边的第二个端点：100↙

1.4.6 矩形

矩形可用指定两对角点的方式绘制，当两对角点的边长相同时生成正四边形。“矩形”命令用于绘制门、窗等矩形形状的图形。

1.4.6.1 打开“矩形”命令的方法

(1)在“绘图”下拉菜单中选择“矩形”命令。
(2)命令行输入：RECTANG(REC)，单击回车键即可。
(3)在“绘图”工具栏中单击□按钮。
说明如下：
(1)选择对角点没有方向限制，可以从左向右，也可以从右向左。
(2)矩形是一条封闭的多段线。
使用“矩形”命令绘制图形时，我们在选择相关选项时需要注意以下问题：
(1)倒角：指定一个倒角距离，再指定另一个倒角距离。
(2)标高：指定矩形在三维空间中的基面高度。
(3)圆角：指定矩形的圆角半径。
(4)厚度：指定三维空间Z轴方向的高度。
(5)宽度：指定矩形多段线的宽度。

1.4.6.2 命令运用

(1)绘制如图1-42所示的矩形。

操作顺序如下：

命令:RECTANG(REC)↙

指定第一个角点或"倒角(C)/标高/(E)/圆角(F)/厚度(T)/宽度(W)"：（用鼠标在屏幕中点击任意一点为角点）

指定另一角点或"面积(A)/尺寸(D)/旋转(F)":D↙

指定矩形的长度:200↙

指定矩形的宽度:100↙

(2)绘制如图1-43所示的矩形。

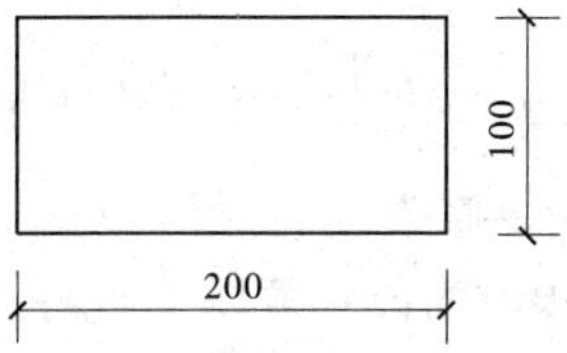

图1-42　绘制矩形

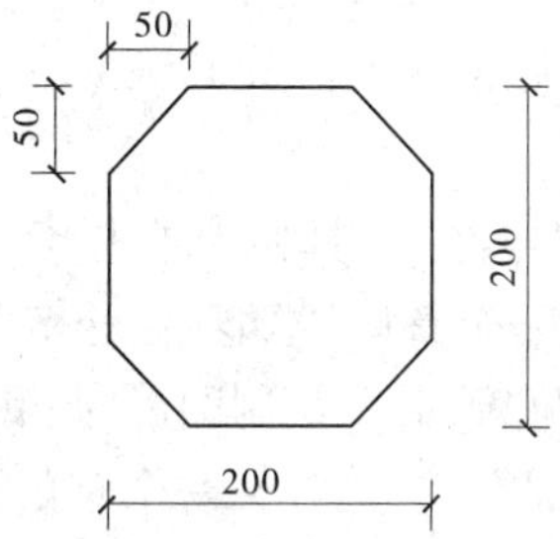

图1-43　绘制倒角矩形

操作顺序如下：

命令:RECTANG(REC)↙

指定第一个角点或"倒角(C)/标高/(E)/圆角(F)/厚度(T)/宽度(W)":C↙

指定矩形的第一个倒角距离:50↙

指定矩形的第二个倒角距离:50↙

指定第一个角点或"倒角(C)/标高/(E)/圆角(F)/厚度(T)/宽度(W)"：（用鼠标在屏幕中点击任意一点为角点）

指定另一角点或"面积(A)/尺寸(D)/旋转(F)":D↙

指定矩形的长度:200↙

指定矩形的宽度:200↙

(3)绘制如图1-44所示的矩形。

操作顺序如下：

命令:RECTANG(REC)↙

指定第一个角点或"倒角(C)/标高/(E)/圆角(F)/厚度(T)/宽度(W)":F↙

指定矩形的圆角的半径:50↙

指定第一个角点或"倒角(C)/标高/(E)/圆角(F)/厚度(T)/宽度(W)":W↙

指定矩形的线宽:20↙

指定第一个角点或"倒角(C)/标高/(E)/圆角(F)/厚度(T)/宽度(W)"：（用鼠标在屏幕中点击任意一点为角点）

指定另一角点或"面积(A)/尺寸(D)/旋转(F)":D↙

指定矩形的长度:200↙

指定矩形的宽度:200↙

1.4.7 椭圆

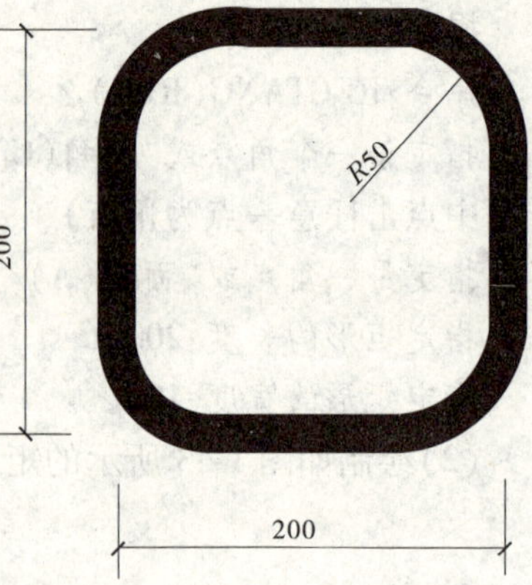

图 1-44 绘制圆角矩形

椭圆与圆的差别:椭圆圆周上的点到中心的距离是变化的。"椭圆"命令常用来绘制小的物品,如洗手盆、装饰图案及圆的透视图。

1.4.7.1 打开"椭圆"命令的方法

(1)在"绘图"下拉菜单中选择"椭圆"命令,选择"圆心/轴、端点/圆弧"项。

(2)命令行输入:ELLIPSE(EL),单击回车键即可。

(3)在"绘图"工具栏中单击按钮。

椭圆是一个整体,不能用"分解"命令、"多段线"命令修改。

使用"椭圆"命令绘制图形时,我们在选择相关选项时需要注意以下问题:

(1)两轴方式:先定义一个轴的两端点,即确定椭圆的第一根轴,再定义第三点,由此可确定椭圆的第二根轴。

(2)中心点和两轴端点法:椭圆的中心点确定后,其位置便随之确定,只需再为两轴各定义一个端点,便可确定椭圆弧。

(3)长轴和旋转角度:首先定义出椭圆长轴的两端点,然后确定绕该轴的旋转角度,从而确定椭圆的位置及形状。椭圆的长度由其绕长轴的旋转角度确定,若旋转角度为0°,则画出一个圆;若旋转角度为45°,将得到一个从视点看去呈45°的椭圆;若旋转角度最大值为89.4°,大于此角度时,椭圆看上去像一条线。

1.4.7.2 命令运用

绘制如图1-45所示的椭圆。

操作顺序如下:

命令:ELLIPSE(EL)↙

指定椭圆的轴端点或"圆弧(A)/中心点(C)": (用鼠标在屏幕中点击任意一点为轴端点)

指定轴的另一端点:300↙

指定轴的另一条半轴的长度或"旋转(R)":100↙

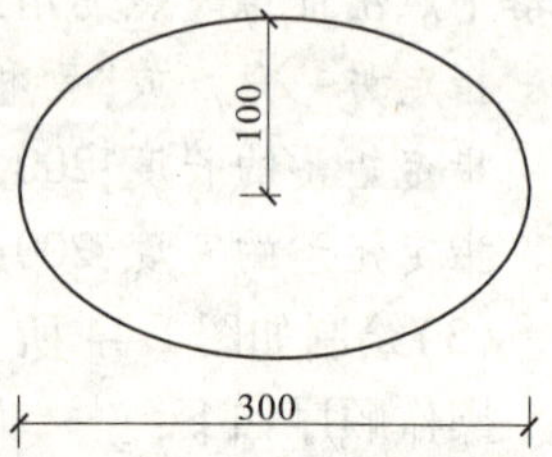

图 1-45 绘制椭圆

1.4.8 多段线

1.4.8.1 多段线的绘制

多段线是AutoCAD绘图中比较常用的一种实体。通过绘制多段线,可以得到一条由若干直线和圆弧连接而成的折线或曲线,而且无论这条多段线中包含多少条直线或弧,整条多段线都是一个实体,可以统一对其进行编辑。另外,多段线中各段线条还可以有不同的线宽,这对于制图非常有利。

1)打开"多段线"命令的方法

(1)在"绘图"下拉菜单中选择"多段线"命令。

(2)命令行输入:PLINE(PL),单击回车键即可。

(3)在“绘图”工具栏中单击按钮。

用“多段线”命令绘制的是一个整体,用“分解”命令分解后将失去宽度意义并变为一独立的线段或圆弧。

使用“多段线”命令绘制图形时,我们在选择相关选项时需要注意以下问题:

(1)圆弧(A):多段线转为绘制圆弧状态。

①指定圆弧的端点:选取与上一线段相切的圆弧终点。

②角度(A)/圆心(CE):绘制圆弧方法与前面章节基本相同。

③方向(D):改变圆弧的起始切线方向。

④直线(L):返回绘制直线方式。

⑤半径(R):指定绘制圆弧的半径。

⑥第二点(S):用三点方式绘制下一段圆弧的第二点。

(2)闭合(C):将多段线首尾相连封闭图形,并结束命令。当多段线的宽度大于0时,若想多段线完全闭合,必须用该项,否则会出现缺口。

(3)半宽(H):指定多段线的一半的宽度。

(4)长度(L):设置下一段多段线的长度。该线沿上一线段的方向绘出,若上一段是圆弧,则绘制与圆弧相切的线段。

(5)放弃(U):取消最后绘制的一段多段线。

(6)宽度(W):设置多段线的宽度,要求设置起点和终点宽度。

2)命令运用

利用“多段线”命令绘制如图1-46所示的箭头。

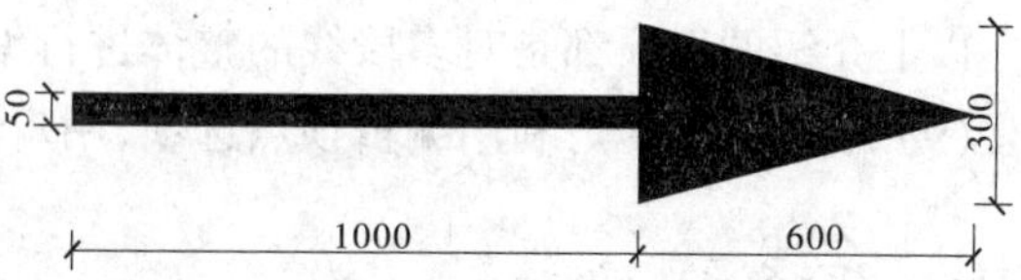

图1-46　绘制箭头

操作顺序如下:

命令:PLINE(PL)↙

指定起点:　(用鼠标在屏幕中点击任意一点为起点)

指定下一点或“圆弧(A)/半宽(H)/长度(L)/放弃(U)/宽度(W)”:W↙

指定起点的宽度:50↙

指定端点的宽度:50↙

指定下一点或“圆弧(A)/闭合(C)/半宽(H)/长度(L)/放弃(U)/宽度(W)”:1000↙

指定下一点或“圆弧(A)/闭合(C)/半宽(H)/长度(L)/放弃(U)/宽度(W)”:W↙

指定起点的宽度:300↙

指定端点的宽度:0↙

指定下一点或“圆弧(A)/闭合(C)/半宽(H)/长度(L)/放弃(U)/宽度(W)”:600↙

1.4.8.2　多段线的编辑

多段线是一个对象,可以采用多段线专用编辑命令来编辑。编辑多段线,可以修改其宽度、开口或封闭、增减顶点数、样条化、直线化和拉直等。

编辑多段线的方法如下:

(1)在“修改”下拉菜单中选择“对象”→“多段线”命令。

(2)命令行输入:PEDIT,单击回车键即可。

使用编辑命令编辑多段线时,我们在选择相关选项时需要注意以下问题:

(1)闭合(C)/打开(O):用于封闭或断开多段线,若多段线是封闭的,则此项切换为打开。例如,如果打开用“多段线”或“矩形”命令绘制的多边形或矩形,AutoCAD 将删除拾取点所在的一段以打开多边形或矩形。

注意:闭合选项和打开选项是相对的,二者不会同时出现在提示符中。

(2)合并(J):将和多段线端点精确相连的其他直线、圆弧、多段线合并成一条多段线。该多段线必须是开口的。使用“合并”选项连接实体和多段线时,有时要选择的实体非常多而且杂乱,选择起来非常麻烦。这时可以用交叉窗口方式把所有这些实体与原多段线都选择下来,AutoCAD 会自动把可以连接到多段线上的实体分辨出来,因此在连接多段线时,“交叉窗口”方式是一个常用又非常好用的选择方式。

(3)宽度(W):设置该多段线的全程宽度。对于其中某条线段的宽度,可以通过顶点编辑来修改。

(4)拟合(P):产生通过多段线所有顶点、彼此相切的各圆弧组成的光滑曲线。

(5)样条曲线(S):产生通过多段线首尾顶点,形状和走向由多段线其余顶点控制的样条曲线。

(6)非曲线化(D):取消拟合或样条曲线,回到直线状态。

(7)线型生成(L):控制多段线为非实线状态时的显示方式,即控制虚线或中心线等非实线型的多段线交点的连续性。

(8)放弃(U):取消最后的编辑。

以上介绍的选项都是对多段线的整体进行编辑。

(9)编辑顶点(E):利用编辑顶点选项,用户还可以编辑多段线的各个顶点。

1.4.9 多线

1.4.9.1 多线的绘制

多线是一种由多条平行线组成的线型,每条线之间可以有各自的颜色或线型。多线在建筑制图中常用于墙体、窗线的绘制。

1)打开“多线”命令的方法

(1)在“绘图”下拉菜单中选择“多线”命令。

(2)命令行输入:MLINE(ML),单击回车键即可。

使用“多线”命令绘制图形时,我们在选择相关选项时需要注意以下问题:

(1)对正(J):设置基准对正位置。

上(T):以多线的外侧线为基准绘制多线。

无(Z):以多线的中心线为基准绘制多线。

下(B):以多线的内侧线为基准绘制多线。

(2)比例(S):设定多线的比例,即两条多线之间的距离大小。

(3)样式(ST):输入采用的多线样式名,缺省为 STANDARD。

2)命令运用

绘制如图 1-47 所示的墙线。

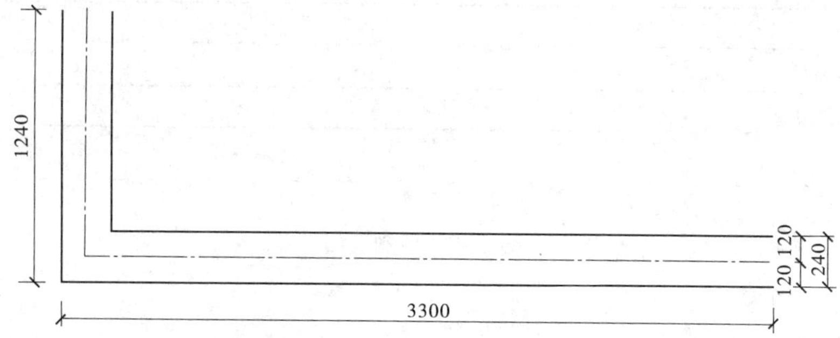

图 1-47　利用多线绘制墙线

操作顺序如下:

命令:MLINE(ML)↙

当前设置:对正:上,比例 =20.00,样式 =STANDARD

指定起点或“对正(J)/比例(S)/样式(ST)”:J↙

输入对正类型“上(T)/无(Z)/下(B)”<上>:Z↙

指定起点或“对正(J)/比例(S)/样式(ST)”:S↙

输入多线比例:240↙

指定起点或“对正(J)/比例(S)/样式(ST)”: (用鼠标在已绘制的轴线端点点击)

指定下一点: (用鼠标在已绘制的轴线另一端点点击)

指定下一点或“放弃(U)”: (用鼠标在已绘制的轴线第三个端点点击,同时单击鼠标右键结束命令)

1.4.9.2　多线样式设置

1)打开多线设置的方法

(1)在“格式”下拉菜单中选择“多线样式”项,屏幕弹出“多线样式”对话框,如图 1-48 所示,即可设置。

(2)命令行输入:MLSTYLE,单击回车键即可。

说明如下:

(1)“多线”命令绘制的多线颜色、线型、偏移等特性由“多线样式”命令控制,修改它只能用“多线编辑”命令。

(2)该命令不能绘制弧形平行多线,它只能绘制由直线段组成的多线,多线是一个整体。

(3)新增多线样式必须从“STANDARD”或已定义的线型中继承得到。

(4)多线不是多段线,分解后各条平行线将分解为单一直线,其填充颜色消失,线型和线本身的颜色不变。

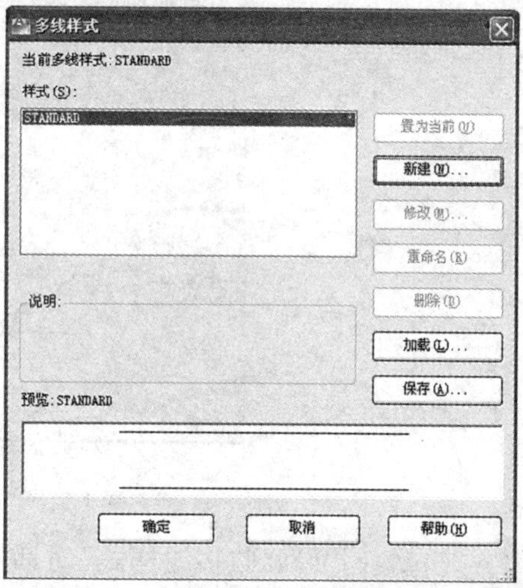

图 1-48　“多线样式”对话框

2)命令运用

绘制如图 1-49 所示的窗线。

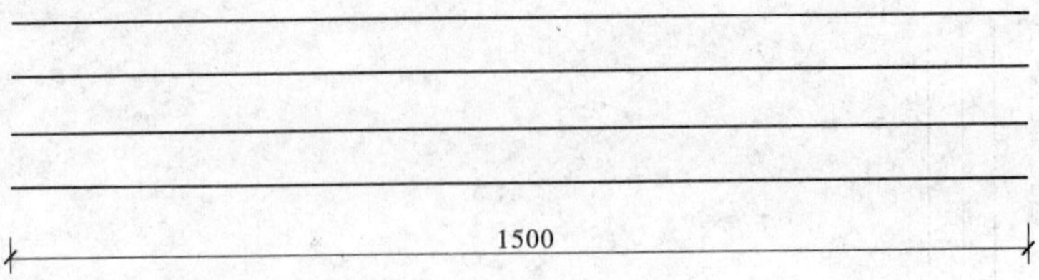

图 1-49　绘制窗线

操作顺序如下:

(1)命令:MLSTYLE↙

(2)屏幕弹出“多线样式”对话框,单击“新建”按钮,出现如图 1-50 所示的对话框。在该对话框中,输入新样式名:窗线,单击“继续”按钮。

图 1-50　“创建新的多线样式”对话框

(3)屏幕弹出“新建多线样式:窗线”对话框,如图 1-51 所示。在该对话框中,把偏移量 0.5、-0.5 分别改为 120、-120,同时单击“添加”按钮,添加 40、-40,这时多线由原来的两条变为四条,单击“确定”按钮。

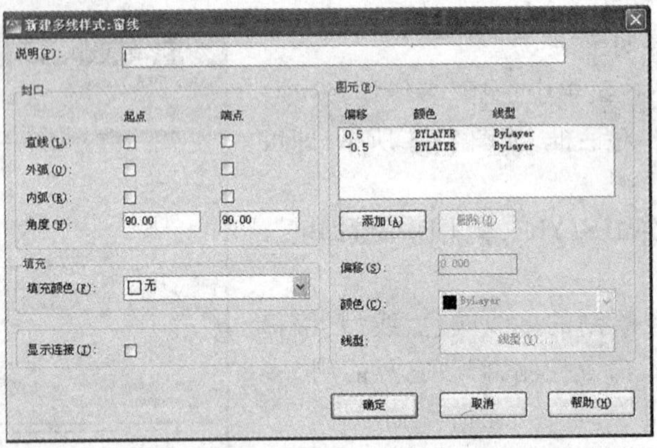

图 1-51　“新建多线样式:窗线”对话框

(4)这时又回到“多线样式”对话框,单击“保存”按钮。在该对话框中,保存“窗线”样式,单击“确定”按钮,这时又回到“多线样式”对话框。

(5)这时又回到“多线样式”对话框中,单击“加载”按钮,出现如图 1-52 所示的对话框。在该对话框中,加载“窗线”样式,单击“确定”按钮,这时又回到“多线样式”对话框。单击

“确定”按钮结束设置。

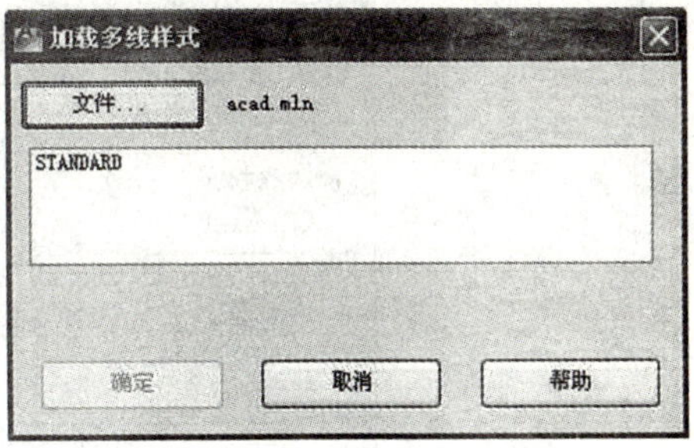

图 1-52 “加载多线样式”对话框

(6)命令:MLINE(ML)↙

当前设置:对正:上,比例 =20.00,样式 =STANDARD

指定起点或“对正(J)/比例(S)/样式(ST)”:J↙

输入对正类型“上(T)/无(Z)/下(B)”<上>:Z↙

指定起点或“对正(J)/比例(S)/样式(ST)”:S↙

输入多线比例:1↙

指定起点或“对正(J)/比例(S)/样式(ST)”:ST↙

输入多线样式名或“?”:窗线↙

指定起点或“对正(J)/比例(S)/样式(ST)”: (用鼠标在屏幕中任意一点单击)

指定下一点:1500↙

指定下一点或“放弃(U)”: (单击鼠标右键结束命令)

1.4.9.3 多线编辑

“多线编辑”命令可以控制多线之间相交时的连接方式,增加或删除多线的顶点,控制多线的打断或结合。

编辑多线的方法如下:

(1)在“修改”下拉菜单中选择“对象”→“多线”命令。

(2)命令行输入:MLEDIT,单击回车键即可。

使用“多线编辑”命令编辑多线时,我们在选择相关选项时需要注意以下问题:

(1)启动“多线编辑”命令后,弹出“多线编辑工具”对话框,如图 1-53 所示。它形象地表示了 12 种不同的工具。根据需要点取相应的图像按钮,即选择不同的编辑方式。随后提示:选择要修改的多线,分别在相交的第一条多线、第二条多线分别点击或放弃。

(2)利用平行多线编辑命令中的工具断开多线后,多线只显示断开效果,但它仍然是一条多线。

(3)平行多线不能用“偏移”命令偏移,也不能用“倒角”“圆角”“延伸”和“修剪”等命令编辑。

任务 5 二维绘图基本修改命令

任务目标:掌握 AutoCAD 二维绘图基本修改命令的操作方法。

任务解析:针对已绘制的 AutoCAD 二维图形,能够熟练运用“修改”命令进行图形的修改。

1.5.1 删除

在绘制图形过程中经常有绘制错误或绘制的图形没有用的时候,需要用到“删除”命

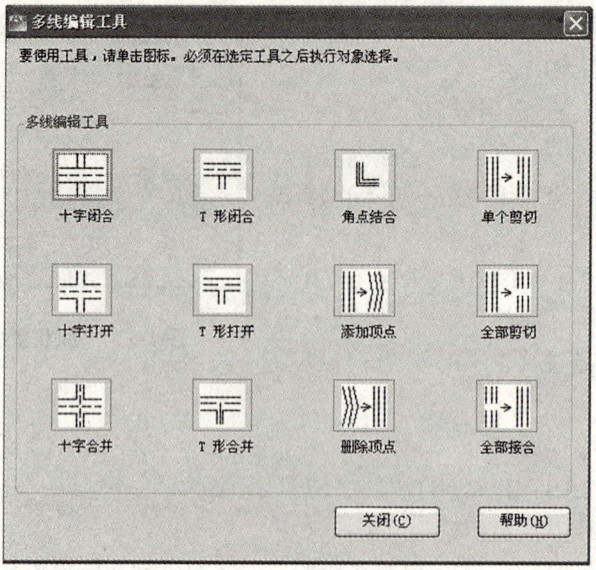

图 1-53 “多线编辑工具”对话框

令。“删除”命令主要用于删除屏幕上选中的对象。

1.5.1.1 打开“删除”命令的方法

(1)在“修改”下拉菜单中选择“删除”命令。

(2)命令行输入:ERASE(E),单击回车键即可。

(3)在“修改”工具栏中单击按钮。

1.5.1.2 命令运用

用“删除”命令删除如图 1-54(a)所示窗中的一条直线,结果如图 1-54(b)所示。

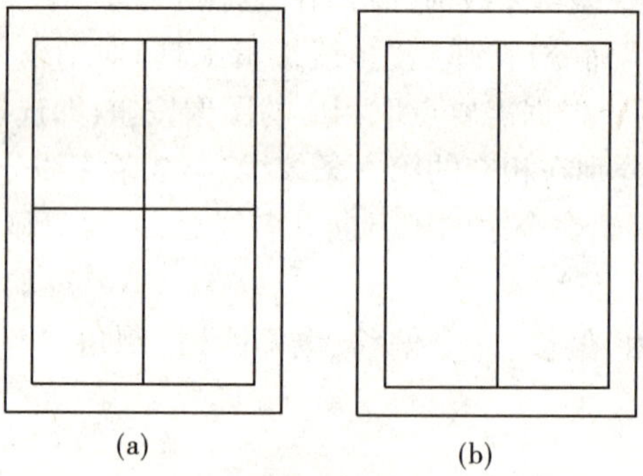

图 1-54 删除直线

操作顺序如下:

命令:ERASE(E)↙

选择对象:选中要删除对象↙

1.5.2 复制

图形复制是指利用命令一次生成与现有图形形状相同或相似的图形,以避免重复绘图。建筑图纸中门、窗、墙体等常常出现很多,那么绘制一个之后,就可以用复制的办法实现多次绘制,避免了重复劳动。

1.5.2.1 打开“复制”命令的方法

(1)在“修改”下拉菜单中选择“复制”命令。

(2)命令行输入:COPY(CO),单击回车键即可。

(3)在“修改”工具栏中单击按钮。

说明如下:

最好使用目标捕捉功能来确定复制对象。基点就是复制对象的参考点,位移就是要复制的对象在 X、Y 和 Z 方向相对基点的位置。

1.5.2.2 命令运用

复制如图 1-55 所示的柱网。

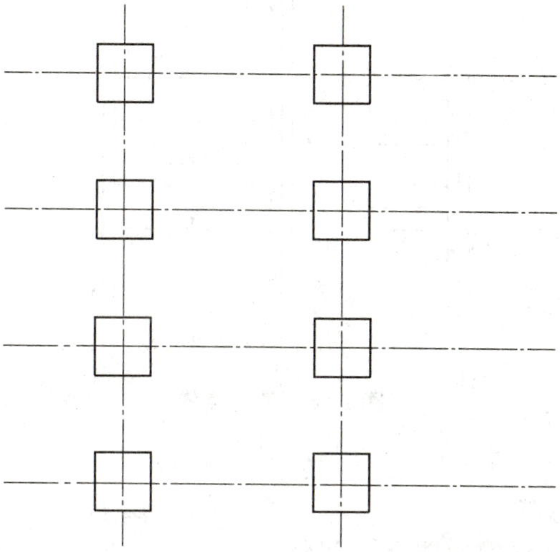

图 1-55 复制柱网

操作顺序如下:

命令:COPY(CO)↙

选择对象: (选中要复制的柱子)

选择对象:↙

指定基点或“位移(D)/模式(O)”: (用鼠标点击柱子中点)

指定第二点或“阵列(A)”<使用第一个点做位移>: (用鼠标单击一个需要绘制柱子的轴网交点)

指定第二点或“阵列(A)/退出(E)/放弃(U)”<退出>: (用鼠标单击另一个需要绘制柱子的轴网交点)

指定第二点或“阵列(A)/退出(E)/放弃(U)”<退出>: (当柱子全部复制完成)

1.5.3 镜像

将图形沿给定的轴线对称反射的变换称为镜像变换。“镜像”命令用于生成所选实体的对称图形,操作时需指出对称轴线。对称轴线可以是任意方向的,原实体可以删去或保留。

例如：对称的窗、对称的住宅单元、对称的办公大楼等用“绘图”命令绘出一半之后，都可通过“镜像”命令绘出另一半。也就是说，该命令主要用于对称的图形。

1.5.3.1　打开“镜像”命令的方法

(1)在“修改”下拉菜单中选择“镜像”命令。

(2)命令行输入：MIRROR(MI)，单击回车键即可。

(3)在“修改”工具栏中单击按钮。

1.5.3.2　命令运用

利用“镜像”命令复制如图 1-56 所示的楼梯间。

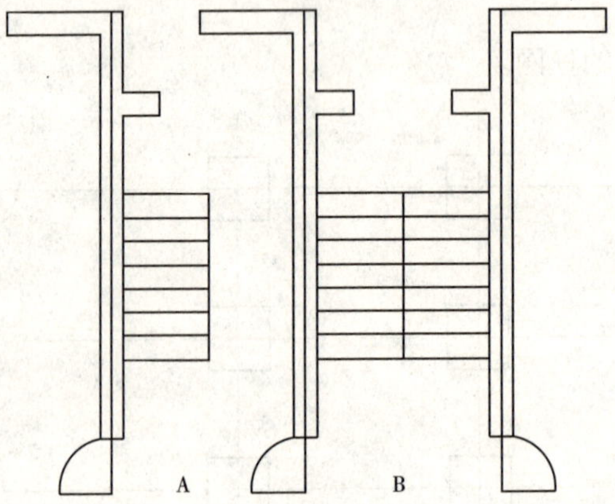

图 1-56　复制楼梯

操作顺序如下：

命令：MIRROR(MI)↙

选择对象：（选中要镜像的楼梯 A 部分）

选择对象：↙

指定镜像线的第一个点：（用鼠标单击梯井中点）

指定镜像线的第一个点：指定镜像线的第二点：（用鼠标顺垂直方向找梯井另一中点单击）

要删除源对象吗？“是(Y)/否(N)”<N>：N↙

1.5.4　偏移

偏移是将对象做指定距离的复制。使用“偏移”命令时，执行偏移的对象只能是单个对象。建筑图形中台阶、楼梯和道路等常用“偏移”命令绘制。

1.5.4.1　打开“偏移”命令的方法

(1)在“修改”下拉菜单中选择“偏移”命令。

(2)命令行输入：OFFSET(O)，单击回车键即可。

(3)在“修改”工具栏中单击按钮。

说明如下：

(1)在输入偏移距离时，既可直接输入距离，也可用光标在屏幕上拾取两点，以两点间的距离作为偏移距离。

(2)用鼠标指定点以确定偏移所在一侧,确定图形偏移的方向。

(3)点、文本、图块等不能被偏移。

1.5.4.2 命令运用

利用“偏移”命令,向内偏移复制如图 1-57 所示的正五边形。

操作顺序如下:

命令:OFFSET(O)↙

指定偏移距离或“通过(T)/删除(E)/图层(L)” <通过>:50↙

选择要偏移的对象或“退出(E)/放弃(U)” <退出>:(用鼠标在已绘制的正五边形边上单击左键)

指定要偏移那一侧上的点,或“退出(E)/多个(M)/放弃(U)”: (用鼠标在已绘制的正五边形内部单击左键)

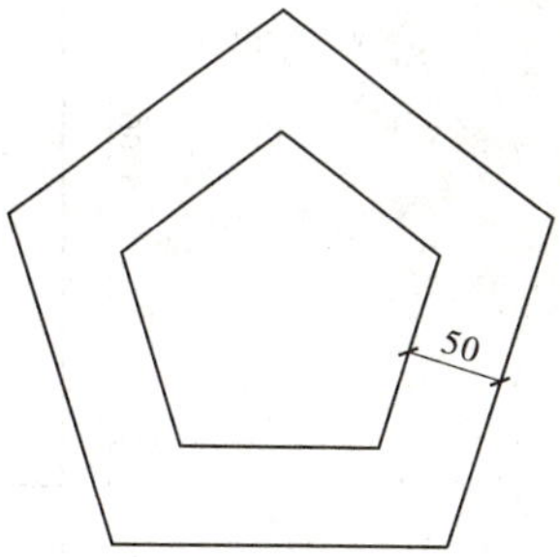

图 1-57 偏移五边形

1.5.5 阵列

“阵列”命令可以对有规律的多个对象进行快速复制。该命令在复制时用户根据需要选择矩形或环形阵列复制,同时每一个对象又可独立处理。建筑图形中轴线、螺旋楼梯、窗、门和桩基等常用“阵列”命令实现多个对象的复制。

1.5.5.1 打开“阵列”命令的方法

(1)在“修改”下拉菜单中选择“阵列”命令。

(2)命令行输入:ARRAY(AR),单击回车键即可。

(3)在“修改”工具栏中单击按钮。

说明如下:

(1)矩形阵列的列数和行数均包含所选形体,环形阵列的复制份数也包括原始形体在内。

(2)对矩形阵列,输入的行距和列距若为负值,则加入的行在原行的下方、左方。对环形阵列,若输入的角度为负值,即为顺时针方向阵列。

(3)环形阵列时若实体不需要旋转,则阵列后图形出现偏移。

1.5.5.2 命令选项

(1)矩形阵列:要求指定复制对象的数目及它们之间的距离。距离可以为正数(向左、向下)和负数(向上、向右)。

(2)环形阵列:要求指定复制对象的数目、阵列包含的角度和是否旋转。包含的角度为负值时按顺时针方向旋转。

1.5.5.3 命令运用

(1)利用“矩形阵列”命令,复制如图 1-58 所示的轴线。

操作顺序如下:

命令:ARRAYRECT↙

选择对象:指定对角点: (鼠标点击水平轴线)

选择对象:↙

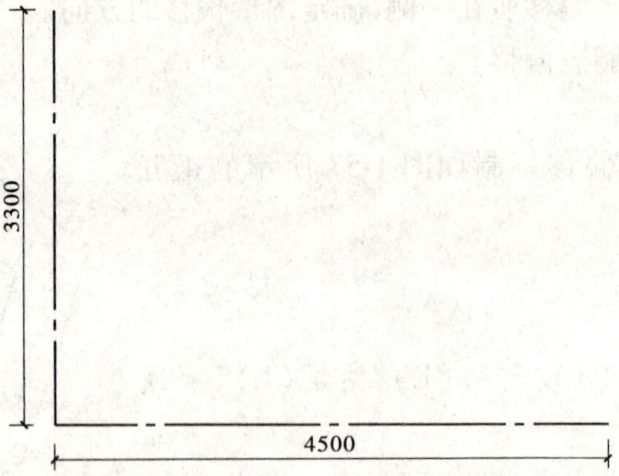

(a)

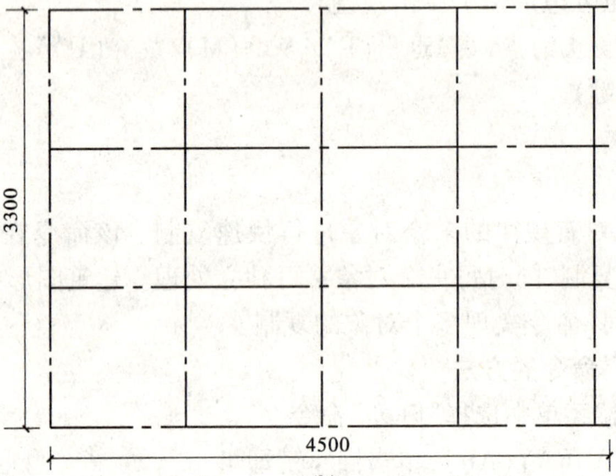

(b)

图 1-58　阵列轴线

为项目数指定对角点或“基点(B)/角度(A)/计数(C)”:C↙
输入行数或“表达式(E)”:4↙
输入列数或“表达式(E)”:1↙
指定对角点以间隔项目或“间距(S)”:S↙
指定行之间的距离或“表达式(E)”:1100↙
按 Enter 键接受或“关联(AS)/基点(B)/行(R)/列(C)/层(L)/退出(X)”:↙
命令:ARRAYRECT(AR)↙
选择对象:指定对角点:（鼠标点击垂直轴线）
选择对象:↙
为项目数指定对角点或“基点(B)/角度(A)/计数(C)”:C↙
输入行数或“表达式(E)”:1↙
输入列数或“表达式(E)”:5↙
指定对角点以间隔项目或“间距(S)”:S↙
指定列之间的距离或“表达式(E)”:1100↙
按 Enter 键接受或“关联(AS)/基点(B)/行(R)/列(C)/层(L)/退出(X)”:↙

(2)原图形如图 1-59(a)所示,利用“环形阵列”命令,绘制如图 1-59(b)所示的桌凳。

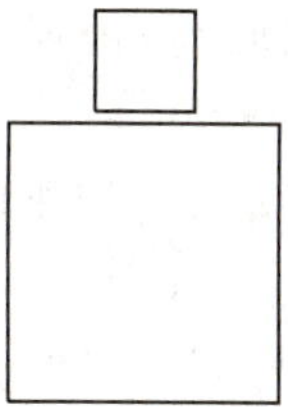
(a)

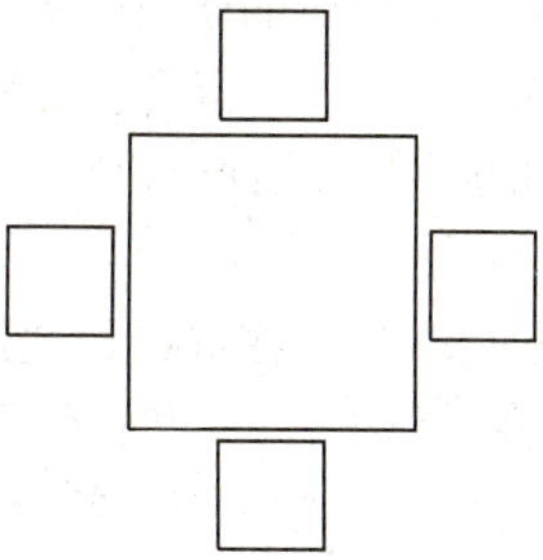
(b)

图 1-59 环形阵列示例

操作顺序如下:

命令:ARRAYPOLAR↙

选择对象: (鼠标选择矩形凳子)

选择对象:↙

指定阵列中心点或“基点(B)/旋转轴(A)”: (利用对象捕捉和对象追踪找到桌子的中点并单击鼠标左键)

输入项目数或“项目间角度(A)/表达式(E)”:4↙

指定填充角度(+=逆时针,-=顺时针)或“表达式(EX)”:360↙

按 Enter 键接受或“关联(AS)/基点(B)/项目(I)/项目间角度(A)/填充角度(F)/行(ROW)/层(L)/旋转项目(ROT)/退出(X)”:↙

1.5.6 移动

“移动”命令是将单个对象或多个对象从它们当前的位置移至新位置,它有两种平移方法:基点法和相对位移法。这种移动并不改变对象的尺寸和方位。

打开“移动”命令的方法如下:

(1)在“修改”下拉菜单中选择“移动”命令。

(2)命令行输入:MOVE(M),单击回车键即可。

(3)在“修改”工具栏中单击按钮。

说明如下:

(1)图形移动后,原位置的图形将消失,在新的位置上出现该图形。

(2)位移可以用键盘输入数值,或用鼠标配合对象追踪、对象捕捉点取。

1.5.7 旋转

“旋转”命令是将图形绕一个基点旋转一定角度的变换。

1.5.7.1 打开“旋转”命令的方法

(1)在“修改”下拉菜单中选择“旋转”命令。

(2)命令行输入:ROTATE(RO),单击回车键即可。

(3)在“修改”工具栏中单击按钮。

说明如下:

(1)基点的选择与实体旋转后的图形位置有关,因此应根据绘图需要准确捕捉基点,且基点最好选在已知的对象上,这样不容易引起混乱。

(2)若输入的旋转角度为正,图形将按逆时针方向旋转,否则图形将按顺时针方向旋转。

使用"旋转"命令修改图形时,在选择相关选项时需要注意以下问题:

(1)复制(C):表示将对象旋转的同时,保留源对象。

(2)参照(R):表示可以输入参照角,当旋转的绝对角度未知时,可以采用指定参照物的方式指定参照角。

1.5.7.2 命令运用

利用"旋转"命令,旋转并复制如图 1-60 所示的图形。

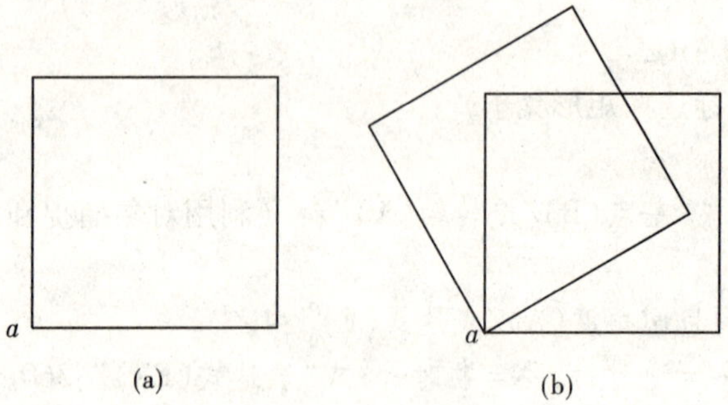

图 1-60 旋转示例

操作顺序如下:

命令:ROTATE(RO)↙

选择对象: (鼠标选择矩形)

选择对象:↙

指定基点: (用鼠标点击矩形左下角 a 点为基点)

指定旋转角度,或"复制(C)/参照(R)":C↙

指定旋转角度,或"复制(C)/参照(R)":30↙

1.5.8 缩放

"缩放"命令是把图形按一定比例放大或缩小以生成相似的图形。

打开"缩放"命令的方法如下:

(1)在"修改"下拉菜单中选择"缩放"命令。

(2)命令行输入:SCALE(SC),单击回车键即可。

(3)在"修改"工具栏中单击按钮。

说明如下:

(1)比例因子大于 1,图形放大;比例因子小于 1,图形缩小。

(2)基点最好选择在图形的几何中心或特殊点,缩放后,目标仍在附近位置。

(3)该命令将图形实际尺寸进行放大或缩小,而标准工具栏中的"缩放"命令仅对图形显示进行缩放,对图形对象的实际尺寸大小没有任何影响。

使用“缩放”命令修改图形时,在选择相关选项时需要注意以下问题:

(1)复制(C):表示将对象缩放的同时,保留源对象。

(2)参照(R):表示可以输入参照比例因子。当缩放的绝对比例因子未知时,可采用指定参照物的方式指定缩放比例因子。

1.5.9 拉伸

“拉伸”命令是将图形一部分沿任一方向拉长或缩短一定距离并保持图形各对象位置关系不变的变换,实际上改变了图形的形状。

1.5.9.1 打开拉伸命令的方法

(1)在“修改”下拉菜单中选择“拉伸”命令。

(2)命令行输入:STRETCH(S),单击回车键即可。

(3)在“修改”工具栏中单击按钮。

说明如下:

(1)图形对象的选择只能以窗选方式或交叉多边形方式选择要拉伸的对象。

(2)若所选实体全部在交叉框内,则移动实体,等同于“移动”命令;若所选实体与选择框相交,则框内的实体被拉长或缩短。

(3)对于圆、椭圆、文字,窗口若包含圆或椭圆的圆心、文字的插入点,则拉伸等于移动;若没有包含,则拉伸无效。

1.5.9.2 命令运用

利用“拉伸”命令,改变图1-61(a)中矩形效果,结果如图1-61(b)所示。

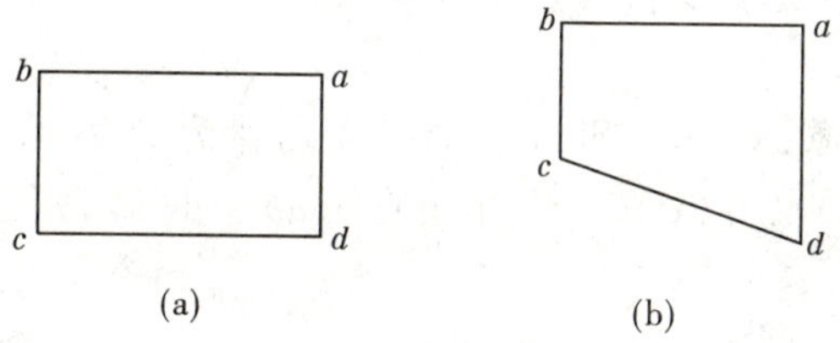

图1-61 拉伸示例

操作顺序如下:

命令:STRETCH(S)↙

(以交叉窗口或交叉多边形选择要拉伸的对象)

选择对象: (鼠标以窗口交叉的方式框选要拉伸的部分)

选择对象:↙

指定基点或“位移(D)”: (用鼠标点击矩形右下角 d 点为基点)

指定第二个点或 <使用第一个点作为位移>: (用鼠标点击第二个点确定拉伸距离)

1.5.10 修剪

修剪是指将对象沿某一边剪掉一部分。

1.5.10.1 打开“修剪”命令的方法

(1)在“修改”下拉菜单中选择“修剪”命令。

(2)命令行输入:TRIM(TR),单击回车键即可。

(3)在“修改”工具栏中单击按钮。

说明如下:

修剪操作涉及两类对象:一类是修剪对象,它作为切割边界;另一类是被修剪对象,即被修改对象。被修剪的对象可以是直线、圆、圆弧、多段线、射线等。使用该命令时首先要选择切割边或边界,然后选择要修剪的图形对象。

1.5.10.2 命令运用

利用“修剪”命令,将图 1-62(a)中直线 *ab* 修剪成 *ah*,结果如图 1-62(b)所示。

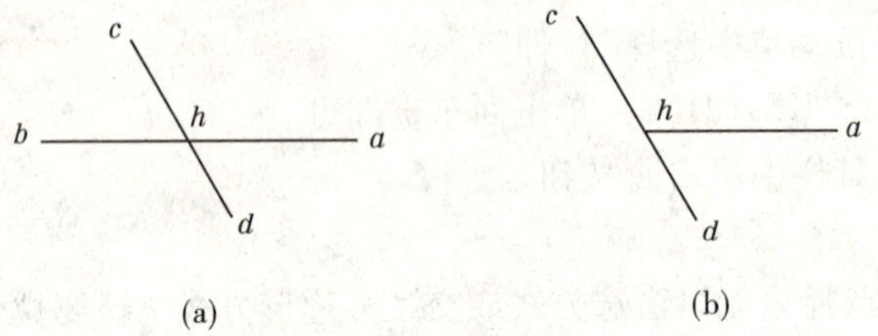

图 1-62 修剪直线

操作顺序如下:

命令:TRIM(TR)↙

当前设置:投影 = UCS,边 = 无

选择剪切边…

选择对象或 <全部选择>: (选择直线 *cd*)

选择对象:↙

选择要修剪的对象,或按住 Shift 键选择要延伸的对象,或“栏选(F)/窗交(C)/投影(P)/边(E)/删除(R)/放弃(U)”: (单击直线 *ab* 中的 *bh* 段)↙

1.5.11 延伸

延伸是将对象延长,其作用与修剪相反。

打开“延伸”命令的方法如下:

(1)在“修改”下拉菜单中选择“延伸”命令。

(2)命令行输入:EXTEND(EX),单击回车键即可。

(3)在“修改”工具栏中单击按钮。

延伸操作涉及两类对象:一类是作为延伸的边界,另一类是被延伸对象。

说明如下:

(1)与“修剪”命令不同,被延伸的对象必须是未封闭的。圆、矩形不能被延伸。

(2)选择延伸对象的拾取位置决定了对象的哪一端被延伸,即靠近拾取点的一端被延伸,因此在选择延伸对象时只能用点选命令。

1.5.12 断开

断开是将对象在其中间部位断开或截掉一段。该命令可将直线、弧、圆、多段线、椭圆、样条线、射线分成两个实体或删除第一部分。该命令通过指定两点与选择对象后再指定两点这两种方式断开对象。

1.5.12.1 打开“断开”命令的方法

(1)在“修改”下拉菜单中选择“断开”命令。

(2)命令行输入:BREAK(BR),单击回车键即可。

(3)在“修改”工具栏中单击按钮。

说明如下:

(1)对“选择对象”选项,缺省情况下是断开的第一点;“指定第二个打断点或‘第一点(F)’:”也可以通过F选项确定待断开目标,若输入“@”,则表示第二个断开点与第一个断开点是同一点,虽然看不见,实际上实体已被无缝隙地断开。

(2)如果将一个断点定义为端点,也可将对象的端部截掉一段。

(3)对圆或圆弧进行断开操作时,一定要按逆时针方向进行操作,即第二点应相对于第一点在逆时针方向,否则可能会把不该剪掉的部分剪掉。

1.5.12.2 命令运用

利用“断开”命令,将图1-63(a)中直线 *ab* 打断成两条直线 *ah*、*cb*,如图1-63(b)所示。

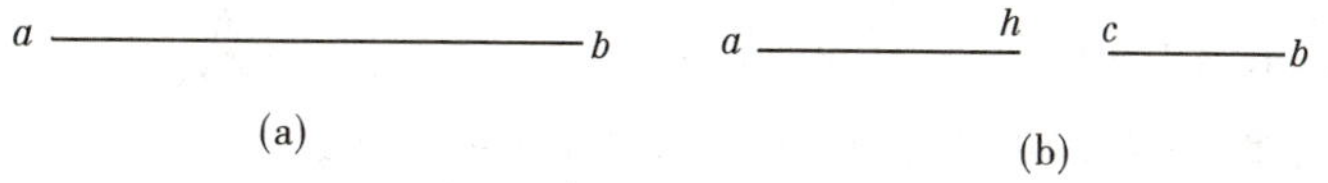

图1-63 打断直线

操作顺序如下:

命令:BREAK(BR)↙

选择对象: (选择直线 *ab*)

指定第二个打断点或“第一点(F)”:F↙

指定第一个打断点: (单击直线上 *h* 点)

指定第二个打断点: (单击直线上 *c* 点)

1.5.13 倒角

“倒角”命令是将两个不平行的对象用直线相连,相当于在对象的顶点切去一个角。

1.5.13.1 打开“倒角”命令的方法

(1)在“修改”下拉菜单中选择“倒角”命令。

(2)命令行输入:CHAMFER(CHA),单击回车键即可。

(3)在“修改”工具栏中单击按钮。

说明如下:

(1)使用该命令时,如果倒角距离不等,选择倒角对象的顺序很重要。如果指定的两直线未相交,用“倒角”命令使其延长,进行倒角。也就是说,多余时修剪,不足时自动延伸。

(2)若修剪选项设置为修剪模式,则生成倒角,多余的线段被剪切;若设置为不修剪模式,则线段不会被剪切。如倒角距离为0,则两直线相交并修剪多余线条。

使用“倒角”命令修改图形时,在选择相关选项时需要注意以下问题。

(1)多段线(P):在二维多段线的所有顶点处产生倒角。

(2)距离(D):设定第一、第二倒角的距离,距离可相等或不等。

(3)角度(A):以指定一个角度和一段距离的方法来设置倒角的距离。

(4)修剪(T):选择的对象或在倒角线处被剪裁或保留原来的样子。

1.5.13.2 命令运用

利用“倒角”命令,修改如图 1-64 所示的图形。

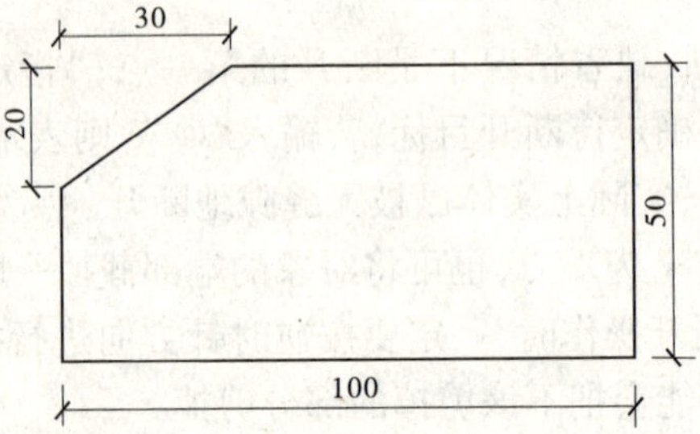

图 1-64 倒角示例

操作顺序如下:

命令:CHAMFER(CHA)

(“修剪”模式)当前倒角距离 1 = 0.000,距离 2 = 0.000

选择第一条直线或“放弃(U)/多段线(P)/距离(D)/角度(A)/修剪(T)/方式(E)/多个(M)”:D↙

指定第一个倒角距离:20↙

指定第二个倒角距离:30↙

选择第一条直线或“放弃(U)/多段线(P)/距离(D)/角度(A)/修剪(T)/方式(E)/多个(M)”: (单击矩形垂直边)

选择第二条直线,或按住 Shift 键选择要应用角点的直线: (单击矩形水平边)

1.5.14 圆角

圆角是在两个对象的交点顶点处用过渡圆弧连接。它的操作方式与“倒角”命令相似。

打开“圆角”命令的方法如下:

(1)在“修改”下拉菜单中选择“圆角”命令。

(2)命令行输入:FILLET(F),单击回车键即可。

(3)在“修改”工具栏中单击按钮。

1.5.15 分解

分解是将单个对象分解成多个对象。

打开“分解”命令的方法如下:

(1)在“修改”下拉菜单中选择“分解”命令。

(2)命令行输入:EXPLODE(E),单击回车键即可。

(3)在“修改”工具栏中单击按钮。

1.5.16　夹点编辑

夹点编辑是 AutoCAD 中一种快速编辑图形的方式,它可帮助用户快速完成使用最频繁的拉伸、移动、旋转、比例、镜像等编辑命令的操作。这种方法操作简洁、直观,可以提高图形变换速度和夹点的控制。

在没有执行任何命令的情况下,选中对象,上面的夹点就会显示出来,单击这些带颜色的夹点就可以进行夹点拉伸、移动、旋转、复制、镜像等编辑。

利用夹点编辑,将如图 1-65(a)所示的图形修改成如图 1-65(b)所示的图形。

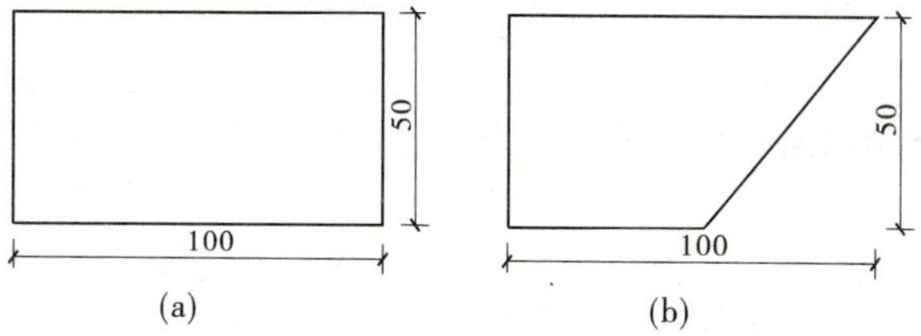

图 1-65　夹点编辑示例

操作顺序如下:

(1)在没有执行任何命令的情况下,选中图 1-65(a)中对象,上面的夹点就会显示为蓝色框。

(2)点击矩形右下角端点,命令行提示:

* * * 拉伸 * * *

指定拉伸点或"基点(B)/复制(C)/放弃(U)/退出(X)":用鼠标顺水平方向找矩形水平边的中点,在中点位置单击鼠标左键。

(3)按回车键结束夹点编辑。

项目练习

1. 打开素材包模块 4 中的"平面布置图",反复训练观察图形的方法。

2. 绘制如图 1-66 所示的图形。

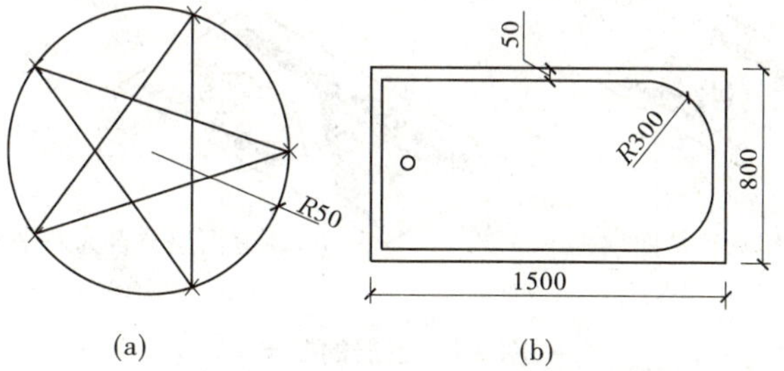

图 1-66　绘制五角星、浴盆

模块2 图形组织在建筑图中的应用

任务1 图层在建筑图中的应用技巧

任务目标:掌握线型的调入和线型比例的合理设置、线宽和颜色的设置,重点掌握图层的操作。

任务解析:具体介绍图层、线型、线型比例、线宽和颜色等方面的设置,使设计者能够快速设置绘图环境。

在AutoCAD建筑制图的准备工作中,当确定了图形单位和出图比例,并设置好图形界限和系统环境以后,接下来就要根据所绘制的图形来设置一些常用的图层。设置图层有助于绘图及文件的修改,同时可以加强绘图的准确性。根据AutoCAD 2012软件中的图层可以对建筑图进行分类,通常按两种形式分类:一是按照建筑要素的内容来进行分类,如轴线、墙体、门窗、文字、标注等;二是按照图形的特征来进行分类,如粗实线、中实线、细实线、点画线、虚线等。设计者在绘图时可以根据所绘图纸的内容与要求,设置和选用不同的图层、线型、线宽和颜色。

建立图层可以帮助我们管理和控制复杂的图形。在绘图时将不同种类和用途的图形设成一个图层,就可以对相同种类图形统一管理。一个图层就像一张透明图纸,可以在上面绘制不同的实体,将透明纸叠加起来,最终得到复杂图形,如图2-1所示。

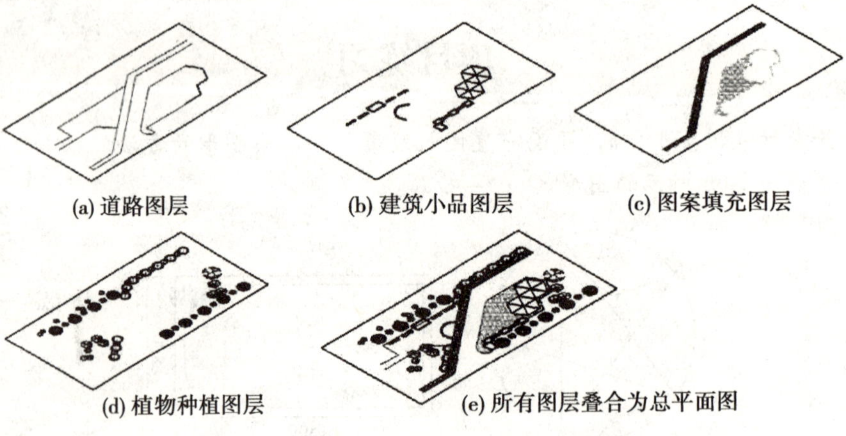

(a) 道路图层　(b) 建筑小品图层　(c) 图案填充图层

(d) 植物种植图层　(e) 所有图层叠合为总平面图

图2-1　图层的概念

建立图层的优点如下:

(1)节省存储空间。

(2)可以控制图形的颜色、线条宽度、线型。

(3)可建立无限多个图层，根据需要为每个图层设置名称、颜色、线型。

建立图层的依据如下：

(1)不同类型的线型要单独设置一个图层，例如直线、点画线。

(2)粗细不同的线单独设置一个图层，例如粗实线、细实线。

(3)不同功能的图形，例如轴线、窗户、墙体各单独设置一个图层。

2.1.1　图层相关内容

2.1.1.1　图层的设置与管理

打开图层的方法如下：

(1)在“格式”菜单中选择“图层”项，屏幕弹出“图层特性管理器”对话框，如图 2-2 所示，即可设置图层。

(2)命令行输入：LAYER(LA)，单击回车键即可。

(3)点击按钮，屏幕弹出“图层特性管理器”对话框，如图 2-2 所示，即可设置图层。

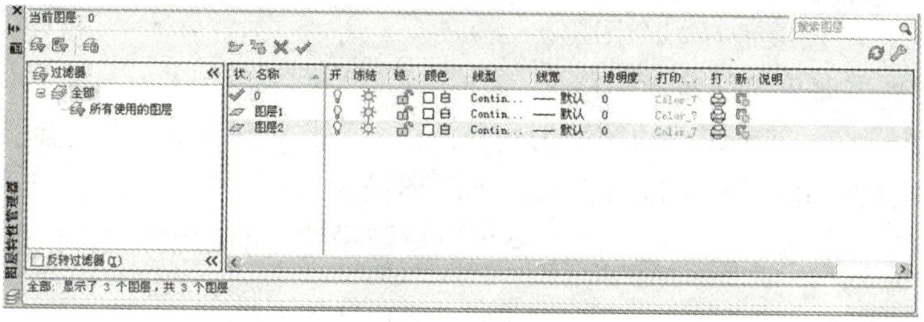

图 2-2　“图层特性管理器”对话框

2.1.1.2　对话框上方的 3 个按钮

(1)创建新图层：用于创建新图层，点取按钮后，在“图层特性管理器”对话框中创建新图层。

(2)删除图层：找到要删除的图层，单击鼠标左键，再单击按钮。

(3)设置当前图层：在“图层特性管理器”对话框中，选择所需的图层，使其成高亮度显示，然后单击按钮。当前绘制图层的层名和属性都显示在“对象特性”工具栏上。AutoCAD 默认 0 层为当前图层。

用户绘制和编辑图形总是在当前图层上进行的。若想在某一图层上绘图，必须将该图层设置为当前图层。新创建的对象具有当前图层的颜色和线型，被冻结的图层或依赖外部参照的图层不能置为当前图层。

将图层置为当前图层的方法有以下两种：

(1)从“对象特性”工具栏的“图层控制”框中单击图层名，会显示出已有的图层。选择其中一个，该图层即可成为当前图层。

(2)在“图层特性管理器”对话框中选择图层，然后点击按钮。

2.1.1.3　图层状态控制

(1)状态：表示图层的当前状态。如果为，表示为当前图层。当前图层只有一个。

(2)名称：用于标识图层，如名字可以为建筑、道路、草坪等。双击该位置可以将其激活，然后进行名字的修改。

(3)开/关:用于打开或关闭图层。单击💡按钮,当灯亮时,表示该图层处于打开状态;当灯暗时,表示该图层处于关闭状态,关闭后,实体不在屏幕上出现,如果在画图,再次打开将会出现,隐藏起来可使图形简单清晰。

(4)冻结:用于打开或关闭图层的冻结状态。单击☀按钮,当图标显示太阳状时,表示该图层未冻结;当图标显示为❄时,表示该图层上的物体被冻结,更新时该图层的物体将不参加运算。

用户不能冻结当前图层,也不能将冻结图层设置为当前图层。冻结和解冻图层的操作与打开和关闭图层的操作类似。

(5)上锁:用于锁定或解锁当前图层。单击🔓按钮,该图层将处于开锁状态;单击🔒按钮,此时该图层处于锁定状态,图层上的对象能看见,但不能修改。

锁定图层的目的是防止被人误删和误改。可以将锁定图层设置为当前图层。锁定和解锁图层的操作与打开和关闭图层的操作类似。

注意:Ctrl + 鼠标——选择多个图层,0 层不能删除。

Shift + 鼠标——连续选择多个图层。

2.1.1.4 使用图层时应该注意两个概念

(1)当前图层——正在使用的图层为当前图层,只能在当前图层创立新图形,一些有关信息都显示在工具栏上,用户可以将任意一个图形设为当前图形。

(2)0 层——不能修改,也不能删除,但可以重新设置它的颜色和线型。

2.1.2 线型

在绘制建筑图时,经常会应用各种不同的线型样式(如点画线、虚线、实线等),"图层特性管理器"对话框中提供了多种线型文件,在使用时需要加载线型。

2.1.2.1 设置线型

打开线型的方法如下:

(1)在"格式"菜单中选择"线型"项,屏幕弹出"线型管理器"对话框,如图 2-3 所示,即可选择所需的线型。

(2)命令行输入:LINETYPE(LT),单击回车键即可。

(3)在"对象特性"工具栏的线型下拉列表中选择(见图 2-4)。

图 2-3 中显示了线型的基本信息,绘图者需要绘制其他线型时,单击"加载"按钮,弹出如图 2-5 所示的"加载或重载线型"对话框。

在该对话框中选择要加载的线型,然后单击"确定"按钮,返回"线型管理器"对话框,则选择的线型被显示在当前线型列表中。

当需要修改图形对象的线型时,选择相应图形对象,在"对象特性"工具栏的线型下拉列表中选择要应用的线型样式,则图形对象的线型改变为选定的线型样式,如图 2-4 所示。

2.1.2.2 设置线型比例

线型规定了线的形状,如果不连续的线段疏密不合适,需设置线型比例来调整线的疏密。线型比例用于控制单位距离上的重复短线的数量,该值越小,短线和间隔的尺寸越小,即单位距离的重复数目越多,反之单位距离的重复数目越少。线型比例分为全局线型比例和局部线型比例。全局线型比例控制整幅图形的非连续线型,局部线型比例控制不同的对

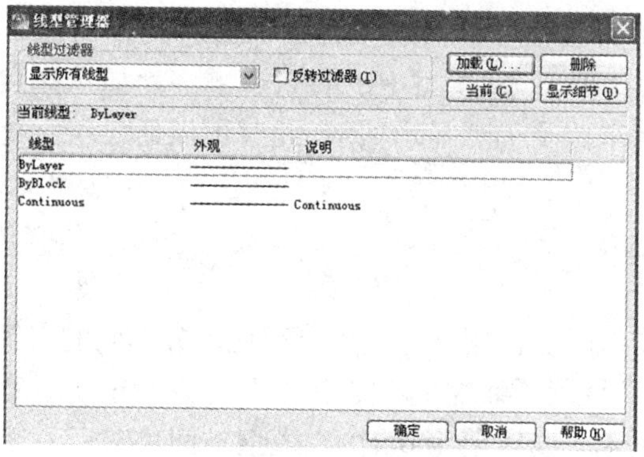

图 2-3 “线型管理器”对话框

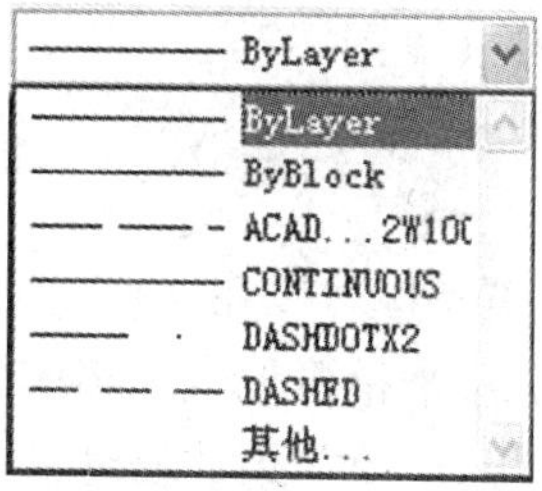

图 2-4 线型对话框

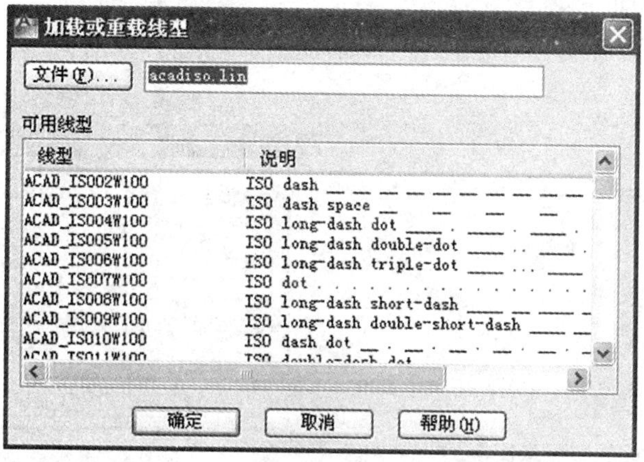

图 2-5 “加载或重载线型”对话框

象。也就是说，非连续线型的全局线型比例是相同的，但局部线型比例不一定相同。对象最终的线型比例应为两者乘积。

在“线型管理器”对话框中选择“显示细节”按钮，如图 2-6 所示，在“详细信息”选项区

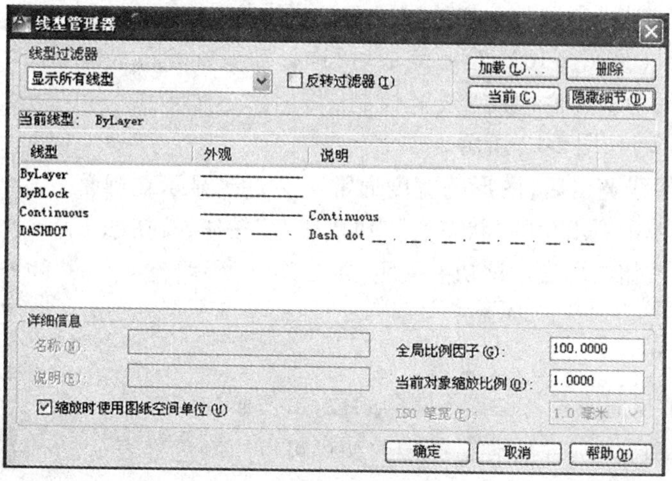

图 2-6 线型管理器对话框

域中,通过“全局比例因子”可以调整新建和现有对象的线型比例,通过“当前对象缩放比例”可以调整新建对象的线型比例。线型比值越大,线型中的要素也越多。如选择点画线线型,在实际尺寸较大的情况下,图像看起来似乎仍然显示实线,此时可以通过增大比例因子来解决(见图 2-7)。

2.1.3 设置线宽

线宽特性可以在屏幕显示和输出到图纸时起作用。它用于直观地区分不同的实体和信息,不能用来精确地表示实体的实际宽度。设置了线宽的对象在出图时以设定的线宽值为宽度绘出,单位为英寸或毫米,缺省值为毫米。线宽值为 0 时,在模型空间中显示一个像素宽,出图时以所用绘图设置最细线宽输出。

打开线宽的方法如下:

(1)在“格式”菜单中选择“线宽”项,屏幕弹出“线宽设置”对话框,如图 2-8 所示,即可选择所需线宽。

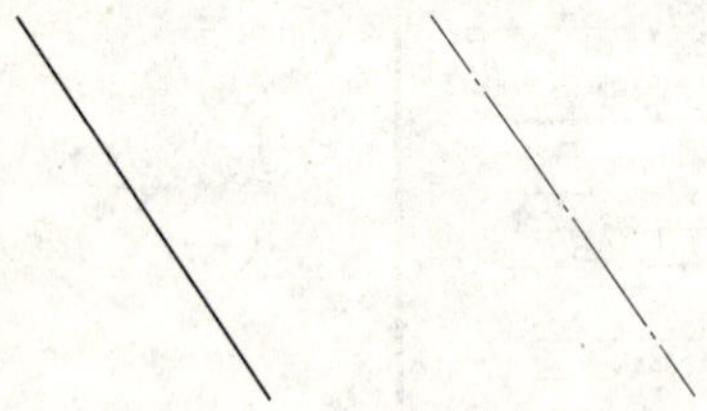

(a)比例因子=1　　(b)比例因子=500

图 2-7 修改线型显示比例

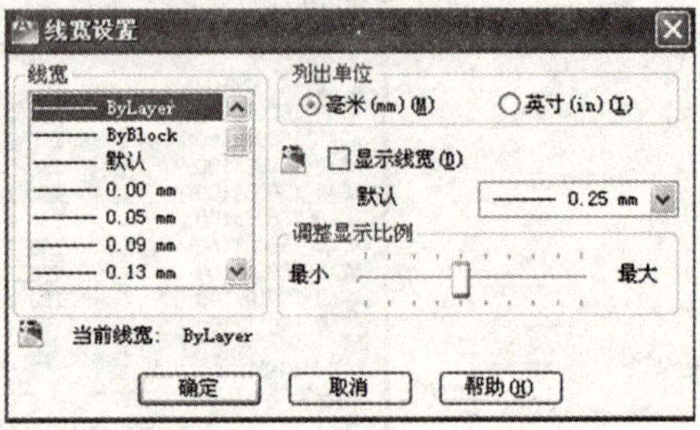

图 2-8 “线宽设置”对话框

(2)命令行输入:LWEIGHT(LW),单击回车键即可。

(3)在“对象特性”工具栏的线宽列表中选择所需线宽(见图 2-9)。

在图形绘制时,如果同一图层有两种不同线宽,可用“对象特性”工具栏中的“线宽控制”来调整。如绘制一个护栏大样施工图,绘制时线条在同一图层(见图 2-10),绘制完成后,选择需要加粗的轮廓线,并在“对象特性”工具栏中的“线宽控制”将“随层”改为“0.80 mm”的线宽,如图 2-11、图 2-12 所示。

在调整完图层线宽以后,图形的宽度通常不会直接显示在屏幕当中,使用者需要单击右下角的“状态栏”中的“线宽”按钮,按钮凹下表示该功能开启,按钮凸出表示该功能关闭,如图 2-13 所示。

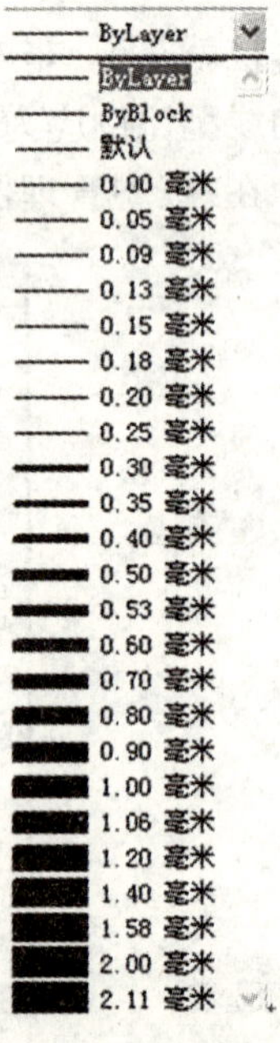

图 2-9 线宽控制框

2.1.4 设置颜色

在复杂的图形里面给对象设置不同的颜色,可使画面层次分明,结构清晰,给操作和识图带来方便。图层的颜色可以用颜色号表示,颜色号是 1 ~255 的整数,其中 1 ~9 分别代表红、黄、绿、青、蓝、品红及灰色等 9 种颜色,也称为标准颜色。可以通过“颜色”栏输入颜色

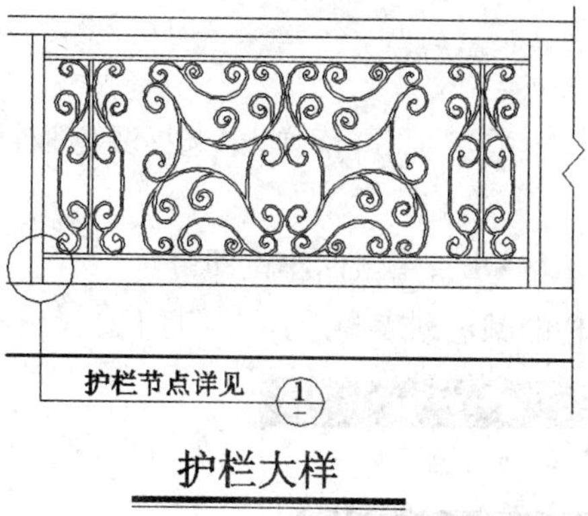

图 2-10　护栏大样

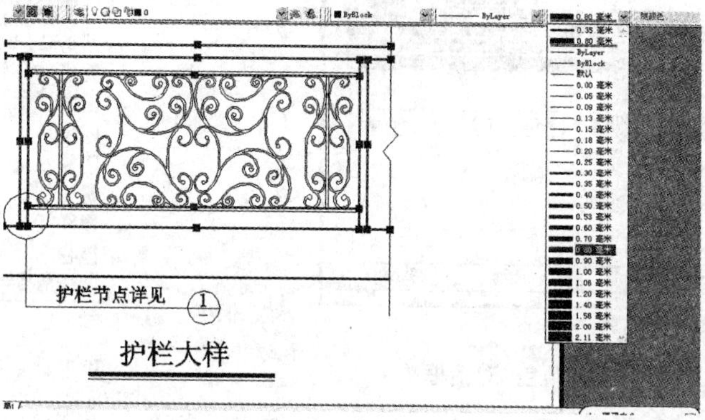

图 2-11　改变轮廓宽度

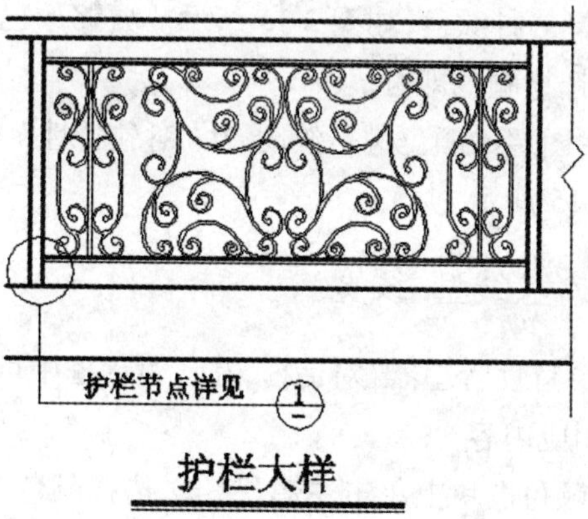

图 2-12　修改完成效果

图 2-13　状态栏

号来确定颜色的样式。

打开颜色的方法如下：

(1)在“格式”菜单中选择“颜色”项，屏幕弹出“选择颜色”对话框，如图2-14所示，即可选择所需颜色。

(2)命令行输入:COLOUR(COL)，单击回车键即可。

(3)在“对象特性”工具栏的颜色列表中选择所需颜色。

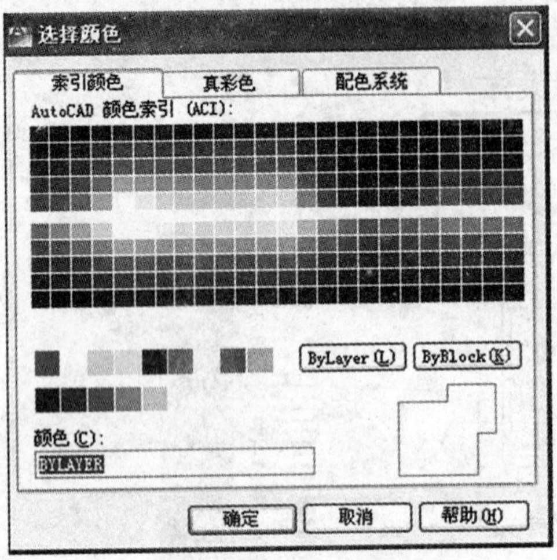

图2-14 “选择颜色”对话框

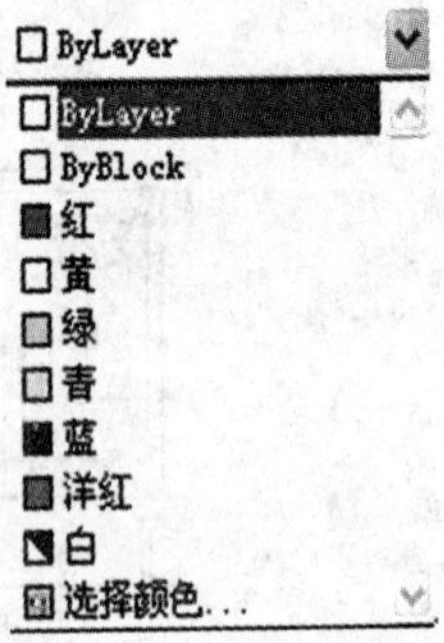

图2-15 颜色控制列表

另外，图层有自身的颜色，用户在绘图时，如果将当前颜色设置为随层(ByLayer)，则使用图层的颜色进行绘制。如果想使用其他颜色进行绘图，在“对象特性”工具栏上选择“颜色控制”列表，从列表中选择一种颜色，如图2-15所示。要修改已有的对象颜色，可先选择对象，然后按照该方法重新选择颜色即可。

如果用户需要再次使用图层的颜色进行绘图，从“对象特性”工具栏的“颜色控制”框中选择“随层”项即可，如图2-15所示。

2.1.5 综合设置图层颜色、线型、线宽

点击按钮，出现“图层特性管理器”对话框，在该对话框中可以设置各个图层颜色、线型、线宽等内容，也可更改相应内容。

颜色设置：将鼠标放到颜色图块上单击左键，弹出“选择颜色”对话框，然后用鼠标选择颜色(见图2-16)。

线型设置：将鼠标放到线型上单击左键，弹出“选择线型”对话框，需要其他线型时单击“加载”按钮，然后用鼠标选择线型(见图2-17)。

线宽设置：将鼠标放到线宽上单击左键，弹出“线宽”对话框，然后用鼠标选择线宽(见图2-18)。

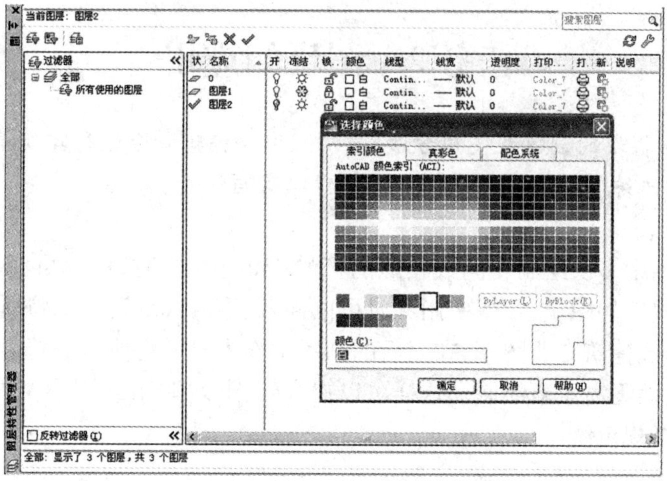

图 2-16 “颜色设置”对话框

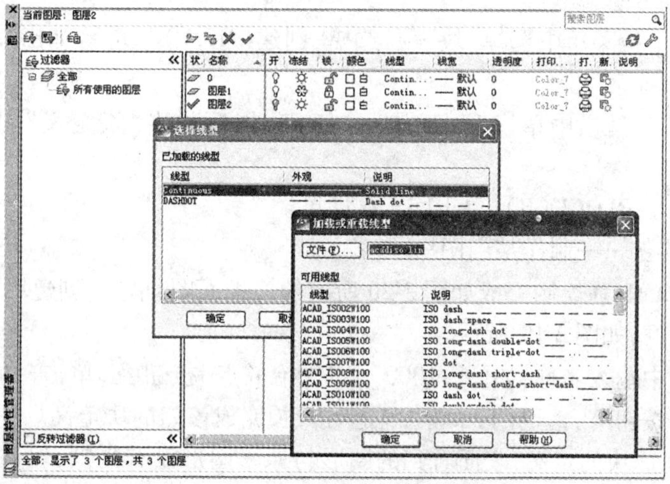

图 2-17 “线型设置”对话框

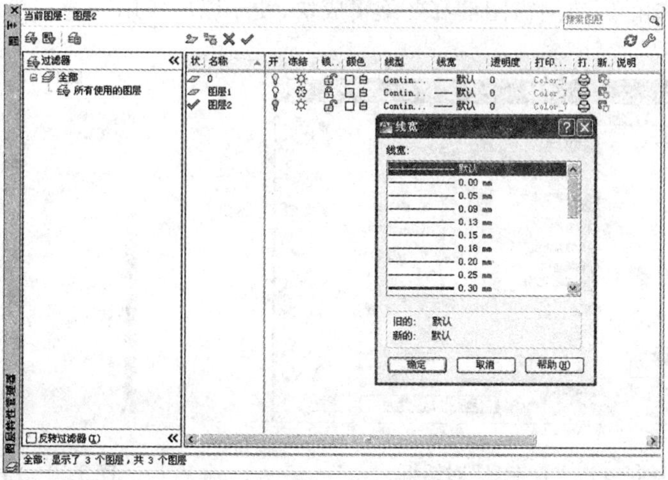

图 2-18 “线宽设置”对话框

任务 2　图块的应用

任务目标：掌握块的创建及使用方法，熟练运用块编辑命令进行建筑辅助制图。

任务解析：需熟练掌握块的创建、插入、编辑以及写块等。

在建筑设计图中多次绘制相同或相似的符号（如门、窗）时，用户可将这些常用符号定义成图块或带有属性的图块，在图中用到时可以插入、缩放或旋转。如将所用的图块存储在同目录下，就可生成建筑专业图库，在以后的制图工作中只需将所需的符号以图块的方式插入到当前图形中，而无需重新绘制。这样可以提高绘图效率，节约图形文件占用磁盘空间，还可使绘制的图纸规范统一。

2.2.1　图块定义

（1）块的启动方法如下：

①在“绘图”下拉菜单中选择“块”项，选择“创建（M...）”，屏幕弹出“块定义”对话框，如图 2-19 所示。

②在“绘图”工具栏中单击“创建块”按钮，屏幕弹出“块定义”对话框，如图 2-19 所示。

③命令行输入：BLOCK（B），单击回车键即可。

（2）块定义实例——制作某门图块。

①如利用 AutoCAD 绘制完成如图 2-20 所示的门平面图，单击“创建块”按钮，屏幕弹出“块定义”对话框，如图 2-19 所示。

②在“名称”中输入名称，如门 - 1000，点取“拾取点”按钮，单击门的左下角端点处；点取“选择对象”按钮，框选门，单击“确定”按钮，完成该门的块定义。

注意事项：完成块的定义，表面看到的图形与原来图形没有区别，但这时图形已变为一个整体，随意选中图形一点将会选中整个图形；如果图形中已定义的图块名重名，会给出错误提示。建议绘制的所有门窗图例都要编辑成块，便于以后应用。

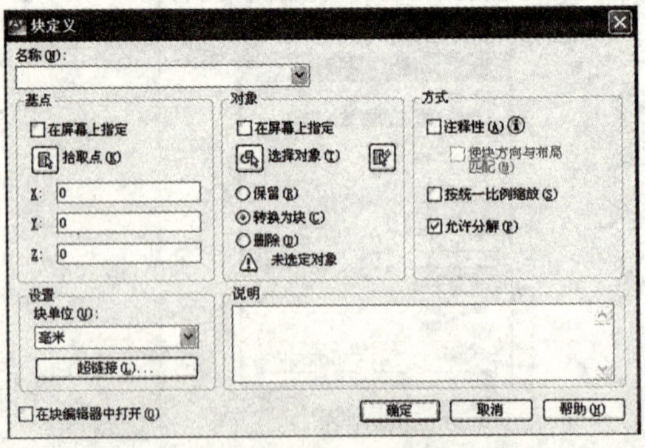

图 2-19　“块定义”对话框

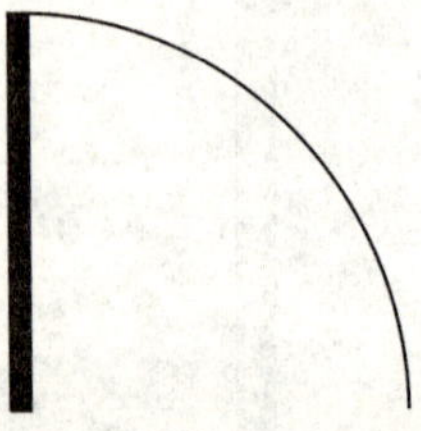

图 2-20　门平面

2.2.2　块插入

所谓块插入,就是将已经定义的图块插入到当前的图形文件中。在插入图块时,用户必须确定几个特征参数,即要插入的图块名、插入点位置、插入比例系数和图块的旋转角度。

块插入的启动方法如下:

(1)在“插入”下拉菜单中选择“块”项,屏幕弹出“插入”对话框,如图 2-21 所示。

(2)在“绘图”工具栏中单击“插入块”按钮,屏幕弹出“插入”对话框,如图 2-21 所示。

(3)命令行输入:INSERT(I),单击回车键即可。

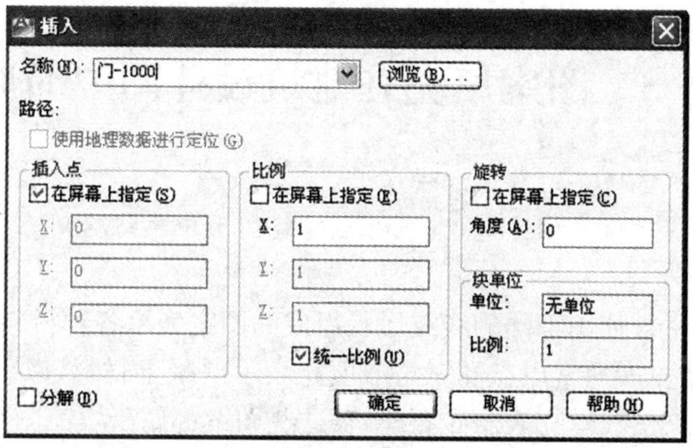

图 2-21　“插入”对话框

相关说明如下:

(1)名称:选择插入的块名。

(2)插入点:选取复选框后,在屏幕上点取插入点时,会有相应提示。

(3)比例:选取复选框后,在随后的操作中会提示缩放比例。

注意事项:在图块插入过程中一次只能插入一个图块,常用于位置没有规律的图块。如果插入的是内部块,则直接输入块名即可;如果插入的是外部块,则需要给出块文件的路径。对于具有同一几何形状而尺寸、比例不同的图例符号,用户可将其定义为单位尺寸块,在以后的插入中放大或缩小即可。

2.2.3　图块的编辑

(1)图块的编辑的启动方法如下:在“工具”下拉菜单中选择“块编辑器”项,屏幕弹出“编辑块定义”对话框,如图 2-22 所示。

(2)块编辑实例——重新定义门。

在“工具”下拉菜单中选择“块编辑器”项,屏幕弹出“编辑块定义”对话框,在该对话框中,选取要重新定义的块名称,单击“确定”按钮,出现如图 2-23所示的对话框,在该对话框中,门被分解,可进行修改,修改完成保存块定义。

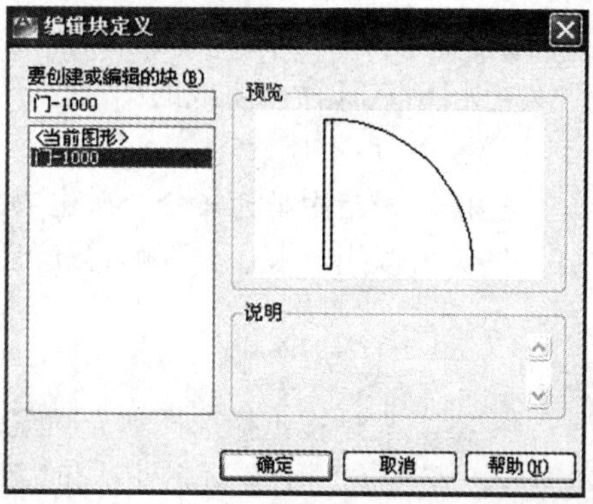

图 2-22　“编辑块定义”对话框

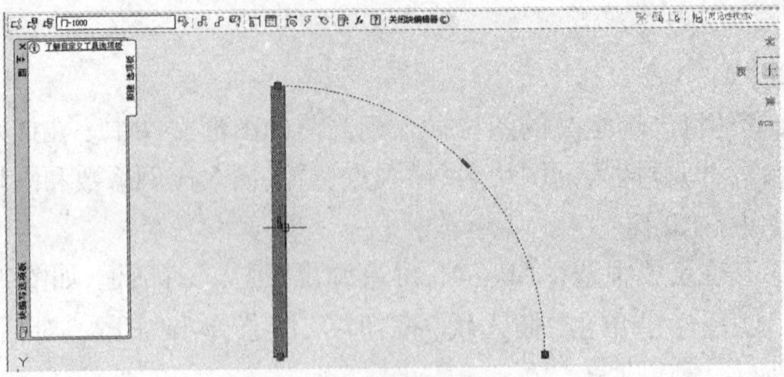

图 2-23　编辑块定义实例

任务 3　图案填充在建筑设计图中的应用

任务目标:掌握图案填充的常用方法。

任务解析:把握图案填充相关知识,能够在建筑图形中熟练运用。

在建筑制图中,常常使用不同的线或形状组成的图案表示各种材料特征,这在显示对象的剖切视图时十分常见。通常以点和三角形填充表示混凝土材料,以若干组垂直线填充表示土壤,以斜线或交叉斜线填充表示砖石建筑,这些图案都属于填充图案。

2.3.1　图案填充的概述

2.3.1.1　填充边界

图案填充是在一定区域内进行的,构成填充区域的曲线称为填充边界。填充边界可以是单一对象(如圆、矩形等),也可由若干对象连接而成。填充边界具有一个封闭的外环,外环内可以存在数量不限的内环(或称孤岛)。

2.3.1.2　填充图案的特性

1)关联性

关联性指填充图案与填充边界是相关的,即当填充边界发生变化时,填充图案将随之变化,这时填充图案称为相关图案。图案的关联性可以在生成图案时控制。如果关闭"边界图案填充"对话框中的关联开关,则生成的图案不具有关联性,这种图案称为非相关图案。此外,用 HATCH 命令生成的图案也不具有关联性。

2)整体性

整体性是指用填充命令一次生成图案,用户不能对组成图案的每一个元素进行单独操作。图案可以用分解命令分解,分解后的图案不再是单一的对象,而是一组独立的对象。

2.3.2　图案填充

图案填充过程包括选择填充图案、确定填充边界、定义填充方式 3 个步骤。在 AutoCAD 2012 中,除原有的图案填充外,同时又增加了渐变色填充。

2.3.2.1　图案填充的启动方法

(1)在"绘图"下拉菜单中选择"图案填充"项,屏幕弹出"图案填充和渐变色"对话框,如图 2-24 所示。

(2)在“绘图”工具栏中单击“图案填充”按钮，屏幕弹出“图案填充和渐变色”对话框,如图 2-24 所示。

(3)命令行输入:BHATCH(BH),单击回车键即可。

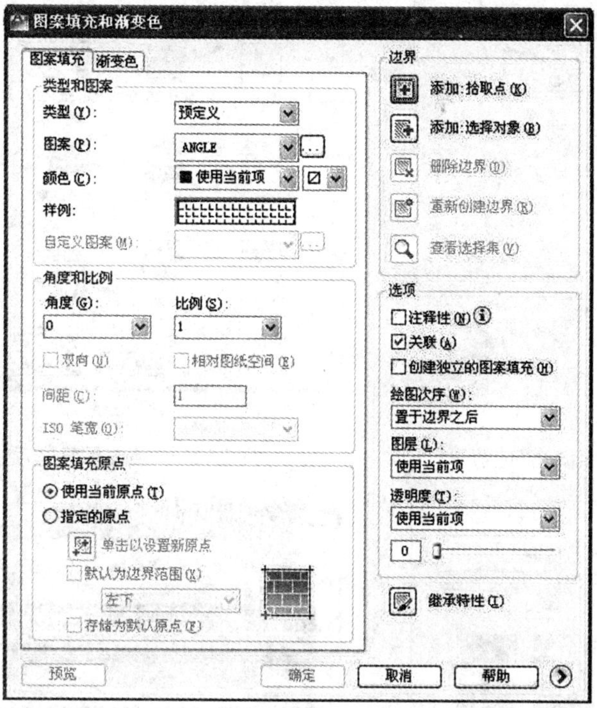

图 2-24 “图案填充和渐变色”对话框

2.3.2.2 命令选项

在“图案填充和渐变色”对话框中,包含了“图案填充”和“渐变色”两个选项卡。

(1)“图案填充”选项卡(见图 2-25)。

①类型:选择图案填充的类型。包括预定义、用户定义和自定义三种。

②图案:该下拉列表框显示了目前图案名称、“填充图案选项板”对话框,从该对话框中能够预览所有预定义的填充样式。可以用鼠标点取所要填充的图案,如图 2-26 所示。

③样例:通过预览的形式直接显示图案样式。

④角度:输入角度值,确定图案样式的旋转角度。

⑤比例:调整比例大小,确定填充图案的大小,默认值为 1。

(2)“渐变色”选项卡(见图 2-27)。

利用“渐变色”选项卡可以对图形进行渐变色填充。

①单色:单击色块右侧按钮,可以弹出“选择颜色”对话框,如图 2-28 所示,根据需要直接单击所需颜色,再通过“渐深”至“渐浅”的滑块调整渐变效果,最后单击“确定”按钮。

②双色:选择此项,出现“颜色 1”和“颜色 2”两个颜色,设计者根据需要进行相应颜色设置,最后单击“确定”按钮。

③方向:确定所选颜色是否以居中的方式渐变,并可控制形成渐变的方向。

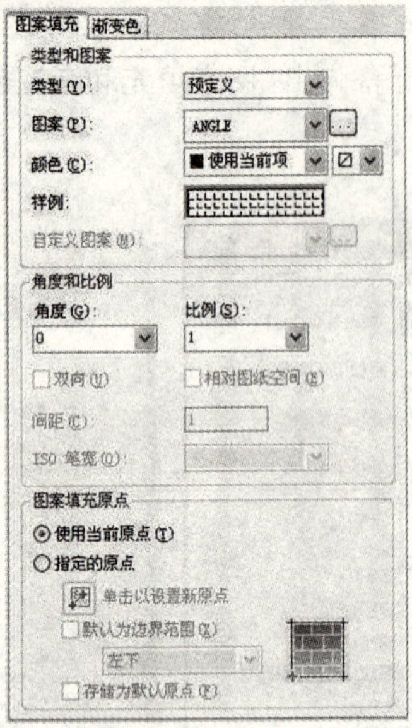

图 2-25 “图案填充”选项卡

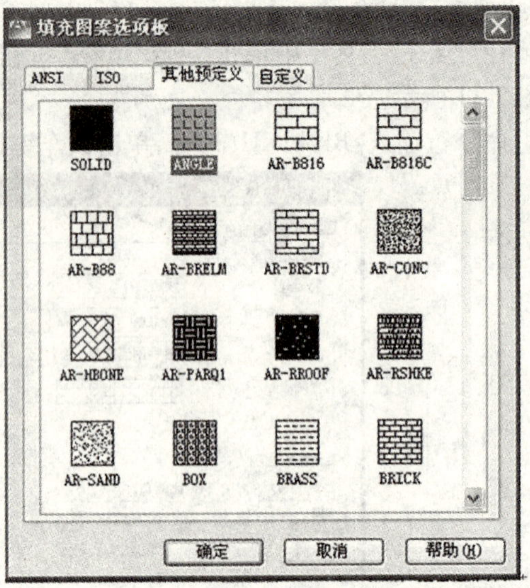

图 2-26 “填充图案选项板”对话框

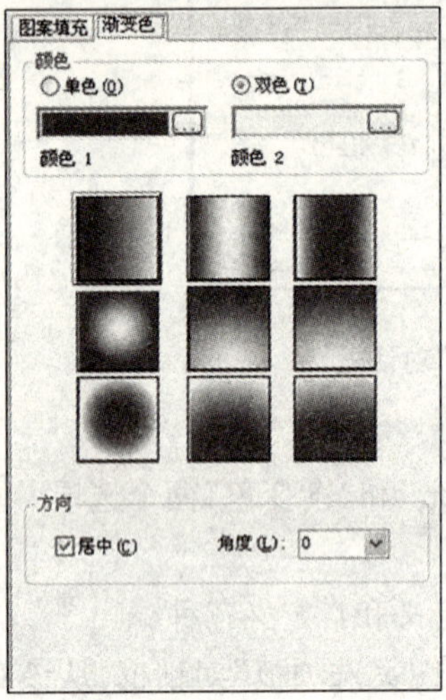

图 2-27 “渐变色”选项卡

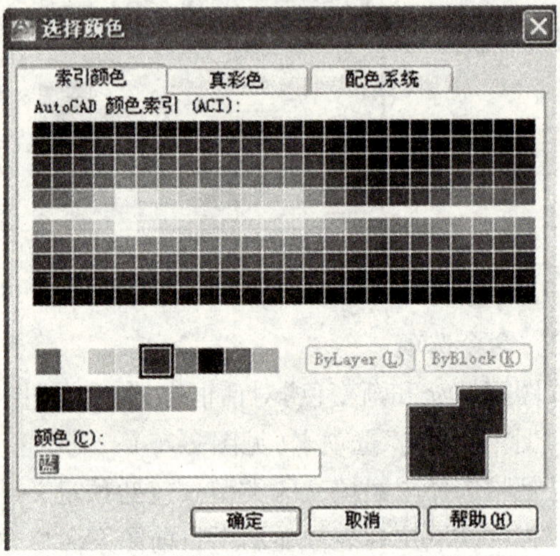

图 2-28 “选择颜色”对话框

注意:

(1)填充的图案是一个整体,如果用“分解”命令将其分解,将会增加图形文件的字节数,因此最好不要分解填充图案。

(2)填充图案时,图形的边界必须封闭,否则系统不能完全填充。

(3)HATCH 命令由命令行输入时,不会出现对话框。

2.3.3 图案填充方式

2.3.3.1 添加:拾取点

(1)单击“添加:拾取点”按钮,切换到绘图区域,这时单击要填充的区域,填充的区域边线变为虚线，如图 2-29 所示，单击回车键，回到“图案填充”对话框。

(2)选取“样例”按钮，弹出“填充图案选项板”对话框，选择要填充的图案样式，单击“确定”按钮。

(3)回到“填充图案选项板”对话框，单击“预览”，观察填充图案的比例、样式等选项，并可进行修改，最后单击“确定”按钮，完成填充，如图 2-30 所示。

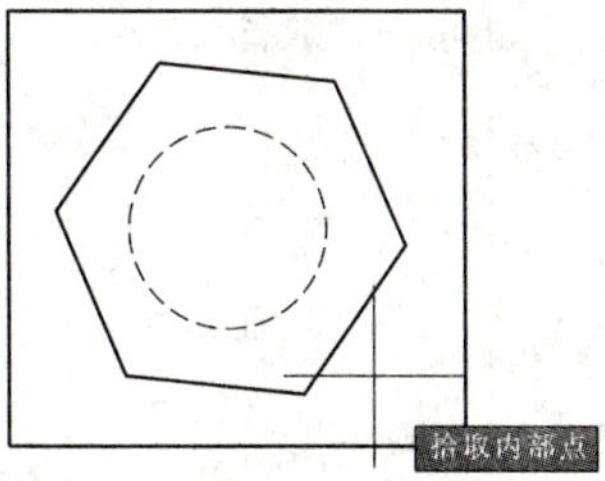

图 2-29　拾取点选择填充区域

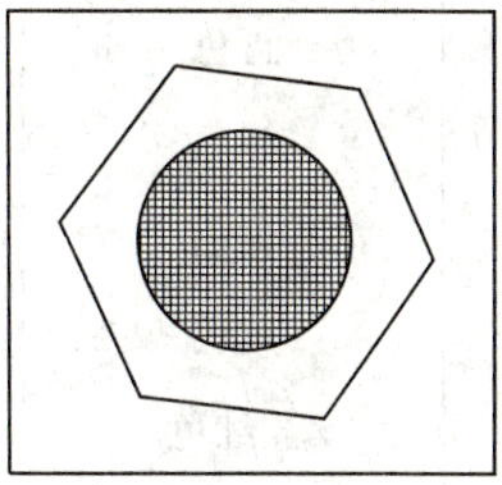

图 2-30　填充完成图案样式

2.3.3.2　添加：选择对象

“添加：选择对象”的基本操作同上，不同的是在选择要填充的对象时，在图形边缘上点取，如图 2-31、图 2-32 所示。

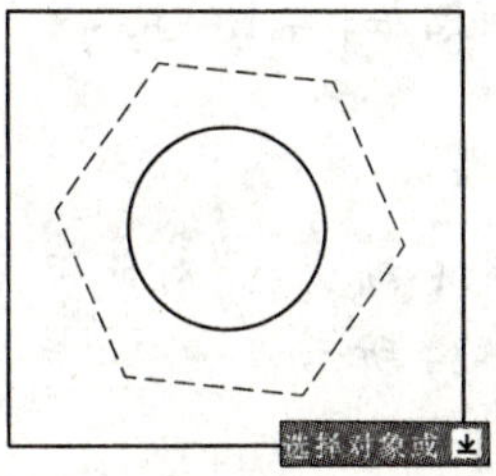

图 2-31　选择对象选择填充区域

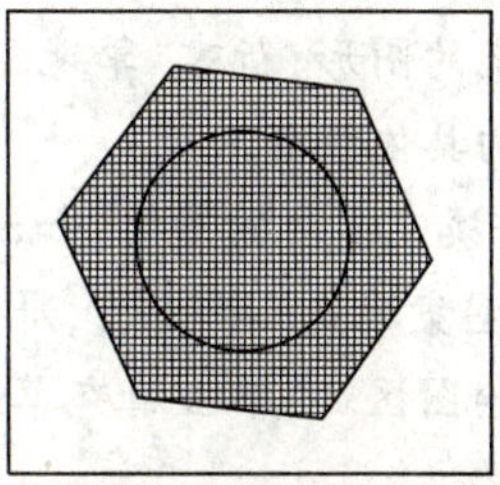

图 2-32　填充完成图案样式

2.3.4　编辑填充图案

图案填充完成后，随着图形的变化，原有填充图案的类型和特性也随之变化，就需要对填充图案进行编辑。

编辑填充图案的方法如下：

(1)在“修改”下拉菜单中选择“对象”项，选取“图案填充”项。

(2)双击要修改的图案，这种方法比较方便。

(3)命令行输入：HATCHEDIT(HE)，单击回车键即可。

启动该命令后会要求选择编辑修改的填充图案，根据需要进行修改。

项目练习

1. 创建一个建筑设计样板图，文件名为“建筑样板. dwt”，图层设置如表 2-1 所示。

表 2-1　图层设置要求

图层名称	颜色	线型	线宽	打印
0	白色	Continuous	缺省	是
定义点	白色	Continuous	缺省	否
墙线	灰色	Continuous	0.35 mm	是
门窗	青色	Continuous	缺省	是
标注	绿色	Continuous	缺省	是
台阶	黄色	Continuous	缺省	是
楼梯	黄色	Continuous	缺省	是
阳台	洋红色	Continuous	缺省	是
文字	白色	Continuous	缺省	是
轴线	红色	ACAD_ISO002W100	缺省	是

2. 绘制指北针(见图 2-33)。(指北针:圆直径为 24 mm)

3. 建筑外环境草地图案填充。

打开要填充的图形;新建"草地"图层,并置为当前图层;填充草地。

填充草地的具体步骤如下:

(1)打开要填充草地的图像,如图 2-34 所示。

(2)单击"图案填充"按钮,屏幕弹出"图案填充和渐变色"对话框,点取"添加:拾取点"按钮,回到绘图区域,单击填充草地的区域,如图 2-34 所示。

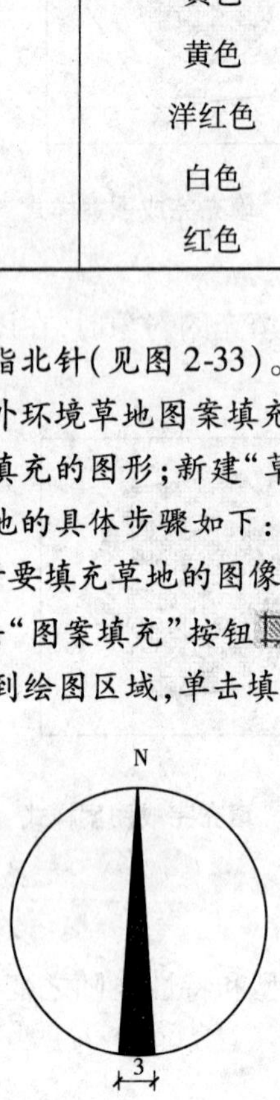

图 2-33　指北针

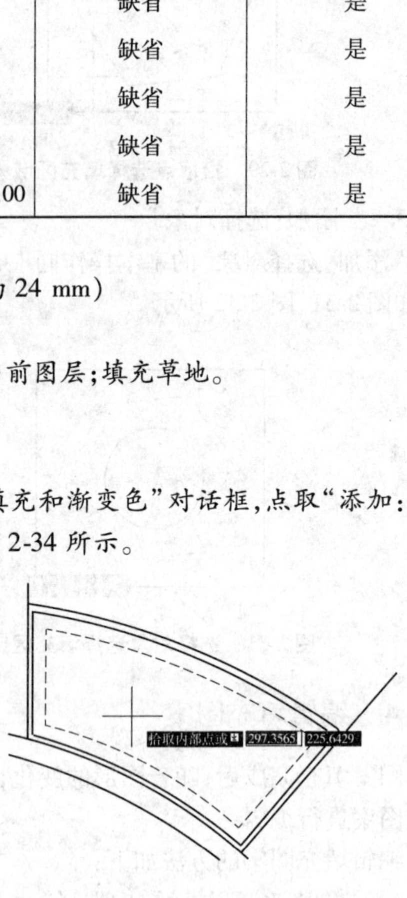

图 2-34　草地

(3)单击鼠标左键"确定",回到"图案填充和渐变色"对话框,选取"样例"按钮,弹出"填充图案选项板"对话框,选择图案样式为"CROSS""GRASS"或"SWAM"等样式,单击"确定"按钮。

(4)回到"填充图案选项板"对话框,单击"预览",发现比例不合适,进行修改,将比例值改为 0.05,查看效果,最后单击"确定"按钮,完成填充,如图 2-35 所示。

注意事项:如果在一幅图中有多个区域需要填充,可以同时拾取多个区域一起填充。

运用本模块介绍的图案填充内容,对其他项目练习中需要填充的草地、水体、地面铺装

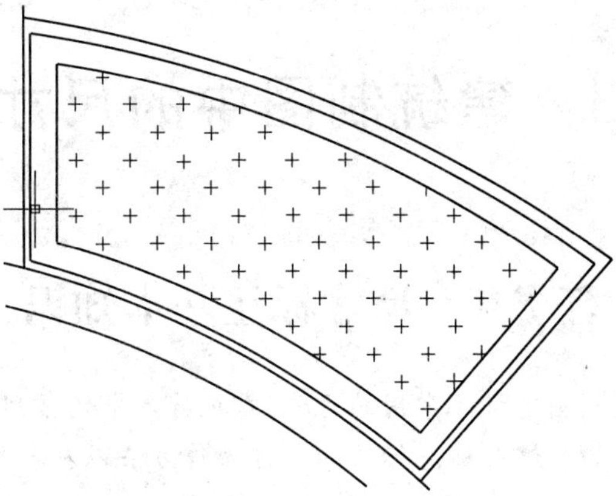

图 2-35　草地填充完成效果

等内容进行填充。

要求：填充的图案、颜色、角度、比例要恰当，符合要求。

模块3　建筑制图中的尺寸标注

任务1　尺寸标注基本知识

任务目标：了解建筑制图中标注常用的元素，掌握标注中的常用形式和技巧。

任务解析：这项任务的关键是熟悉标注的各种操作方法以及各种设置，对快速准确标注起着关键作用。

尺寸标注作为一种图形信息，对于设计工作来说十分重要。在工程图纸中，尺寸标注反映了构件的尺寸和相互间的位置关系，尺寸标注能够帮助用户检查规范的符合情况。没有尺寸标注的图纸只能作为示意图，而不能作为真正的图纸用于施工。

AutoCAD 的尺寸标注命令，可以方便快速地标注图纸中各种方向和各种形式的尺寸。AutoCAD 提供了 3 种基本的标注：线型、半径和角度，这些标注能够显示对象的测量值、对象之间的距离或角度等几何关系。

3.1.1　尺寸标注的相关知识

建筑图样上标注的尺寸具有以下独特的元素：尺寸界线、尺寸线、尺寸起止符号和标注文字（尺寸数字），对于圆标注还有圆心标记和中心线，如图 3-1 所示。

(1)标注文字（尺寸数字）：用于指示测量值的字符串或汉字。

(2)尺寸线：用于指示标注的方向和范围。对于角度标注，尺寸线是一段圆弧。

(3)尺寸起止符号：显示在尺寸线的两端。系统默认为箭头，但建筑制图中一般用粗斜线表示。在角度、半径、直径和弧长等标注时采用箭头作为起止符。

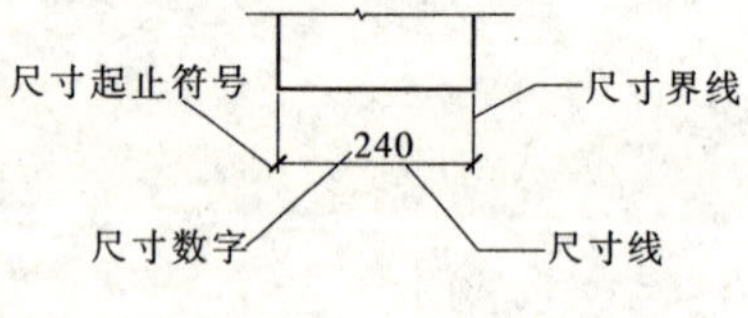

图 3-1　尺寸标注元素组成示意图

(4)尺寸界线：也称为投影线，从部件延伸到尺寸线。

(5)圆心标记：标记圆或圆弧中心的小十字。

(6)中心线：标记圆或圆弧中心的虚线。

AutoCAD 将标注置于当前图层，每一个标注都采用当前标注样式进行标注。可以在“标注”工具栏中选择合适的命令，或单击如图 3-2 所示的相应按钮可以进行相应的尺寸标注。

图 3-2　“标注”工具栏

尺寸标注必须符合国家标准和行业的规范与要求，一般规则如下：

(1)当图形中的尺寸以毫米为单位时，则不需要标注计量单位；否则，必须注明所采用的单位代号或名称，如 cm(厘米)、m(米)、(°)(度)等。

(2)图形的真实大小应以图样上所标注的尺寸数值为依据，与所画图形的大小及画图的准确性无关。

(3)图形中每一部分的尺寸应只标注一次，并且应标在最能反映其形体特征的视图上。

(4)在同一图形中，同一类尺寸箭头、尺寸数字大小应该相同。

(5)尺寸文本中的字体必须按照国家标准规定，即汉字必须使用长仿宋体，数字使用阿拉伯数字或罗马数字，字母使用希腊字母或拉丁字母。各种字体的具体大小可以从下面七种规格中选取，即 20 mm、14 mm、10 mm、7 mm、5 mm、3.5 mm、2.5 mm。

3.1.2 标注长度型尺寸

长度型尺寸是工程制图中最常见的尺寸，包括线性标注、对齐标注、基线标注和连续标注等。下面将分别介绍这几种尺寸的标注方法。

3.1.2.1 线性标注

线性标注，能够标注水平尺寸、垂直尺寸和旋转尺寸，这些尺寸都归结为长度型尺寸。可以选择“标注”→“线性”命令，或单击“线性标注”按钮，或在命令行中输入 DIMLINEAR 来标注水平尺寸、垂直尺寸和旋转尺寸，如图 3-3 所示。

3.1.2.2 对齐标注

对齐标注，标注某一条倾斜线段的实际长度时，尺寸线与对象平行。可以选择“标注”→“对齐”命令，或单击“对齐标注”按钮，或在命令行中输入 DIMALIGNED 来完成对齐标注，如图 3-3 所示。

3.1.2.3 基线标注

在工程制图中，往往以某一面(或线)作为基准，其他尺寸都以该基准进行定位或画线，这就是基线标注。在建筑制图中的分级尺寸，可以通过基线标注来实现。基线标注需要以事先主要的线性标注为基础。用户可以选择“标注”→“基线”命令，或单击“基线标注”按钮，或在命令行输入 DIMBASELINE 来完成基线标注，如图 3-3 所示。

3.1.2.4 连续标注

连续标注是首尾相连的多个标注，前一尺寸的第二尺寸界线就是后一尺寸的第一尺寸界线。用户可以选择“标注”→“连续”命令，或单击“连续标注”按钮，或在命令行输入 DIMCONTINUE 来完成连续标注。单击“连续标注”按钮，命令行提示与“基线标注”类似，不再赘述，如图 3-3 所示。

3.1.2.5 标注径向尺寸

径向尺寸是建筑制图中另一种比较常见的尺寸，常用于车道、旋转楼梯等的标注，包括标注半径尺寸和标注直径尺寸。下面将分别介绍这两种尺寸的标注方法。

选择“标注”→“半径”命令，或单击“标注”工具栏上的“半径标注”按钮，或在命令行中输入 DIMRADIUS 来完成半径标注。选择“标注”→“直径”命令，或单击“直径标注”按钮，或在命令行输入 DIMDIAMETER 来完成直径标注，如图 3-3 所示。

3.1.2.6 角度标注

角度标注测量两条直线或三个点之间的角度。要测量圆的两条半径之间的角度,可以选择此圆,然后指定角度端点。对于其他对象,需要先选择对象,然后指定标注位置。

选择“标注”→“角度”命令,或单击“标注”工具栏上的“角度标注”按钮,或在命令行输入 DIMANGULAR 来完成角度标注,如图 3-3 所示。

3.1.2.7 引线标注

快速引线标注在建筑工程制图中也是一种常用的标注类型,引线标注由引线和文字两部分标注对象组成。引线是连接注释和图形对象的直线或曲线,文字是最普通的文本或者数字注释。引线标注使用起来很方便,可以从图形的任意点或对象上创建引线,引线可以由直线段或平滑的样条曲线构成。

可以选择“标注”→“引线”命令,或单击“标注”工具栏上的“快速引线”按钮,或在命令行中输入 QLEADER 来完成快速引线标注,如图 3-3 所示。

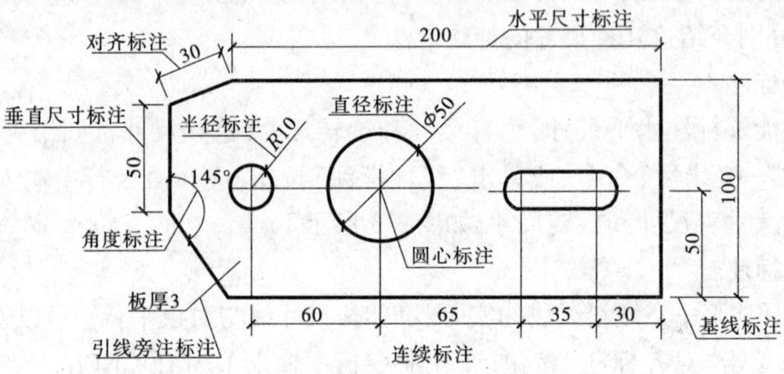

图 3-3 尺寸标注的类型

任务 2 建筑制图规范对标注的要求

任务目标:了解建筑制图的常用标注形式,掌握标注设置中常规参数。

任务解析:这项任务是熟悉标注,且应符合建筑规范,掌握各种标注的快速标注方式。

3.2.1 标注的基本知识

尺寸界线应用细实线绘制,一般应与被注长度垂直,其一端应离开图样轮廓线不小于 2 mm,另一端宜超出尺寸线 2 ~ 3 mm。图样轮廓线可用作尺寸界线,如图 3-4 所示。

尺寸线应用细实线绘制,应与被注长度平行。图样本身的任何图线均不得用作尺寸线。因此,尺寸线应调整好位置,避免与图线重合。

3.2.2 尺寸数字

图样上的尺寸,应以尺寸数字为准,不得从图上直接量取,但建议按比例绘图,这样可以减少绘图错误。图样上的尺寸单位,除标高及总平面以米为单位外,其他必须以毫米为单位。尺寸数字的方向，应按图 3-5 所示的规定注写。

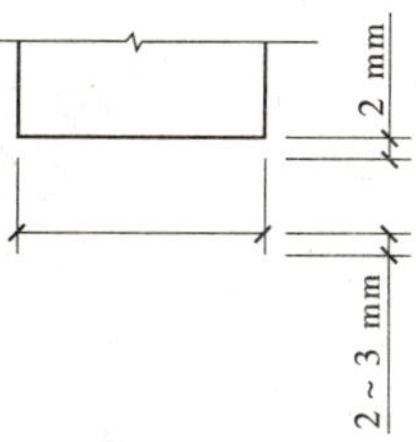

图 3-4　尺寸界线

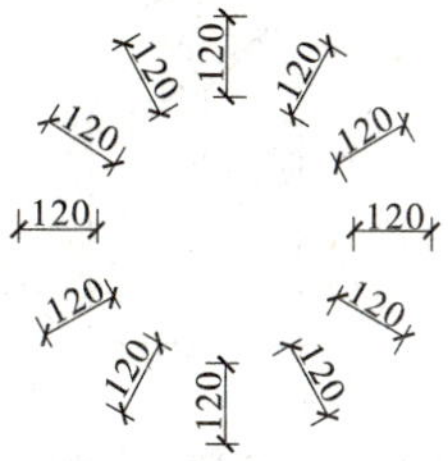

图 3-5　尺寸数字方向

若尺寸数字在 30°斜线区内，宜按图 3-6 的形式注写。

尺寸数字一般应依据其方向注写在靠近尺寸线的上方中部。如没有足够的注写位置，最外边的尺寸数字可注写在尺寸界线的外侧，中间相邻的尺寸数字可错开注写，如图 3-7 所示。

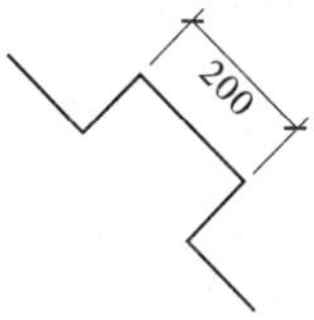

图 3-6　30°斜线区内尺寸数字的方向

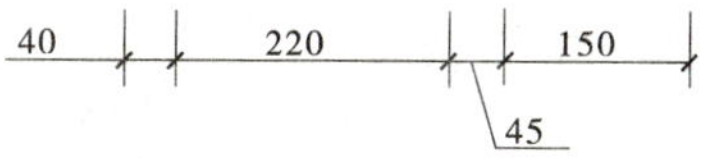

图 3-7　尺寸数字的注写位置

3.2.3　尺寸的排列与布置

尺寸宜标注在图样轮廓以外，不宜与图线、文字及符号等相交，如图 3-8 所示。

互相平行的尺寸线，应从被注写的图样轮廓线由近向远整齐排列，较小尺寸应离轮廓线较近，较大尺寸应离轮廓线较远，如图 3-9 所示。

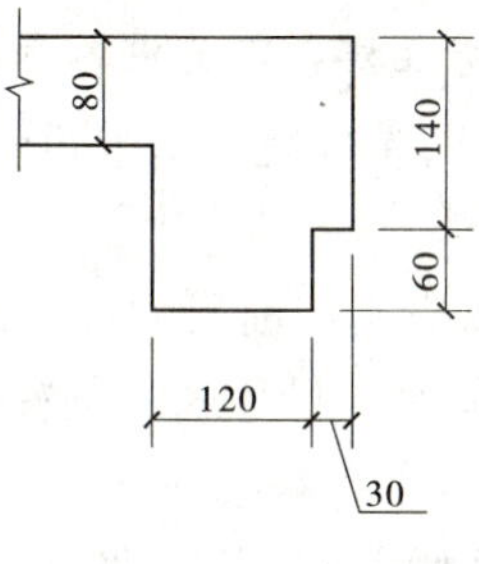

图 3-8　尺寸数字的注写

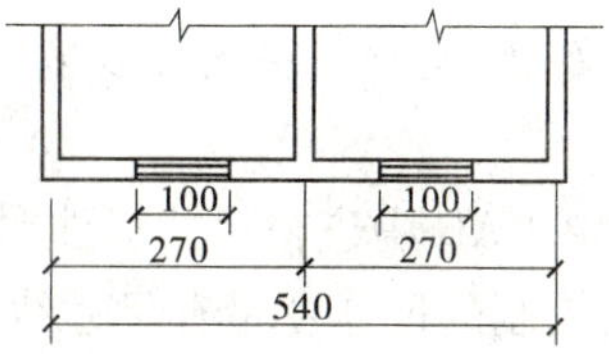

图 3-9　尺寸的排列

图样轮廓线以外的尺寸线，距图样最外轮廓之间的距离不宜小于 10 mm。平行排列的尺寸线的间距宜为 7 ~ 10 mm，并应保持一致。总尺寸的尺寸界线应靠近所指部位，中间的分尺寸的尺寸界线可稍短，但长度应相等，如图 3-10 所示。

3.2.4　半径、直径的尺寸标注

半径的尺寸线应一端从圆心开始，另一端画箭头指向圆弧。半径数字前应加注半径符

号 *R*,如图 3-11 所示。

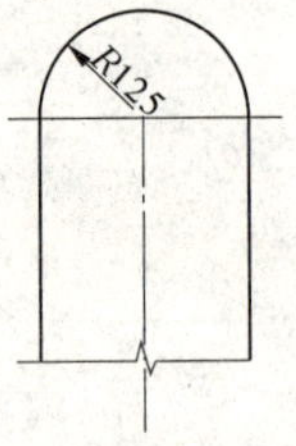

图 3-10　轮廓线以外的尺寸线

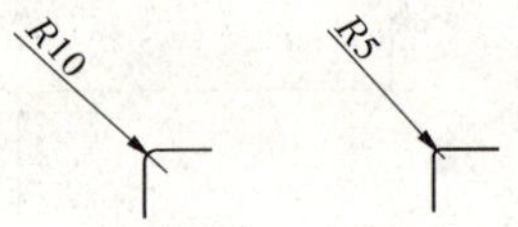

图 3-11　半径的尺寸线

标注圆的直径尺寸时,直径数字前应加直径符号 ϕ。在圆内标注的尺寸线应通过圆心,两端画箭头指至圆弧。

3.2.5　角度、弧度的标注

角度的尺寸线应以圆弧表示。该圆弧的圆心应是该角的顶点,角的两条边为尺寸界线。起止符号应以箭头表示,如没有足够位置画箭头,可用圆点代替,角度数字应按水平方向注写,如图 3-12 所示。

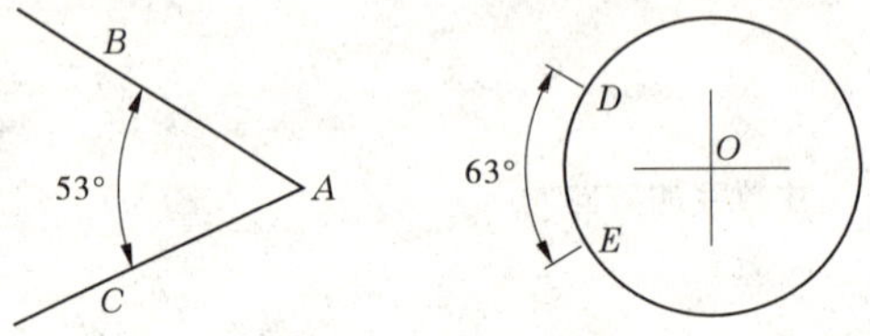

图 3-12　角度标注

任务 3　创建建筑尺寸标注样式

任务目标:了解标注样式在建筑制图中的作用,掌握标注样式定义中各参数的意义。

任务解析:这项任务内容较多,应理解各个参数的意义,掌握建筑上常用的参数。

在 AutoCAD 中进行尺寸标注时,尺寸的外观及功能取决于当前尺寸样式的设定。尺寸标注样式控制的尺寸变量有尺寸线、标注文字、尺寸文本相对于尺寸线的位置、尺寸界线、箭头的外观及方式。

选择“格式”→“标注样式”命令,或单击“标注”工具栏上的“标注样式”按钮,打开如图 3-13 所示的“标注样式管理器”对话框,可以创建新的尺寸标注样式和管理已有的尺寸标注样式。

“标注样式管理器”的主要功能包括预览尺寸标注样式,创建新的尺寸标注样式,修改已有的尺寸标注样式,设置一个尺寸标注样式的替代,设置当前的尺寸标注样式,比较尺寸标注样式,重命名尺寸标注样式,删除尺寸标注样式等。

在“标注样式管理器”对话框中,“当前标注样式”区域显示当前的尺寸标注样式。“样式”列表框显示了图形中所有的尺寸标注样式或正在使用的尺寸标注样式。在列表框中选

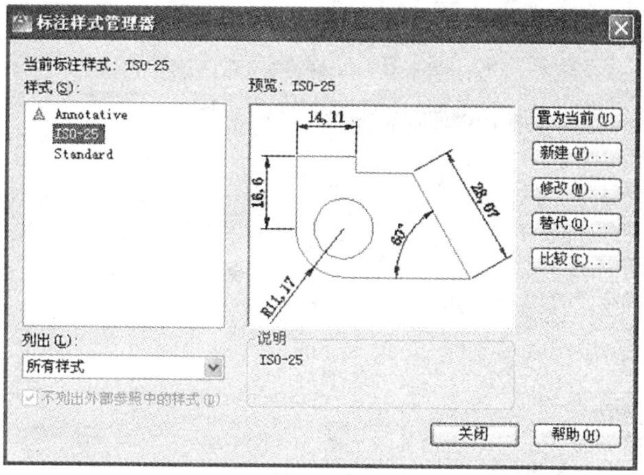

图 3-13 **“标注样式管理器”对话框**

择合适的标注样式，单击“置为当前”按钮，则可将选择的样式置为当前。

单击“新建”按钮，弹出“创建新标注样式”对话框。单击“修改”按钮，弹出“修改标注样式”对话框，此对话框用于修改当前尺寸标注样式的设置。单击“替代”按钮，弹出“替代当前样式”对话框，在该对话框中，可以设置临时的尺寸标注样式，用来替代当前尺寸标注样式的相应设置。

3.3.1 创建新尺寸标注样式

单击“标注样式管理器”对话框中的“新建”按钮，弹出如图 3-14 所示的“创建新标注样式”对话框。

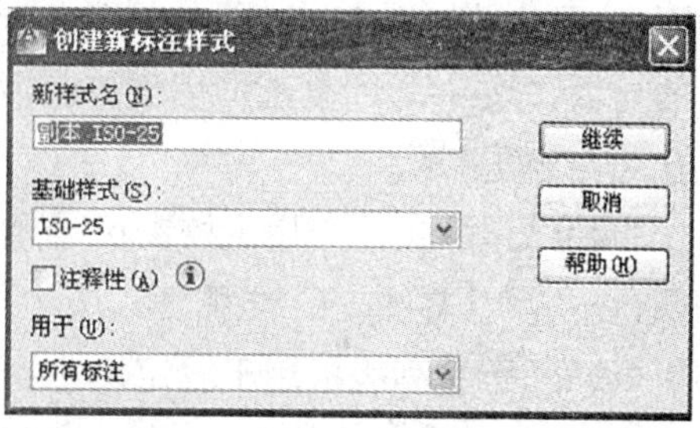

图 3-14 **“创建新标注样式”对话框**

在“新样式名”文本框中可以输入新创建的尺寸标注样式的名称，在“基础样式”下拉列表框中可以选择新创建的尺寸标注样式将以哪个已有的样式为模板，在“用于”下拉列表框中可以指定新创建的尺寸标注样式将用于哪些类型的尺寸标注。

单击“继续”按钮，将弹出如图 3-15 所示的“新建标注样式”对话框，可以在该对话框的各选项卡中设置相应的参数，设置完成，单击“确定”按钮，返回“标注样式管理器”对话框，在“样式”列表框中可以看到新建的标注样式。下面将详细介绍“新建标注样式”对话框中各常用选项卡的设置。

3.3.1.1 **“线”选项卡**

“线”选项卡如图 3-15 所示，由“尺寸线”和“尺寸界线”两个选项组组成，用于设置尺寸线和尺寸界线，以控制尺寸标注的几何外观。

在“尺寸线”选项组中，“颜色”下拉列表框用于设置尺寸线的颜色；“线型”下拉列表框用于设置尺寸线的线型；“线宽”下拉列表框用于设定尺寸线的宽度；“超出标记”文本框用于指定尺寸线超过尺寸界线的距离；“基线间距”文本框用于设定使用基线标注时各尺寸线

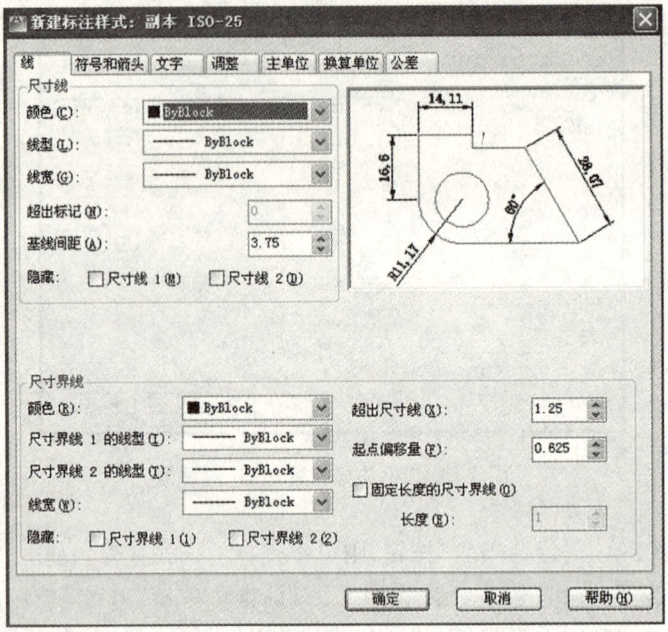

图 3-15　“线”选项卡

的距离，即建筑制图中尺寸线的间距，一般为 7～10 mm；“隐藏”及其复选框用于控制尺寸线的显示，“尺寸线 1”复选框用于控制第 1 条尺寸线的显示，“尺寸线 2”复选框用于控制第 2 条尺寸线的显示。

“尺寸界线”选项组用于控制尺寸界线的外观。“颜色”下拉列表框用于设置尺寸界线的颜色。“尺寸界线 1 的线型”和“尺寸界线 2 的线型”下拉列表框可以选择尺寸界线的线型。“线宽”下拉列表框用于设定尺寸界线的宽度。“隐藏”及其复选框用于设置尺寸界线的显示，“尺寸界线 1”用于控制第 1 条尺寸界线的显示，“尺寸界线 2”用于控制第 2 条尺寸界线的显示。“超出尺寸线”文本框用于设定尺寸界线超过尺寸线的距离。“起点偏移量”文本框用于设置尺寸界线相对于尺寸界线起点的偏移距离。“固定长度的尺寸界线”设置尺寸界线从尺寸线开始到标注原点的总长度，即各尺寸界线长度固定相等，如图 3-15 所示。

3.3.1.2　“符号和箭头”选项卡

单击选择“符号和箭头”选项卡，得到如图 3-16 所示的对话框。该选项卡包括“箭头”“圆心标记”“折断标注”“弧长符号”“半径折弯标注”“线性折弯标注”6 个选项组，用于设置箭头、中心标记、弧长符号以及半径弯折角度的特性，以控制尺寸标注的几何外观。

“箭头”选项组用于选定表示尺寸线端点的箭头的外观形式。“第一个”“第二个”下拉列表框列出常见的箭头形式，常用的为“实心闭合”和“建筑标记”两种。“引线”下拉列表框中列出对尺寸线引线部分的形式，一般也选择“实心闭合”。“箭头大小”文本框用于设定箭头相对于其他尺寸标注元素的大小。

“圆心标记”选项组用于控制当标注半径和直径尺寸时，中心线和中心标记的外观。

“半径折弯标注”主要控制折弯(Z 字型)半径标注的显示。半径折弯标注通常在中心点位于页面外部时创建,即半径十分大时创建。用户可以在“折弯角度”中输入值来控制折弯角度,如输入 45,如图 3-16 所示。

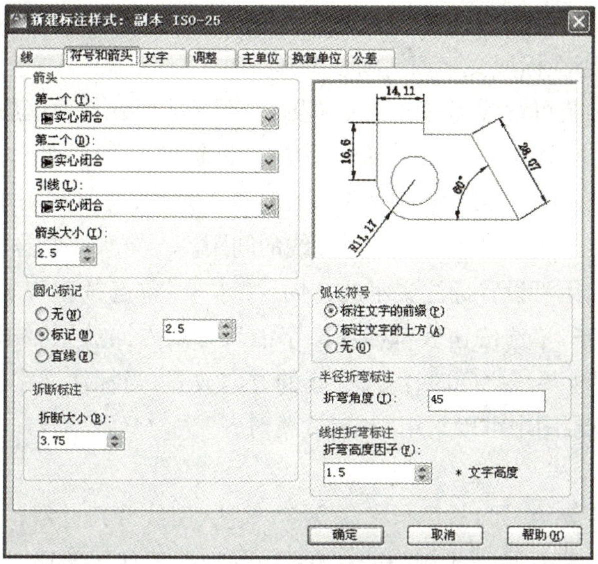

图 3-16　**“符号和箭头”选项卡**

3.3.1.3　“文字”选项卡

“文字”选项卡如图 3-17 所示,由“文字外观”“文字位置”和“文字对齐”3 个选项组组成,用于设置标注文字的格式、位置及对齐方式等特性。

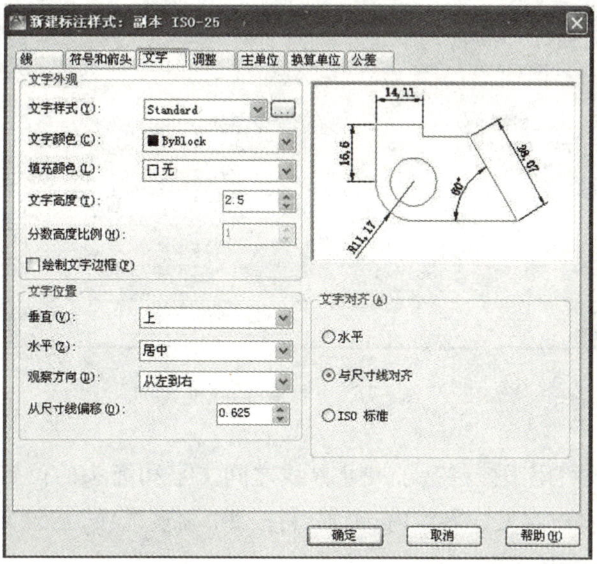

图 3-17　**“文字”选项卡**

“文字外观”选项组可设置标注文字的格式和大小。“文字样式”下拉列表框用于设置标注文字所用的样式,单击后面的按钮,弹出“文字样式”对话框,关于文字样式在模块 4 中详细介绍,在此不再赘述。“文字颜色”下拉列表框用于设置标注文字的颜色。“填充颜色”下拉列表框用于设置标注中文字背景的颜色。“文字高度”文本框用于设置当前标注文字样式的高度。“分数高度比例”文本框可设置分数尺寸文本的相对字高度系数。“绘制文字边框”复选框控制是否在标注文字四周画一个框。

“文字位置”选项组可设置标注文字的位置。“垂直”下拉列表框用于设置标注文字沿尺寸线在垂直方向上的对齐方式,在建筑制图中一般选择“上”。“水平”下拉列表框用于设置标注文字沿尺寸线和尺寸界线在水平方向上的对齐方式,建筑制图中一般选择“居中”。“从尺寸线偏移”文本框用于设置文字与尺寸线的间距。

“文字对齐”选项组可设置标注文字的方向。“水平”单选按钮表示标注文字沿水平线放置。“与尺寸线对齐”单选按钮表示标注文字沿尺寸线方向放置。“ISO 标准”单选按钮表示当标注文字在尺寸界线之间时,沿尺寸线的方向放置;当标注文字在尺寸界线外侧时,则水平放置。在建筑制图中可以采用“与尺寸线对齐”。

3.3.1.4 **“调整”选项卡**

“调整”选项卡主要用于调整控制标注文字、箭头、引线和尺寸线的放置,其中包括“调整选项”“文字位置”“标注特征比例”和“优化”4 个选项组,如图 3-18 所示。

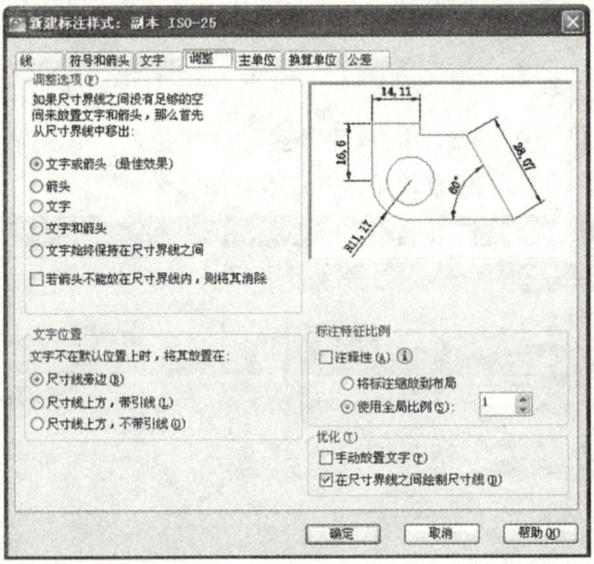

图 3-18 **“调整”选项卡**

“调整选项”选项组用于控制基于尺寸界线之间文字和箭头的位置。如果有足够大的空间,文字和箭头都将放在尺寸界线内;否则,将按照“调整选项”放置文字和箭头。其中包括 5 个单选按钮和 1 个复选框。

“文字位置”选项组设置标注文字从默认位置(由标注样式定义的位置)移动时标注文字的位置。其中有 3 种方式,在建筑制图中根据实际情况选取。

“标注特征比例”选项组设置全局标注比例值或图纸空间比例。选择“使用全局比例”

单选按钮为所有标注样式设置设定一个比例，这些设置指定了大小、距离或间距，包括文字和箭头大小，该缩放比例并不更改标注的测量值。选择“将标注缩放到布局”单选按钮，则根据当前模型空间视口和图纸空间之间的比例确定比例因子。大多数的设计人员习惯于在模型空间进行标注，那么应当注意的是同一空间有不同比例的图形时，先要设置好不同比例的标注样式。

3.3.1.5 “主单位”选项卡

“主单位”选项卡如图 3-19 所示，包含“线性标注”“测量单位比例”“角度标注”等选项组，用于设置主单位的格式及精度，同时还可以设置标注文字的前缀和后缀。

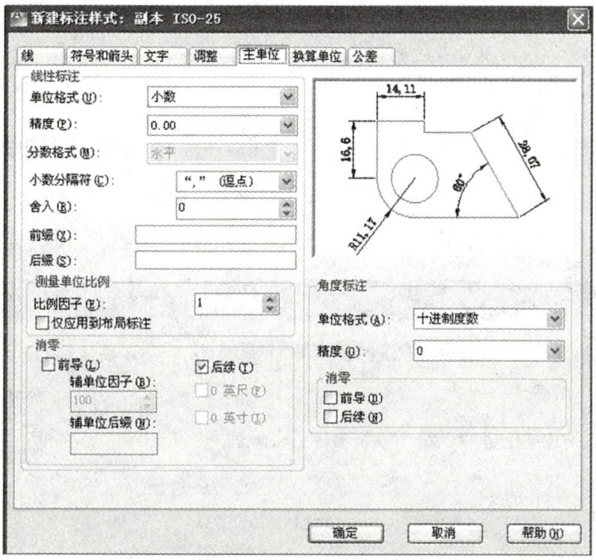

图 3-19 “主单位”选项卡

“线性标注”选项组可设置线性标注单位的格式及精度。“单位格式”下拉列表框设置可用于所有尺寸标注类型（除了角度标注）的当前单位格式，一般选择“小数”选项。“精度”下拉列表框用于设置在十进制单位下用多少小数位来显示标注文字，一般选择“0”，在总平面图绘制时单位采用“米”，因此精度选择“0.000”。“分数格式”下拉列表框用来设置分数的格式。“小数分隔符”下拉列表框用来设置小数格式的分隔符号，在建筑制图中选择“句点”来分隔小数。“舍入”文本框用于设置所有尺寸标注类型（除角度标注外）的测量值的取整的规则。“前缀”文本框用于对标注文字加上一个前缀。“后缀”文本框用于对标注文字加上一个后缀。

“测量单位比例”选项组用于确定测量时的缩放系数，譬如在 1∶100 的图纸中，将一部分放大 4 倍绘制详图，此时标注详图设置的标注样式的“比例因子”应为 0.25。

“消零”选项组控制是否显示前导 0 或后续 0。

“角度标注”选项组设置用于角度标注的角度格式。在建筑制图中，角度标注的单位格式一般采用“度/分/秒”，分、秒都按两位数设置精度。

3.3.2 修改和替代标注样式

在“标注样式管理器”对话框的“样式”列表框中选择需要修改的标注样式，单击“修改”按钮，弹出“修改标注样式”对话框，可以对该样式的参数进行修改。

在“标注样式管理器”对话框的“样式”列表框中选择需要替代的标注样式，单击“替代”按钮，弹出“替代当前样式”对话框，可以设置临时的尺寸标注样式，用来替代当前尺寸标注样式的相应设置。

其实，“创建新标注样式”和“修改标注样式”以及“替代当前样式”是一致的，用户学会了“创建新标注样式”对话框的设置，其他两个对话框的设置也就会了，这里不再赘述。

3.3.3 比较标注样式

在“标注样式管理器”对话框的“样式”列表框中选择需要比较的标注样式，单击“比较”按钮，将会弹出“比较标注样式”对话框，如图3-20所示。可以在“与(W)：”下拉列表框中选择要进行比较的标注样式，在“说明”列表中将会显现二者之间的差异。

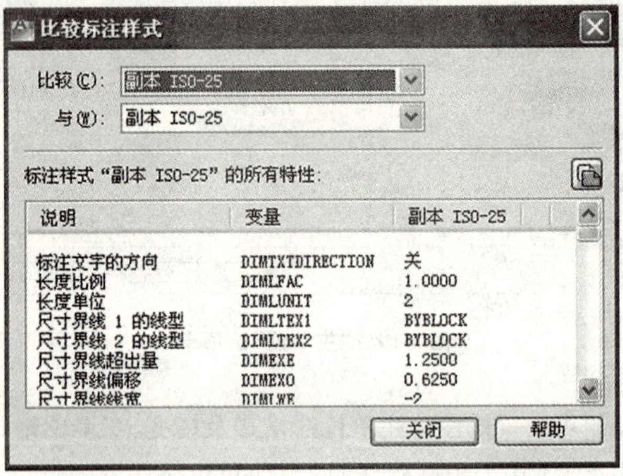

图3-20 “比较标注样式”对话框

练习：按建筑制图规范设置两款标注样式，图纸的比例是1∶100，其中还有1∶25的详图，样式的名称为“1－100”。

(1)单击“标注”工具栏的“标注样式”按钮，弹出“标注样式管理器”对话框。单击“新建”按钮，弹出“创建新标注样式”对话框。在“新样式名”文本框中输入“1－100”字样，见图3-21。

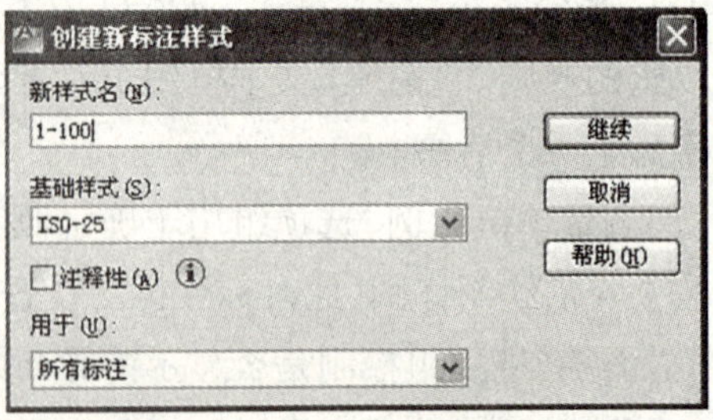

图3-21 “创建新标注样式”对话框

(2)单击“继续”按钮，在弹出的“新建标注样式”对话框中进行参数设置。

(3)在“线”选项卡“尺寸线”选项组的“超出标记”文本框中输入0，“基线间距”输入10；在

“尺寸界线”选项组的“超出尺寸线”文本框中输入2，在“起点偏移量”文本框中输入2，其他参数使用默认值。

(4)单击选择“符号和箭头”选项卡，在“箭头”选项组的在“第一个”和“第二个”下拉列表框中选择“建筑标记”作为尺寸起止符号。在“弧长符号”选项组中选择“标注文字的上方”单选按钮。在“半径折弯标注”选项组中的“折弯角度”文本框中输入45。

(5)单击选择“文字”选项卡，在“文字外观”选项组中，单击“文字样式”后面的按钮，弹出“文字样式”对话框，设置一个“标注文字”文字样式，“字体名”选择 simplex. shx，创建方法在模块4中具体介绍，在此不再赘述。选择该样式的文字作为标注的文字样式。在“文字高度”文本框中输入2.5。在“文字位置”选项组的“垂直”下拉列表框中选择“上”，在“水平”下拉列表框中选择“居中”，在“从尺寸线偏移”文本框中输入1。在“文字对齐”选项组中选择“与尺寸线对齐”单选按钮。

(6)单击选择“调整”选项卡，在“标注特征比例”选项组中选择“使用全局比例”单选按钮，然后输入100，这样就会把标注的一些特征放大100倍(例如原来的字高为2.5，放大后为250)，按1∶100输出后，字体高度仍然为2.5 mm。另外，在“调整选项”选项组中选择“文字”单选按钮，在“文字位置”选项组中选择“尺寸线上方，不带引线”单选按钮，在“优化”选项组中选择“在尺寸界线之间绘制尺寸线”复选框。

(7)选择“主单位”选项卡，在“线性标注”选项组的“单位格式”下拉列表框中选择“小数”选项，在“精度”下拉列表框选择0选项，在“小数分隔符”下拉列表框中选择“句点”来分隔小数。将“测量单位比例”选项组的“比例因子”设置为1。在“角度标注”选项组角度标注的单位格式采用“度/分/秒”，分和秒都按两位数设置精度，如00′00″。单击“确定”按钮回到“标注样式管理器”对话框。

(8)在“样式”列表框中单击选择“1－100”选项，然后单击“新建”按钮，在弹出的“创建新标注样式”对话框的“用于”下拉列表框中选择“线性标注”选项，单击“继续”按钮，弹出“新建标注样式”对话框，然后直接单击“确定”按钮，回到“标注样式管理器”对话框。

(9)再选择“1－100”选项，然后单击“新建”按钮(见图3-22)，在弹出的“创建新标注样式”对话框的“用于”下拉列表框中选择“角度标注”选项，单击“继续”按钮，然后在“符号和箭头”选项卡的“箭头”选项组中，将“第一个”和“第二个”选择“实心闭合”的箭头作为尺寸

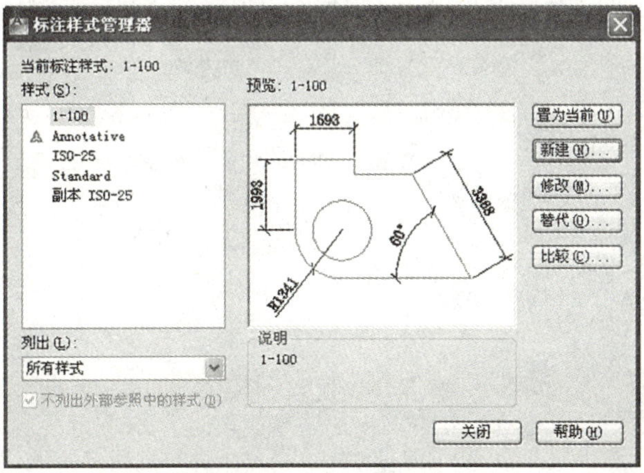

图3-22 “标注样式管理器”对话框

起止符号。同理,将“半径标注”“直径标注”的尺寸标注起止符号也设为“实心闭合”的箭头,完成了“1 - 100”设置。

项目练习

1. 标注模块 4 项目练习中的平面图。

模块4　建筑平面图的绘制

任务1　建筑平面图的绘图步骤和绘图方法

任务目标:掌握平面图的绘图步骤和绘图方法,熟悉相关的命令。

任务解析:将命令的使用融入平面图的绘制过程,在掌握绘图方法的同时加深对命令的理解。

在AutoCAD绘制建筑平面图的工作中,要按照正确的绘图步骤和方法进行绘图,设计者在绘图时可以根据所绘图纸的内容与要求,设置和选用不同的图层、线型、线宽和颜色。

4.1.1　绘图状态设定

状态栏中功能图标是设置绘图状态的。

"捕捉"和"栅格"在绘图中不常用,建议关闭;

"正交"打开后控制光标只能左右、上下移动;

"极轴"打开后控制光标沿用户设定的角度方向移动;

"对象捕捉"打开后可让计算机自动为用户找出对象上的特征点,如线段的中点、圆的圆心等;

"对象追踪"打开后让计算机自动为用户找出沿极轴设定路径上与其他对象的交点;

"DUCS"用于打开或关闭用户坐标系的动态显示;

"DYN"打开后切换为动态输入,替代命令行操作;

"线宽"打开后用于图层中设定的线宽是否显示;

"模型"在绘图中必须常开,其打开或关闭用于模型空间与图纸空间的切换。

4.1.2　建筑平面图的绘制

以1∶100的比例完成图4-1所示的建筑平面图。

4.1.2.1　设置图形界限

按照绘图步骤我们可以从一张新图开始很容易地设置本图的绘图环境,设置42000×29700的绘图区域,即A3图纸放大100倍;这是为避免作图过程中,不停地进行比例换算,在作图时按1∶1的比例进行绘图,在最后整理出图时再进行比例设置,并以要求的比例出图打印。然后确定绘图单位和精度,进行图层及线型设置。

选择"格式"菜单中的"图形界限"命令,打开栅格模式,设置的绘图区域,也可直接在命令行中输入LIMITS,单击回车键,命令行出现如下提示:

指定左下角点或[开(ON)/关(OFF)]<0.0000,0.0000>:↙　(执行默认值)

指定右上角点<420.0000,297.0000>:42000,29700↙　(设置图形界限)

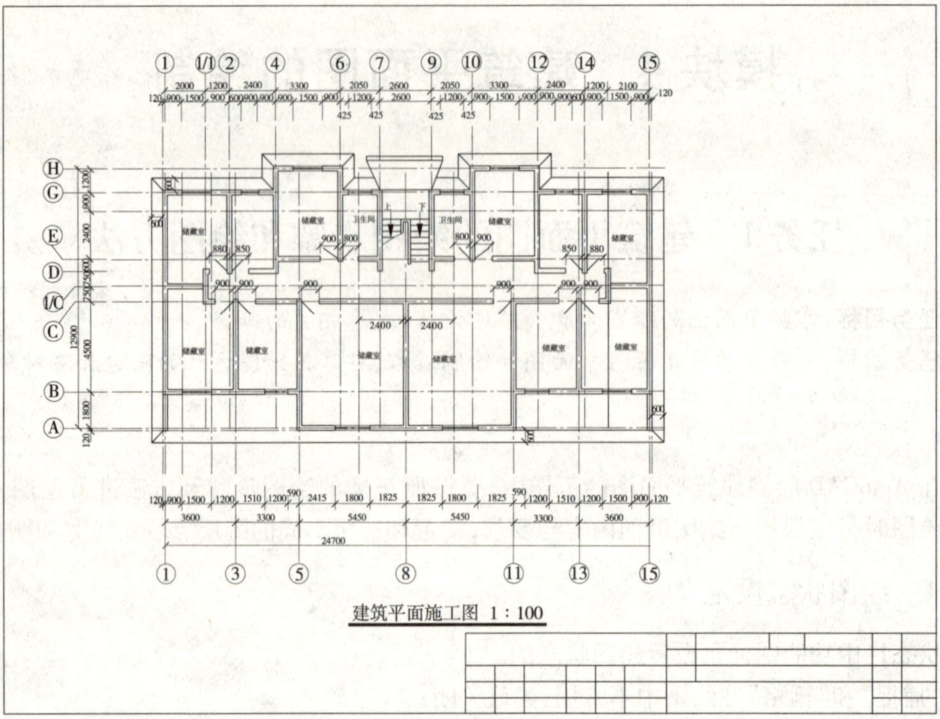

图 4-1　建筑平面图

命令:ZOOM ↙

［全部(A)/中心(C)/动态(D)/范围(E)/上一个(P)/比例(S)/窗口(W)/对象(O)］<实时>:A ↙　(将所设图形界限放至最大)

选择"文件"→"另存为"命令,打开"图形另存为"对话框,为设好绘图环境的文件起一个名字:"××建筑平面图"。

4.1.2.2　设置图层

在"图层特性管理器"对话框中新建 7 个图层,并分别设置图层属性(见图 4-2)。

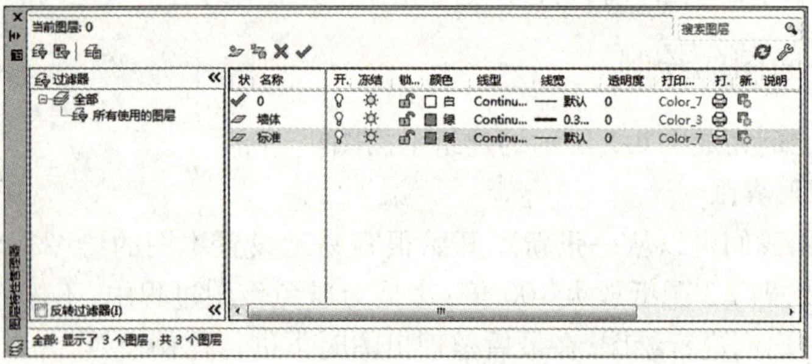

图 4-2　"图层特性管理器"对话框

(1)图层名(标注、标注文本、楼梯、门窗、墙体、轴线和柱);

(2)颜色(自选);

(3)线型(轴线用"CENTER",其余线型全部用"Continuous");

(4)线宽(轴线线宽0.3 mm,其余线宽“默认”)。

最后,将0图层置为当前图层,为下一步的作图做准备。

4.1.2.3 修改轴线的线型比例

在图层中已设置了定位轴线为点画线,但由于AutoCAD默认的线型比例为1,因此显示和打印出来的仍然是连续的线,需要进行比例的设置和调整。单击“格式”→“线型”,将线型的比例设置为40,也可直接在命令行中输入“LTSCALE”命令,根据提示修改线型比例(见图4-3)。

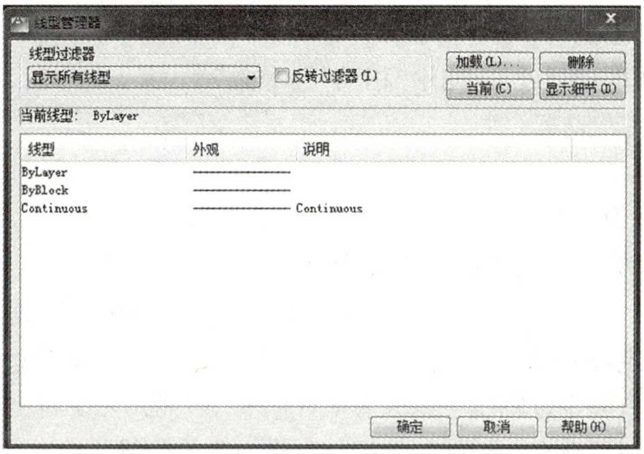

图4-3 “线型管理器”对话框

4.1.2.4 设置捕捉状态

右键单击“对象捕捉”按钮后,弹出对话框,选择“设置”,弹出“草图设置”对话框(见图4-4),选择“对象捕捉”模式。完成设置,单击“确定”按钮。

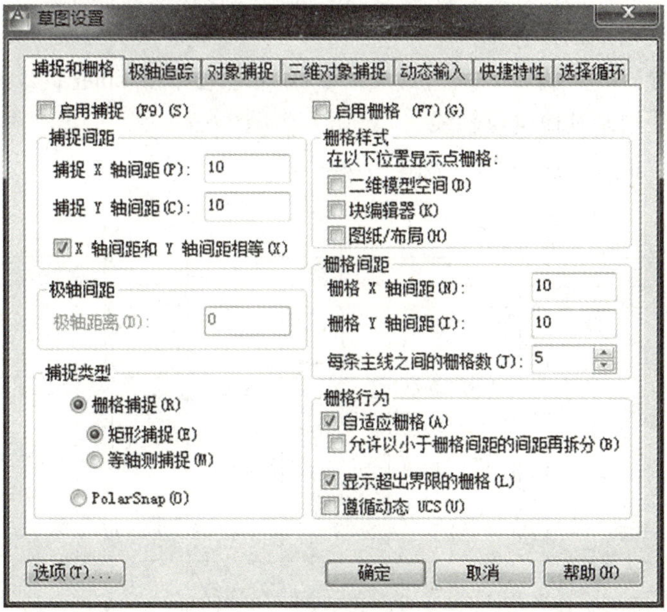

图4-4 “草图设置”对话框

4.1.2.5 绘制 1 号定位轴线

将“轴线”图层设置为当前图层。单击“正交”按钮,在图上靠近十字光标左下角的位置,绘制 1 号轴线,用到的命令有“直线”“移动”。

1)“直线”命令

命令:LINE↙ （在图上靠近十字光标左下角的位置单击鼠标左键）

指定下一点[放弃(U)]: 15000↙ （根据平面图竖直方向的长度估算）

单击鼠标右键,单击“确认”,结束命令;或直接单击 Enter 键结束命令

完成 1 号轴线的绘制后,可用“ZOOM”“ALL”命令全屏显示。

如果要改变轴线的位置,可以使用“移动”命令。

2)“移动”命令

命令:MOVE↙

选择对象:(选择对象)↙

指定基点或[位移(D)]<位移>: （指定对象移动基点）

指定第二个点或<使用第一个点作为位移>: （指定目标点完成移动）

4.1.2.6 绘制其他定位轴线

通过观察,竖直方向定位轴线可以分为上开间和下开间,为了将上、下开间区轴线区分开,可以先绘制下开间,再绘制上开间,最后绘制横向定位轴线。

用“偏移”的命令画出 2 号定位轴线。

命令:OFFSET↙

设置偏移距离或[通过(T)/删除(E)/图层(L)]<通过>:3600↙

选择要偏移的对象,或[退出(E)/放弃(U)]<退出>: （选择 1 号轴线）

指定要偏移的那一侧上的点,或[退出(E)/多个(M)/放弃(U)]<退出>: （单击 1 号轴线右边任一点）

单击鼠标右键,单击“确认”按钮,结束命令;或者直接单击 Enter 键结束命令

用同样的方法绘制其他定位轴线。

绘制好的定位轴线网如图 4-5 所示。

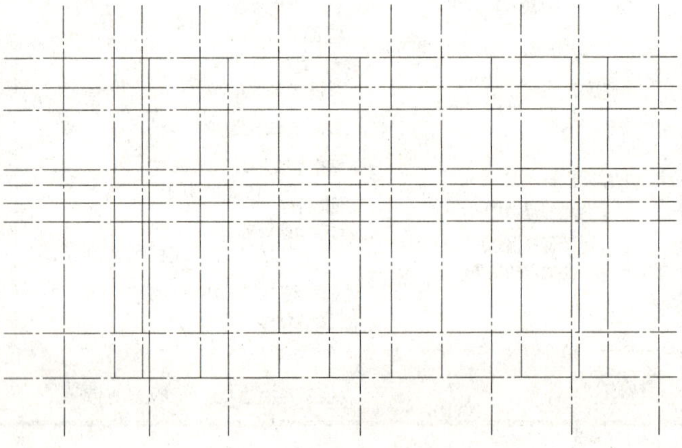

图 4-5 定位轴线网

4.1.2.7 绘制墙体线

绘制墙体线,将"墙体"图层置为当前图层。

在建筑平面图中墙体线一般采用"多线"命令绘制,调用"多线"命令之前先应设定多线样式。

(1)选择菜单"格式"→"多线样式",或在命令行中输入"MLSTYLE"命令,弹出"多线样式"对话框。此时,在样式列表中只有"STANDARD"一种标准样式,从图4-6中看出是两条实线。

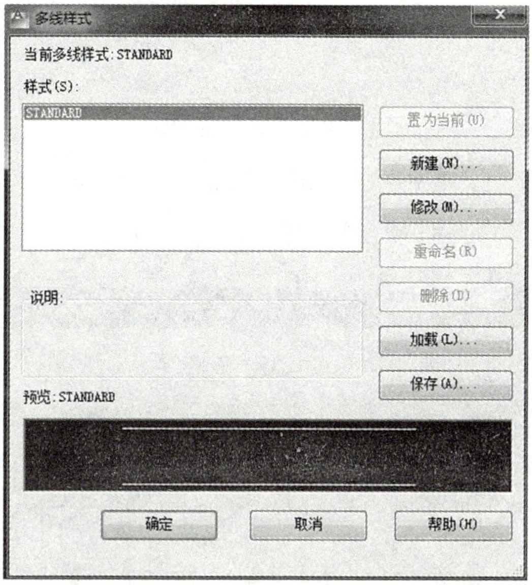

图4-6 "多线样式"对话框

(2)在该对话框中单击"新建"按钮,在"新样式名"编辑框中输入"墙体"(见图4-7)。

图4-7 "创建新的多线样式"对话框

(3)单击"继续"按钮,弹出的对话框如图4-8所示。

在图4-8所示的对话框中,用户可分别设置组成多线的各条平行线的特性,包括偏移、颜色和线型等。在"封口"选项组中可以选多线所需的封口样式;在"图元"选项组中单击"偏移"可设置多线将其由0.5改为120,再选择第二项,将其由-0.5改为-120;在"图元"选项组中单击"颜色"可将颜色改成绿色;保持其他项不变,单击"确定"按钮返回"多线样式"对话框。

(4)从预览框中查看多线样式,单击"置为当前"→"确定",240 mm厚墙线样式设置完

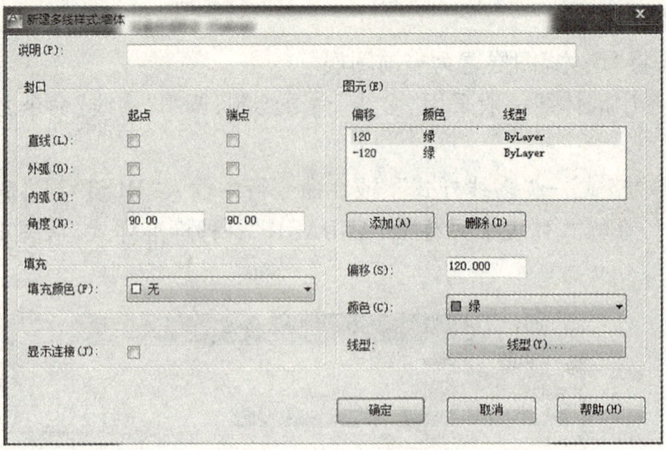

图 4-8 "新建多线样式:墙体"对话框

成,如图 4-9 所示。

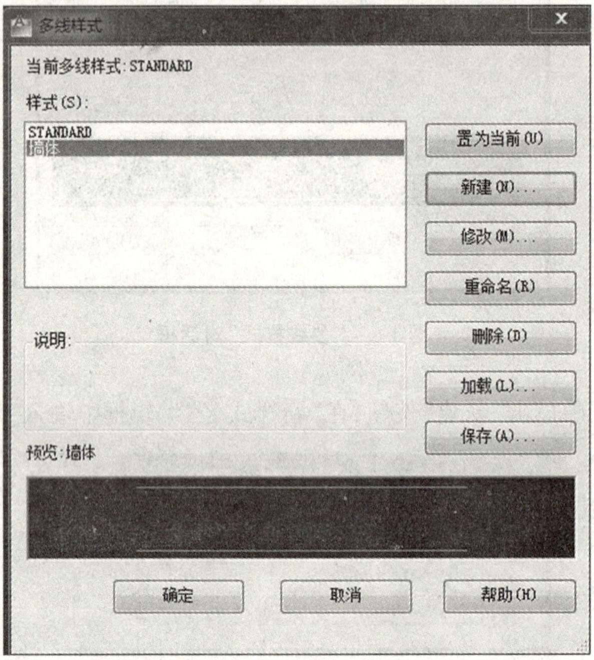

图 4-9 "多线样式"对话框

4.1.2.8 利用"多线"命令绘制墙体线

命令:MLINE↙

当前设置:对正 = 上,比例 =20,式样 = STANDARD;

指定起点或[对正(J)/比例(S) /式样(ST)] < 退出 > :J↙ (设置对正方式)

输入对正类型[上(T)/无(Z)/下(B)] < 退出 > :Z↙ (多线中线与轴线对正)

指定起点或[对正(J)/比例(S) /式样(ST)] < 退出 > :S↙ (设置多线缩放比例)

输入多线比例 <20 > :1↙

指定起点或[对正(J)/比例(S) /式样(ST)] <退出>: (输入或拾取一点)

指定下一点或[放弃(U)]: (输入或拾取一点)

点击鼠标右键,单击“确认”按钮,结束命令;或直接单击 Enter 键结束命令

4.1.2.9 修改编辑墙体线

多线绘制的墙体线是一个整体(见图 4-10),对于局部需要修改的地方要加以编辑,应先将多线分解,再修剪掉多余部分、补上不足之处。用到的命令有“分解”“修剪”“倒角”。

1)“分解”命令

命令:EXPLODE↙

选择对象:↙ (用鼠标左键单击要分解的墙体线)

图 4-10 利用“分解”“修建”命令修改墙体线

2)“修剪”命令

命令:TRIM ↙

选择对象或 <全部选择>:↙

[栏选(F)/窗交(C)/投影(P)/边(E)/删除(R)/放弃(U)]:(用鼠标左键单击要修剪掉的墙体线)

单击 Enter 键或空格键结束命令

操作完成后如图 4-11 所示。

3)“倒角”命令

“倒角”命令补全拐角处缺口。

命令:CHAMFER↙

选择第一条直线或[放弃(U)/多段线(P)/距离(D)/角度(A)/修剪(T)/方式(E)/多个(M)]: D↙

指定第一个倒角距离 <0.0000>:0↙ (设定第一条边的倒角距离)

指定第二个倒角距离 <20.0000>:0↙ (设定第二条边的倒角距离)

图 4-11 利用“倒角”命令修改墙体线

选择第一条直线或[放弃(U)/多段线(P)/距离(D)/角度(A)/修剪(T)/ 方式(E)/多个(M)]: (点选水平方向直线)

选择第二条直线,或按住 Shift 键选择要应用角点的直线: (点选竖直方向直线)

操作完成后如图 4-12 所示。整个墙体线的修整完成,如图 4-13 所示。

图 4-12 墙线修改完成

4.1.2.10 绘制门窗

绘制门窗,将“门窗”图层置为当前图层。

在墙段之间的门窗洞口处绘制门窗。如门窗数目较少,可以先绘制一个门或者窗,而后进行复制;如门窗数目较多,可以先将门或者窗制作为“块”,再插入。下面介绍“复制”“圆弧”“块”“旋转”等命令。

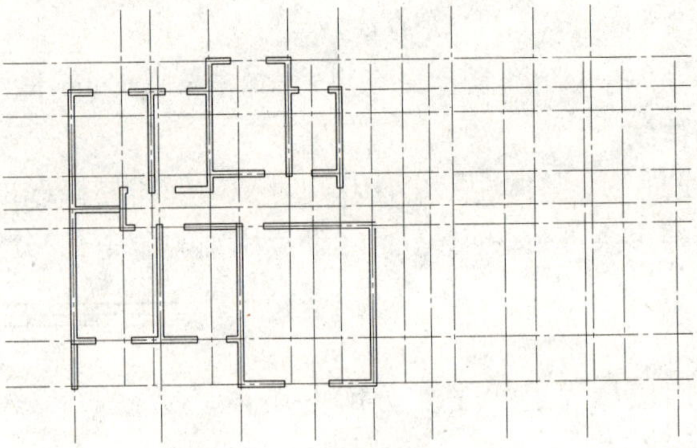

图 4-13　绘制墙体线

1)“复制”命令

命令:COPY ↙

选择对象:↙ （选择要复制的对象）

指定基点或[位移(D)/模式 O]<位移>:（指定基点）

指定基点或[位移(D)/模式 O]<位移>:指定第二个点或<使用第一个点作为位移>:（指定复制目的地基点）

指定第二个点或[位移(D)]<位移>:[退出(E)/放弃(U)]:（继续指定基点或按回车键结束复制）

2)“圆弧”命令

命令:ARC↙

指定圆弧的起点或[圆心(C)]:（指定起点为水平直线右端点）

指定圆弧的第二个点或[圆心(C)/端点(E)]:C↙

指定圆弧的圆心:↙ （指定交点为圆心）

指定圆弧的端点或[角度(A)/弦长(L)]:（指定端点为竖直方向线上端点）

按空格键或 Enter 键结束命令

操作完成后如图 4-14 所示。

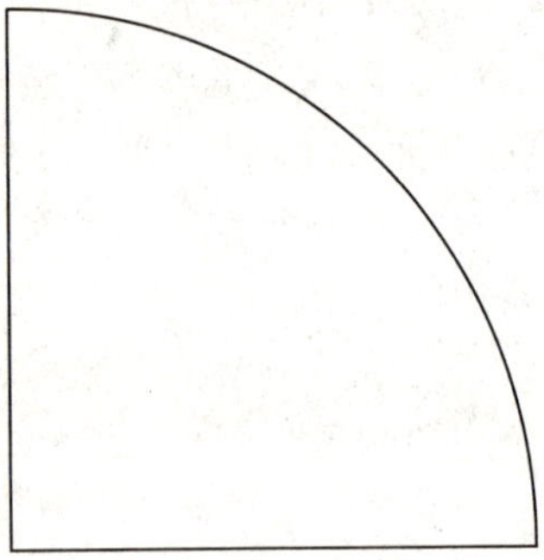

图 4-14　绘制“门”

3)块的操作

A. 创建块

在绘图过程中,经常会遇到需反复使用的图形,如门、窗等。因此,绘图时可将这些通用图形绘出后定义成图块存储起来,当需要某个图块时,把其调出插入图中,可避免大量重复工作。灵活、熟练地利用图块可大大提高绘图效率。

块就是将若干个对象组合起来,形成一个单一的对象。用户可以将块作为一个整体插入到一张图的任意位置,也可以对块进行比例缩放、旋转等操作。下面以图 4-14 为例进行说明。

(1)命令:B↙。

显示如图 4-15 所示的对话框。

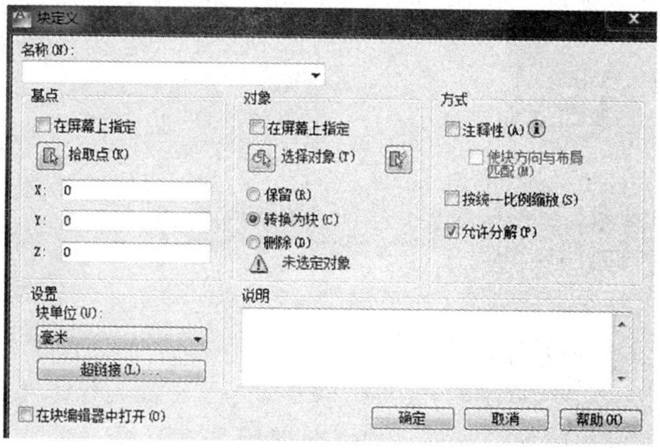

图 4-15 “块定义”对话框

(2)名称:M1(定义一个名字,最好用英文字母)。

(3)单击“拾取点”按钮,在屏幕上用十字光标拾取绘制的门上的某一点,也可直接输入某一点的 X、Y、Z 的坐标值。拾取点一般选择实体的特征点(如选择门的角点)。

(4)单击“选择对象”按钮,在屏幕上用十字光标选取要作为图块的对象(绘制好门)。

(5)预览图标:显示要定义的图块。

(6)单击“确定”按钮,被定义的图形即成为块。

B. 插入图块

在绘图过程中,当需要调入图块时,可使用“插入块”命令来完成。操作如下。

命令:INSERT↙

显示如图 4-16 所示的对话框。

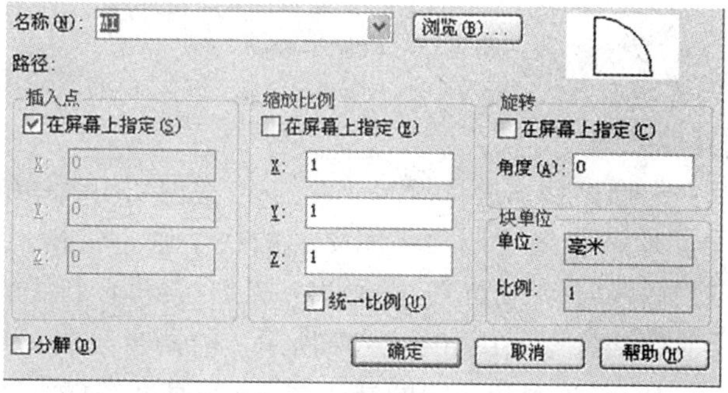

图 4-16 “插入块”对话框

名称(N):输入块的名称(如输入“M1”)或从下拉菜单中选择,也可以单击“浏览”按钮查找“块文件”(如“符号库”)获取图形。

插入点:可在“在屏幕上指定”下直接在屏幕上点击,或输入 X、Y、Z 的坐标值确定。

缩放比例:可按相同或不同的比例在 X、Y、Z 三个方向上缩放插入块的尺寸。

旋转:将插入的块旋转一定角度。

单击“确定”按钮。

命令行提示:指定插入点或[基点(B)/比例(S)/旋转(R)]:点选插入点,或输入某点

的 *X*、*Y*、*Z* 坐标值确定即成

4)“旋转”命令

利用“旋转”命令修改门方向。

命令:ROTATE↙

UCS 当前的正角方向: ANGDIR = 逆时针 ANGBASE = 0

选择对象: (选择要旋转的对象)

选择对象:按回车键结束选择 (亦可继续选择)

指定基点:↙ (确定旋转中心点)

指定旋转角度,或[复制(C)/参照(R)] <0>:↙ (输入要旋转的角度)

本图门窗较少,直接在捕捉设置打开的情况下用“直线”命令在门窗洞部位画出,而后进行复制。画好门窗后的平面图如图 4-17 所示。

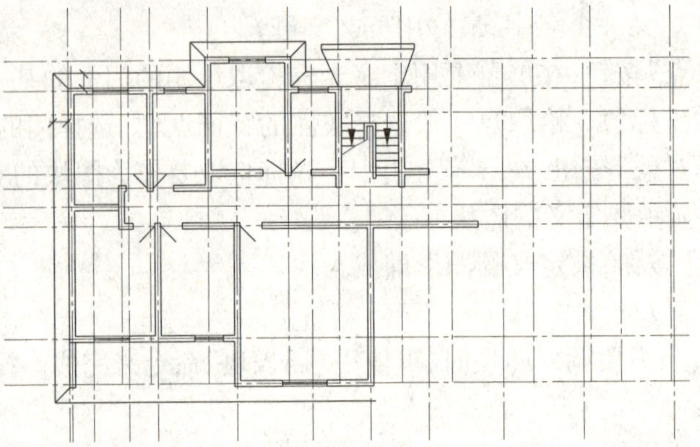

图 4-17 门窗平面图

4.1.2.11 建筑物的其他细部

绘制楼梯踏步线时,先通过墙体进行复制或者偏移,并剪切出其中的梯段的一步线和外边线,而后通过偏移将其他踏步线绘制出来。楼梯的扶手则是将楼梯的外边线向内偏移 120,再进行编辑。在绘制时楼梯的折断线,先画出一条斜线,再在斜线的中部连续画出三条线,而后进行剪切。绘制的楼梯平面图如图 4-17 所示。绘制台阶时,先通过墙线进行偏移或者复制出其中的一个台阶踏步线和台阶的外边线,而后通过偏移将其他台阶踏步线绘制出来。绘制散水的外边线时,先通过外墙线作多段线,而后偏移 600,绘制散水,最后用“直线”命令画出拐角处的分水线。

用“多段线”命令画箭头(见图 4-18)。

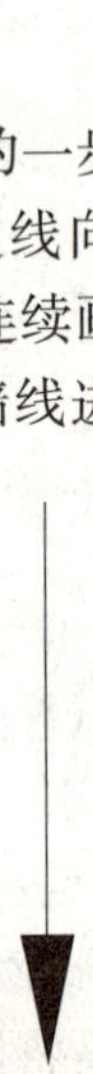

图 4-18 箭头

命令:PLINE↙

指定起点:↙ (拾取一点)

指定下一个点或[圆弧(A)/半宽(H)/长度(L)/放弃(U)/宽度(W)]:W↙ (输入 W 设置线宽)

指定起点宽度 <0.000>:0↙ (设置宽度为 0)

指定端点宽度 <0.000 > :0↙ （设置宽度为 0）

指定下一个点或［圆弧(A)/半宽(H) /长度(L)/放弃(U)/宽度(W)］:L↙

指定直线的长度:900↙

指定下一个点或［圆弧(A)/闭合(C)/半宽(H) /长度(L)/放弃(U)/宽度(W)］:W↙

指定起点宽度 <0.000 > :60↙ （设置宽度为 60）

指定端点宽度 <0.000 > :0↙ （设置宽度为 0）

指定下一个点或［圆弧(A)/半宽(H)/长度(L)/放弃(U)/宽度(W)］:L↙

指定直线的长度:300↙

图 4-19　柱子

4.1.2.12　画柱子

先用“直线”命令画出柱子的四个边，如图 4-19 所示，再用“图案填充”命令进行填充。

(1)输入命令 BHATCH，弹出如图 4-20 所示的对话框。

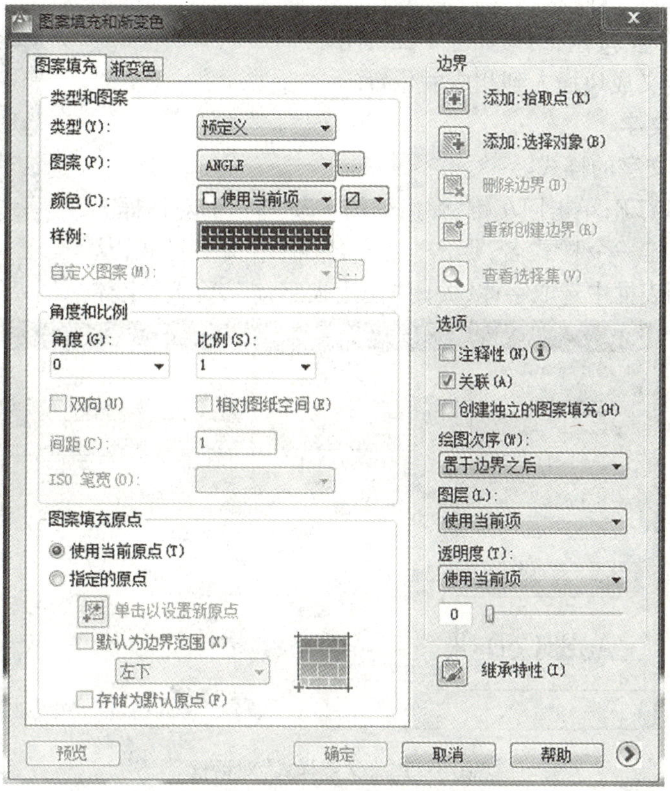

图 4-20　“图案填充和渐变色”对话框

选择图案类型为“预定义”，单击“图案”右边的□按钮，打开“填充图案选项板”对话框按钮，选择需要的图案，单击“确定”按钮(见图 4-21)。

(2)单击“添加:拾取点”按钮，然后按命令行提示操作:

拾取内部点或［选择对象(S)/设置(T)］:在要填充的区域中单击左键(区域呈虚线状)，单击回车键。

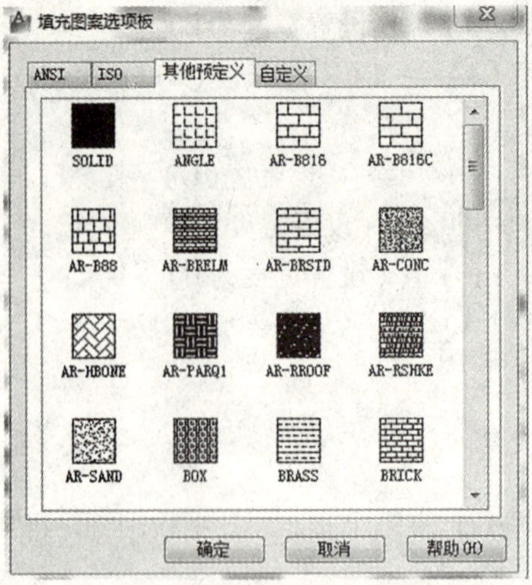

图 4-21　填充图案选项板

(3)单击“确定”按钮，结果如图 4-22 所示。

图 4-22　填充完成后柱子

将图 4-22 定义成块插入到相应的位置。

4.1.2.13　**注写文字**

首先应确定文字的样式。

输入命令 STYLE，单击回车键，弹出如图 4-23 所示的对话框。

根据需要新建一个样式名，点击“重命名”命名文字样式，从“字体名”下拉列表框中选取字体，关闭“使用大字体”，设置“字体样式”和文字“高度”。从“效果”中选取需要的文字效果，效果可以在“预览”框中看到。单击“应用”和“关闭”按钮，完成文字样式的设置，如图 4-24所示。

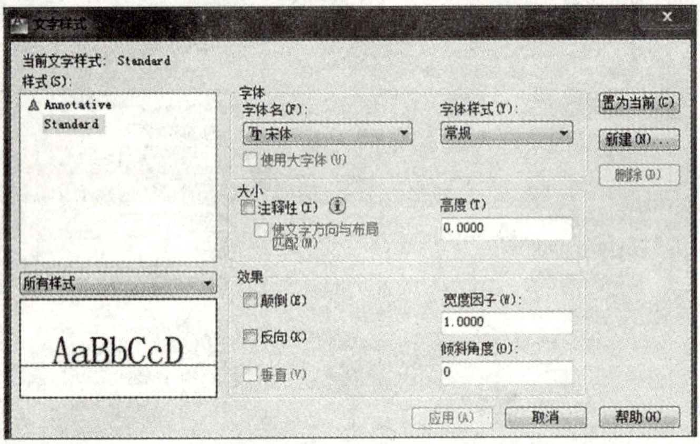

图 4-23　“文字样式”对话框

下面可以进行文字的输入。

命令：MTEXT↙

指定当前文字样式：“文字标注”当前文字高度 600

指定第一角点：（在屏幕上指定文本框的一个角点）

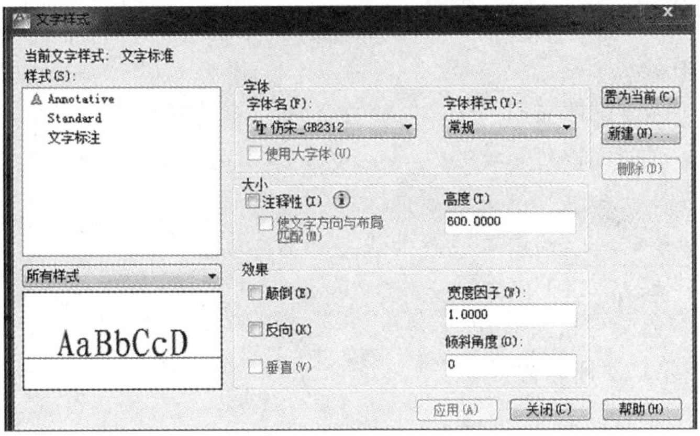

图 4-24　“文字样式”对话框

指定对角点或[高度(H)/对正(J)/行距(L)/旋转(R)/样式(S)/宽度(W)/栏(C)]:↙(在屏幕上指定文本框的对角点)

系统弹出“文字格式”编辑器，如图 4-25 所示。

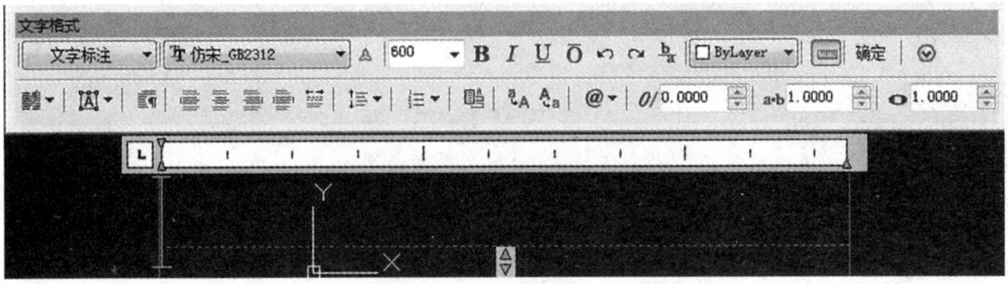

图 4-25　“文字格式”编辑器

该编辑器用于控制多行文字的文字样式和选定文字的字符格式，对多行文字进行编辑及属性设置。在光标闪烁的文本框中输入文字，单击“确定”按钮，完成文字输入，如图 4-26 所示。

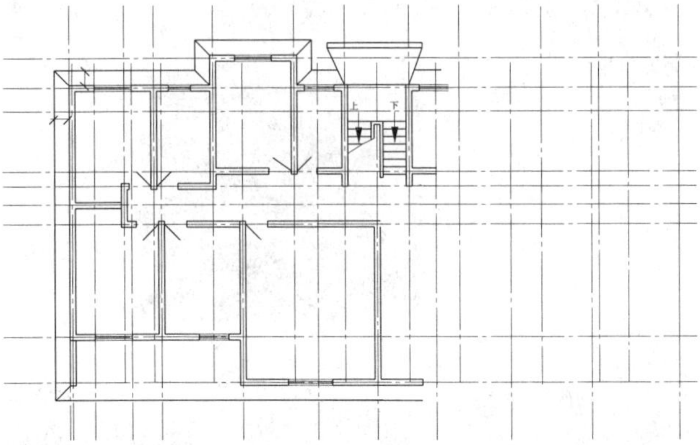

图 4-26　添加文字

4.1.2.14 利用“镜像”命令绘制另一半图形

命令:MIRROR↙

选择对象: (选择镜像对象)

选择对象: (继续选择对象或单击回车键结束选择)

指定镜像线的第一点: (指定镜像轴线上的第一点)

指定镜像线的第二点: (指定镜像轴线上的第二点)

要删除源对象吗?[是(Y)/否(N)] <N>:↙ (选择“Y”,将删除源对象,直接单击回车键则默认选择“N”,保留源对象)

操作完成,如图 4-27 所示。

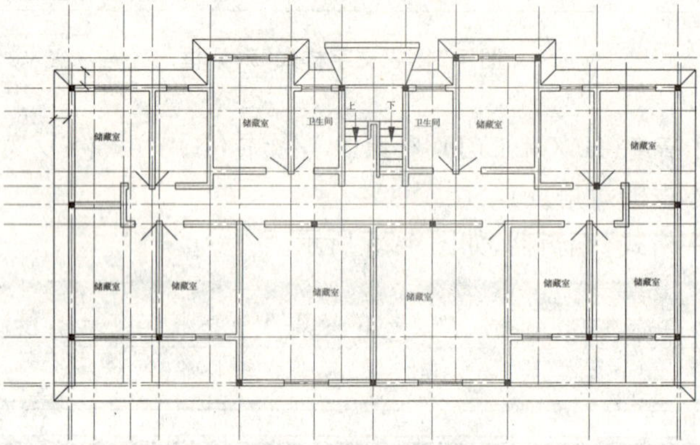

图 4-27 文字添加完成

4.1.2.15 标注尺寸和轴线符号

1)定义标注样式

针对建筑平面图的标注而言,主要是对直线和箭头、线条、文字、主单位这四项进行设置。打开菜单栏“格式”,在下拉菜单中选择“标注样式”,弹出对如图 4-28 所示的对话框。

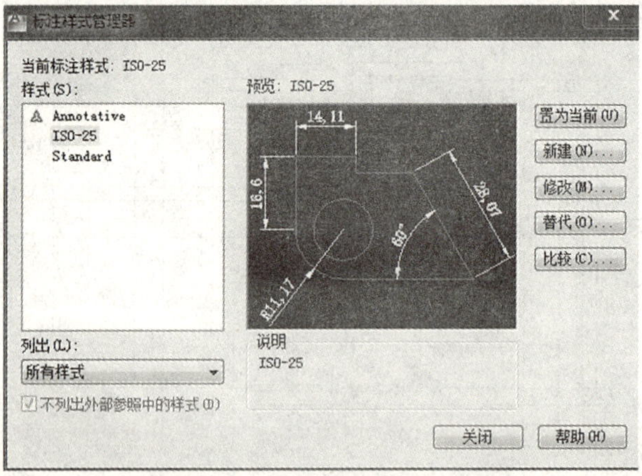

图 4-28 “标注样式管理器”对话框

单击“新建”按钮，弹出如图 4-29 所示的对话框，修改“新样式名”。用于线性标注，成如图 4-30 所示的对话框。

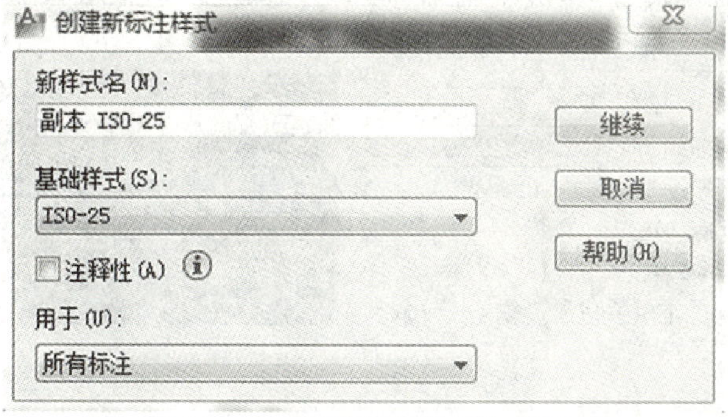

图 4-29 “创建新标注样式”对话框

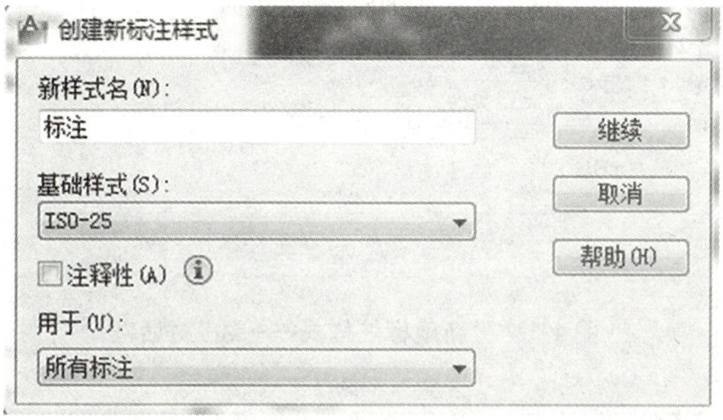

图 4-30 创建新样式名

单击“继续”按钮，弹出如图 4-31 所示的对话框。

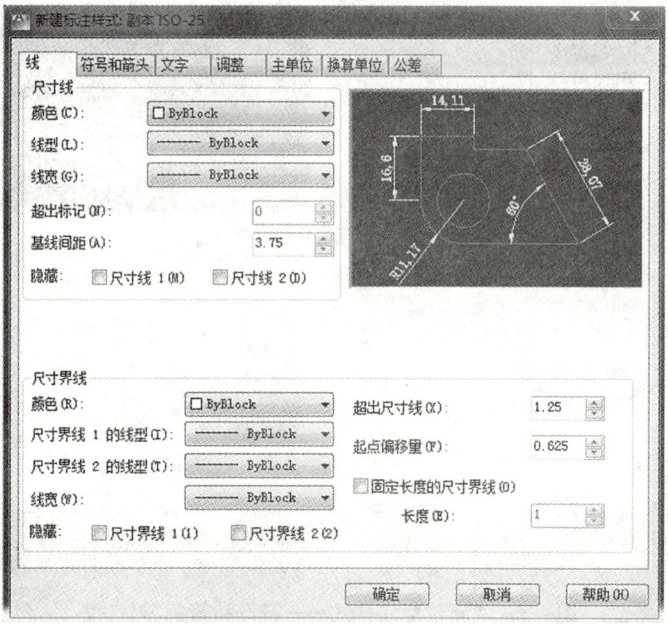

图 4-31 “线”选项卡

依次修改“尺寸线”和“尺寸界线”的设置，结果如图 4-32 所示。

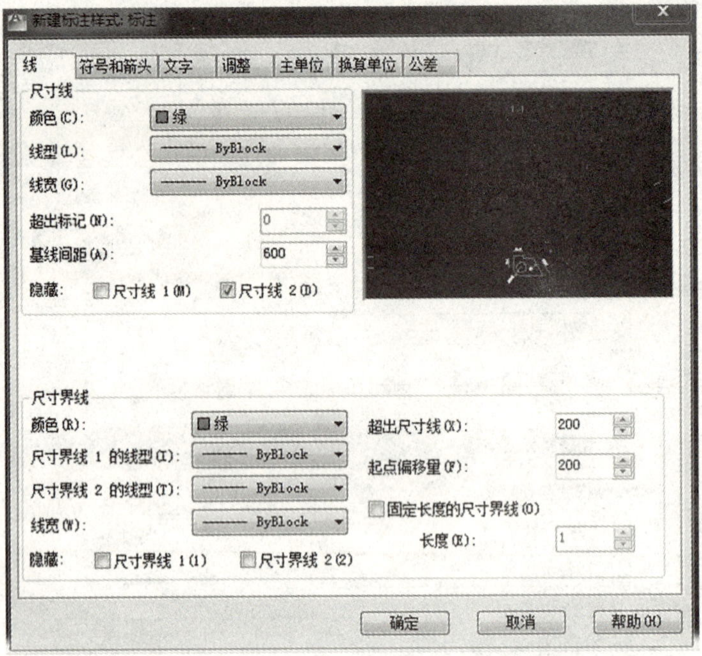

图 4-32　“新建标注样式——线”对话框

单击“符号和箭头”按钮，修改相应设置，如图 4-33 所示。

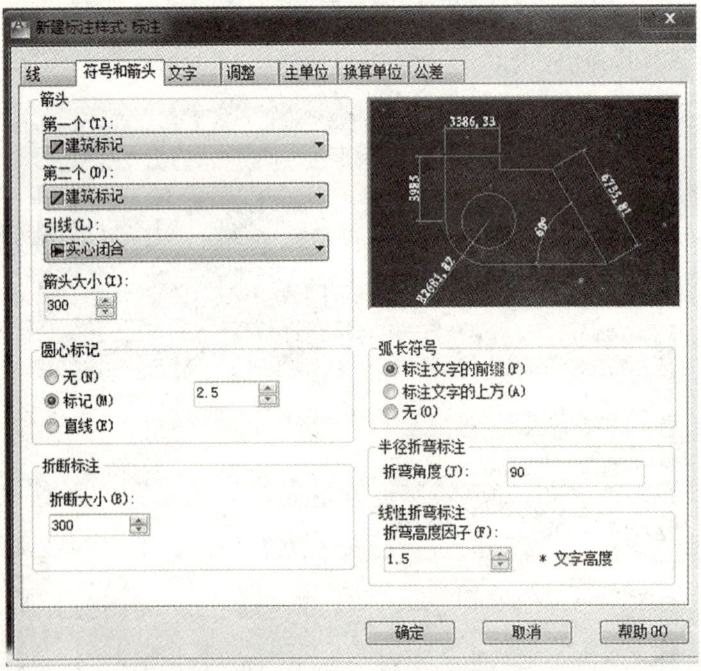

图 4-33　“新建标注样式——符号和箭头”对话框

单击“文字”按钮，修改相应设置，如图 4-34 所示。

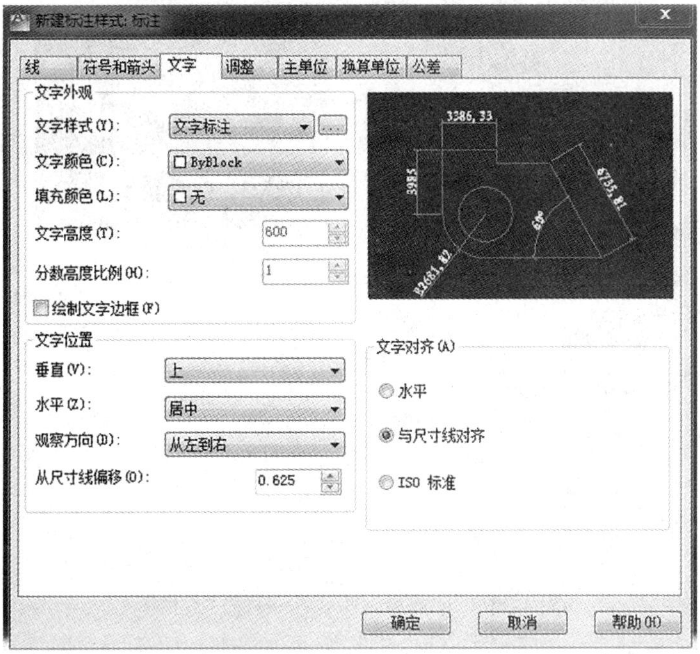

图 4-34 “新建标注样式——文字”对话框

由于尺寸标注需要的文字样式之前没有设定，需要新建一个文字样式。单击“文字样式”后的按钮，新建一个文字样式，设置方法与前面文字样式的设置是一样的，设置见图 4-35。

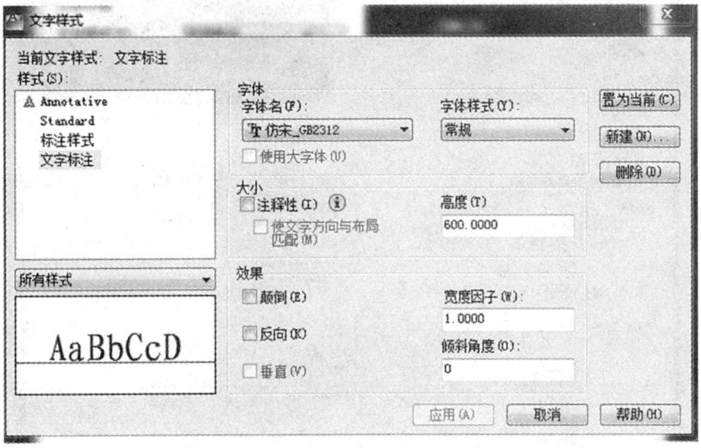

图 4-35 “文字样式”对话框

单击“应用”按钮返回图 4-34 所示的对话框，修改设置。

单击“调整”按钮，修改相应设置，如图 4-36 所示。

单击“主单位”按钮，修改相应设置，如图 4-37 所示。最后单击“确定”按钮，完成标注

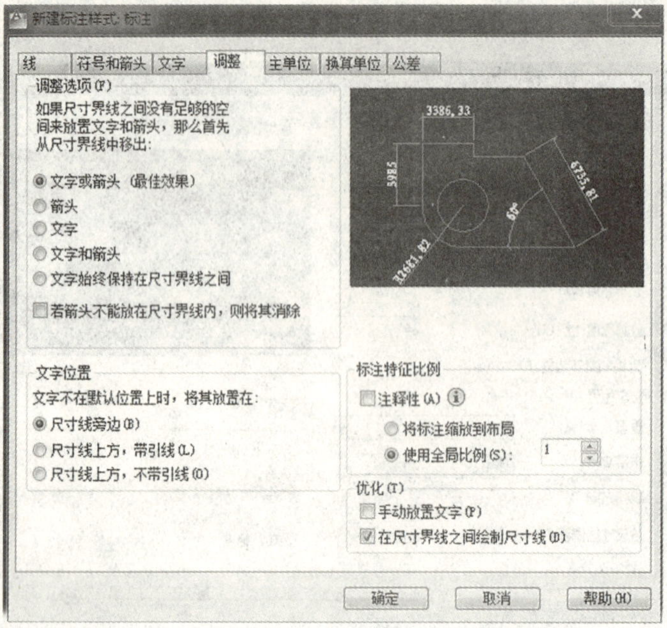

图 4-36 “新建标注样式——调整”对话框

样式的设置。“换算单位”和“公差”可以不改。

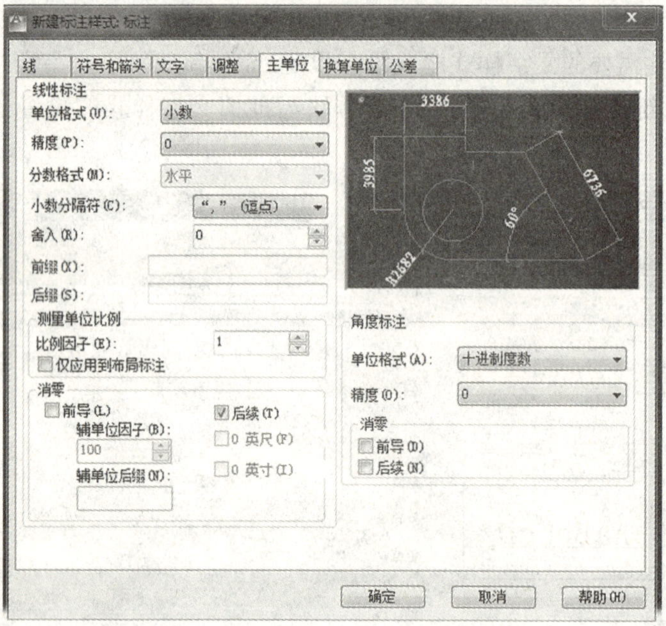

图 4-37 “新建标注样式——主单位”对话框

2)尺寸标注

利用“线性标注”命令,标注两轴线间距(见图 4-38)。

命令:DIMLINEAR↙

图 4-38　标注两轴线间距

指定第一条尺寸界限原点或<选择对象>：（选择下面一条轴线的左端点）

指定第二条尺寸界限原点：（选择上面一条轴线的左端点）

指定尺寸线位置或[多行文字(M)/文字(T)/角度(A)/水平(H)/垂直(V)/旋转(R)]：（移动光标到适当位置,单击鼠标左键确定）

操作完成后如图 4-39 所示。利用“连续标注”命令,标注整个轴网尺寸(见图 4-40)。

图 4-39　利用“线性标注”标注轴线间距

图 4-40　利用“连线标注”标注轴网尺寸

命令:DIMCONTINUE↙

指定第二条尺寸界线原点或[放弃(U)/选择(S)]<选择>：（选择第二条轴线的左端点）

指定第二条尺寸界线原点或[放弃(U)/选择(S)]<选择>：（选择第一条轴线的左端点,按回车键结束连续尺寸标注）

3)标注轴线标号

命令:CIRCLE↙

指定圆的圆心或[三点(3P)/两点(2P)/切点、切点、半径(T)]<选择>：（任意选择一点作为圆心）

指定圆的半径或[直径(D)]:600↙　（默认状态下输入圆的半径）

新建一个“文字样式”,命名为“轴标”,字体为大字体中的“宋体”,文字高度为800,宽度比例为1,也可根据国家标准定义为其他样式。

单击下拉菜单“绘图”→“块”→“定义属性”,打开“属性定义”对话框,设置如图4-41所示。

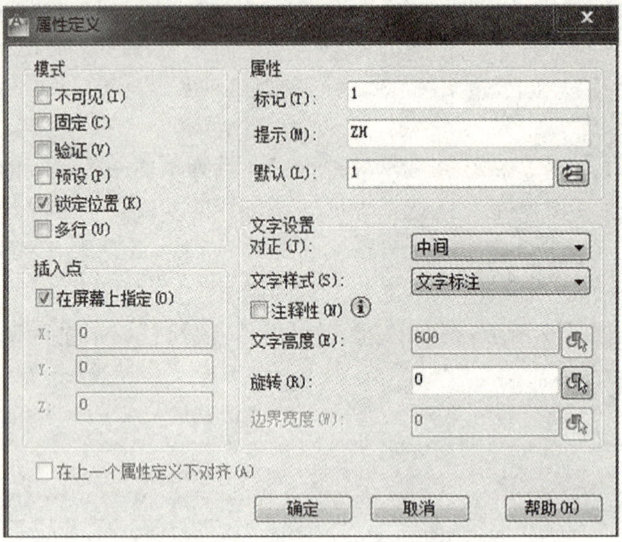

图4-41 “属性定义”对话框

单击“确定”按钮,在绘图区域内点击圆的中心点,完成块属性定义。

用“块定义”和“插入块”的方法插入轴线标号。插入块时,根据命令行的提示插入相应的轴线标号(见图4-42)。操作完成后如图4-43所示。

图4-42 轴线标号

4.1.2.16 绘制图框、调整图面、命名图纸

1)制作图框和标题栏

由于标准图纸对图框和标题栏的要求基本一样,因此可以把常用的图框和标题栏保存为专门的文件,在需要时插入到图中即可。图框的各种线宽根据国家标准确定。首先打开新文件,取消各种设置,直接进入AutoCAD画图。用“直线”命令画出图框和标题栏,并将图形定义成块,将文件保存为“A3. dwg”。在画图时,为了与图纸的单位及比例相一致,可以将图纸尺寸放大100倍。

2)插入图框

切换到绘图窗口,执行“插入”→“块”命令,弹出“插入”对话框。和前面介绍的块不同的是,这里是以外部块的方式插入图形文件。单击“名称”文本框旁边的“浏览”按钮,在随后弹出的“选择图形文件”时,选择刚保存的“A3. dwg”文件,返回到“插入”对话框。单击“确定”按钮进入到绘图区域,在屏幕上指定一点,所绘制的平面图基本位于图框位置。最后填写标题栏中的内容 ,完成后如图4-44 所示。

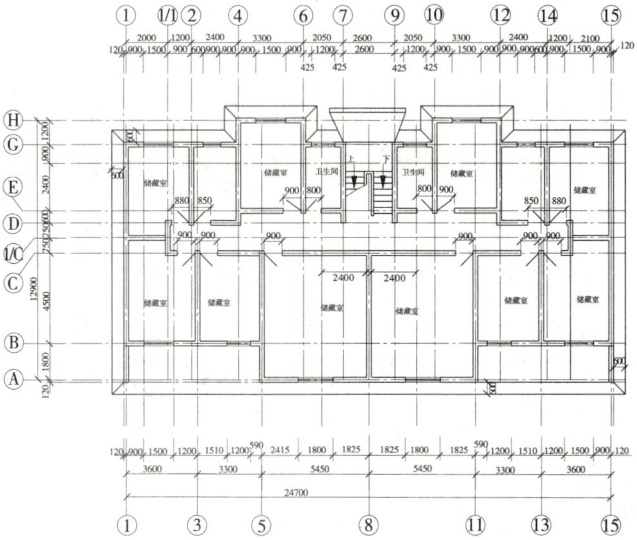

图 4-43　轴线插入完成

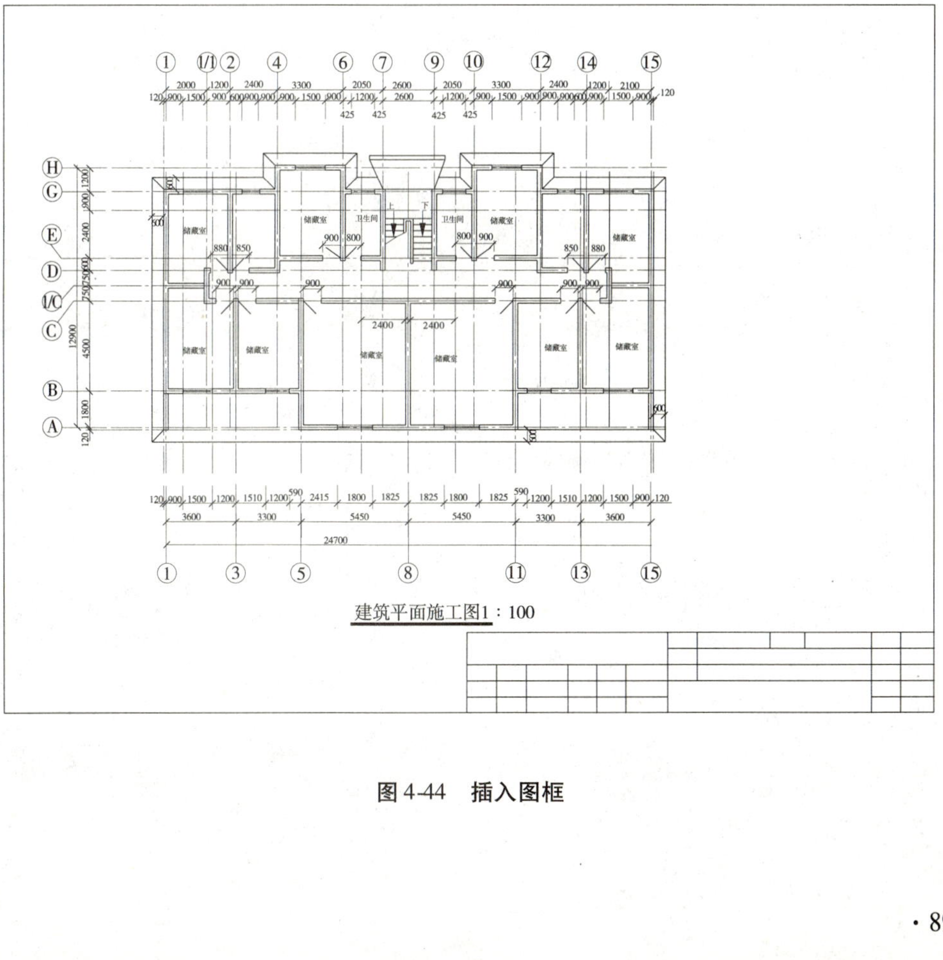

图 4-44　插入图框

项目练习

1. 按照图 4-45 中所给尺寸绘制平面图。

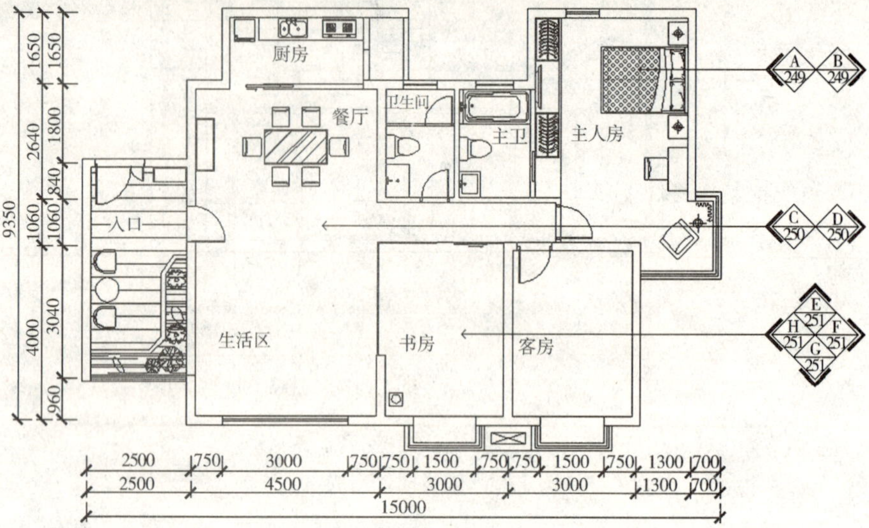

图 4-45　平面布置图

模块5　建筑立面图、剖面图、详图和总平面图的绘制

任务1　建筑立面图的绘图步骤和绘图方法

任务目标：掌握建筑立面图的绘图步骤和绘图方法，熟悉相关的命令。

任务解析：将命令的使用融入立面图的绘制过程，在掌握绘图方法的同时加深对命令的理解。

在AutoCAD绘制建筑立面图的工作中，要按照正确的绘图步骤和方法进行绘图。设计者在绘图时可以根据所绘图纸的内容与要求，设置和选用不同的图层、线型、线宽和颜色。通过绘制图5-1的立面图掌握所要学习的内容。

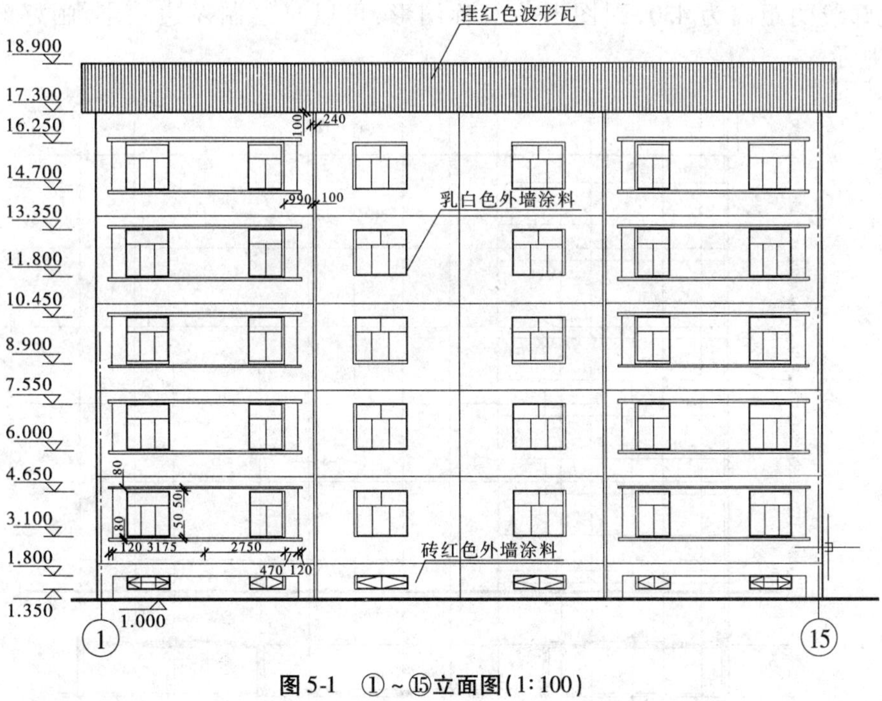

图5-1　①～⑮立面图(1∶100)

5.1.1　新建图层

新建4个图层，地平线为加粗实线，建筑物的外轮廓线为粗实线，门窗洞口、台阶等的外轮廓线为中粗实线，其他为细实线。

5.1.2　绘制立面图的外轮廓线

(1)将平面图4-44中竖向方向1、3、5、8、11、13、15定位轴线和南边一部分墙体线复制过来,如图5-2所示。

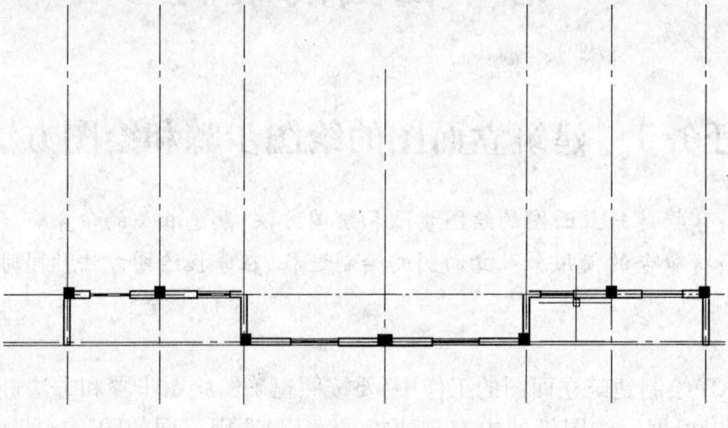

图5-2　复制部分墙体线、轴线

(2)用“直线”和“偏移”命令绘制立面图的外轮廓线、门窗的位置线、层高线,屋顶超出左边轮廓线的距离为430,因图形为对称图形,可以只绘制左边一半,画好的图形如图5-3所示。

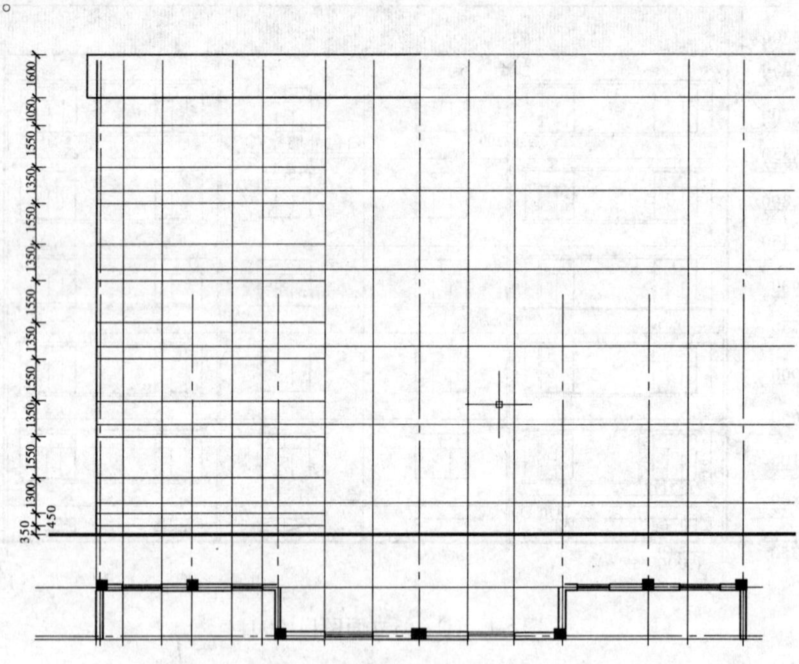

图5-3　绘制建筑立面轮廓

5.1.3　绘制立面窗

利用“矩形”命令,绘制窗框。

操作顺序如下：

命令:RECTANG↙

指定第一个角点或［倒角(C)/标高(E)/圆角(F)/厚度(T)/宽度(W)］：（指定第一个角点）

指定另一个角点或［面积(A)/尺寸(D)/旋转(R)］:↙　（指定对角点）

执行“偏移”命令,使矩形向里偏移50,形成窗框

用直线画出450高的窗亮子

执行“绘图”→“点”→“定数等分”,把直线三等分,画出窗扇

用同样的方法画出其余的窗。

画出的图形如图5-4所示。

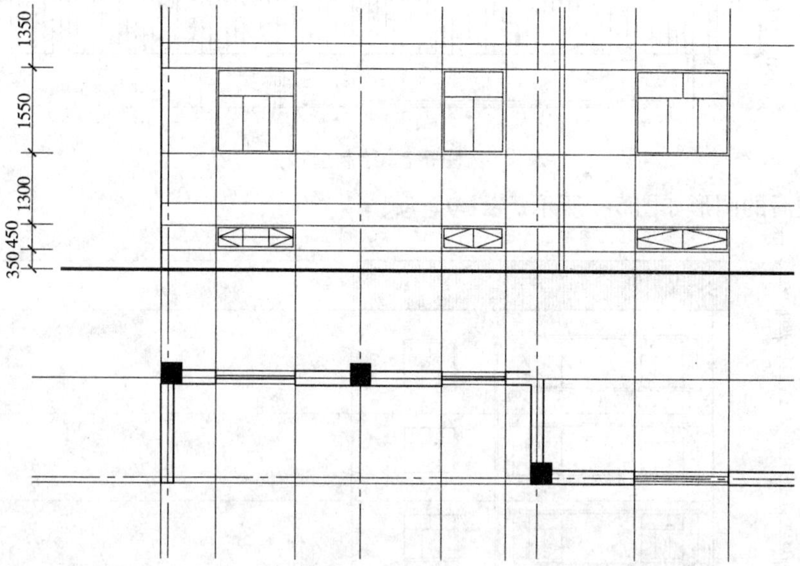

图5-4　绘制窗扇

5.1.4　画阳台

画一个阳台,具体尺寸如图5-5所示。

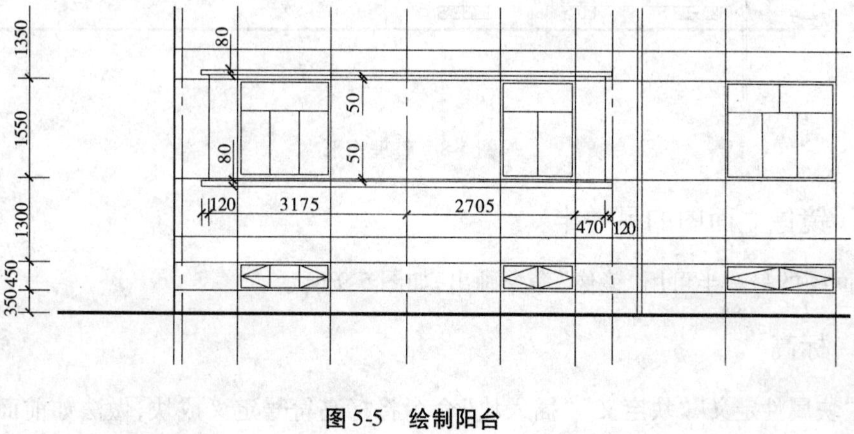

图5-5　绘制阳台

用“复制”命令画出其他窗户和阳台。

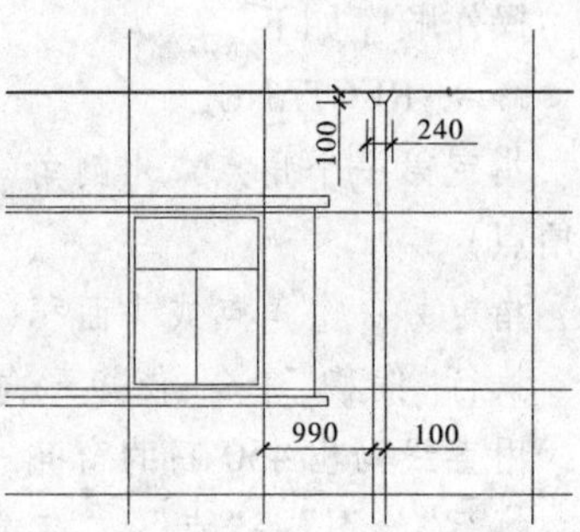

图 5-6　绘制雨水管

5.1.5　画雨水管

用“直线”命令画雨水管，尺寸如图 5-6 所示。

5.1.6　画屋顶

在距离屋顶左边轮廓线 150 处画一垂直直线，用“偏移”命令画其余线条。

画好的图形如图 5-7 所示。

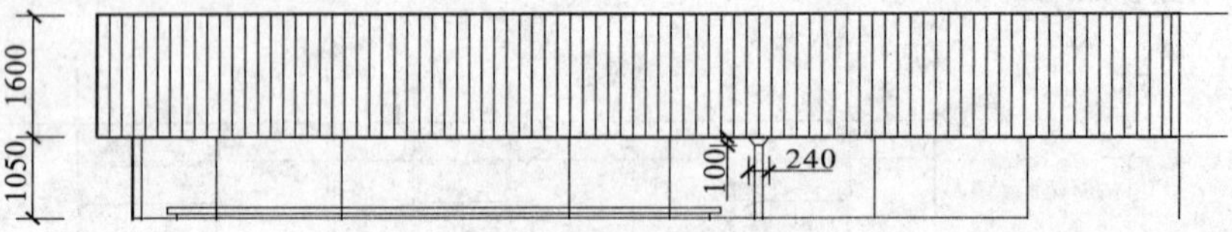

图 5-7　绘制屋顶

整理后的图形如图 5-8 所示。

图 5-8　整理图形

5.1.7　镜像立面图的另一半

立面图的另一半可用“镜像”命令画出，如图 5-9 所示。

5.1.8　标高

用“块属性定义”“块定义”“插入块”命令将标高符号定义成块，做法如前面轴线标号

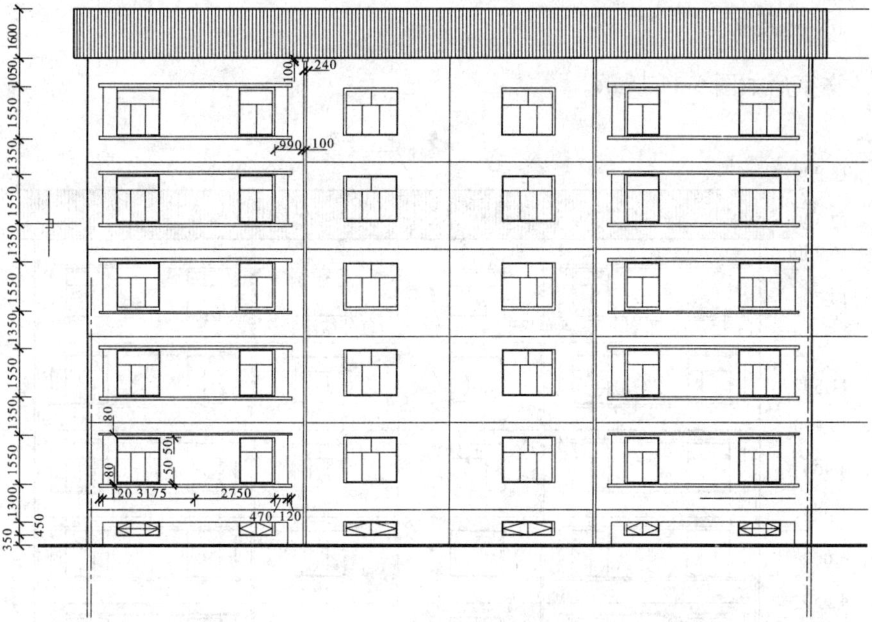

图 5-9 利用“镜像”命令完成建筑立面绘制

的绘制。插入标高时以图形左边尺寸标注的尺寸界线的左端点为插入点。画好的图形如图 5-10所示。

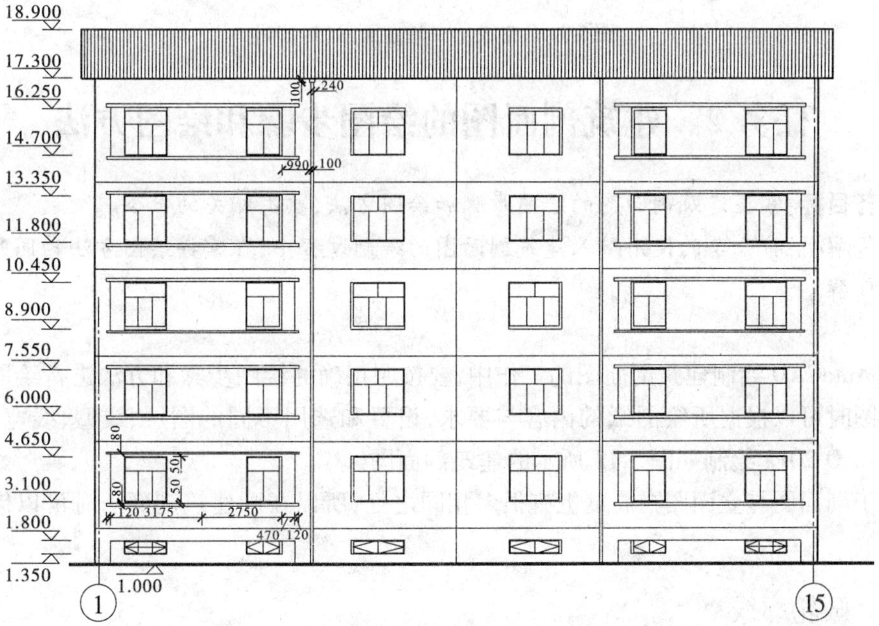

图 5-10 标注①～⑮立面尺寸

5.1.9 标注文字

标注文字后如图 5-11 所示。

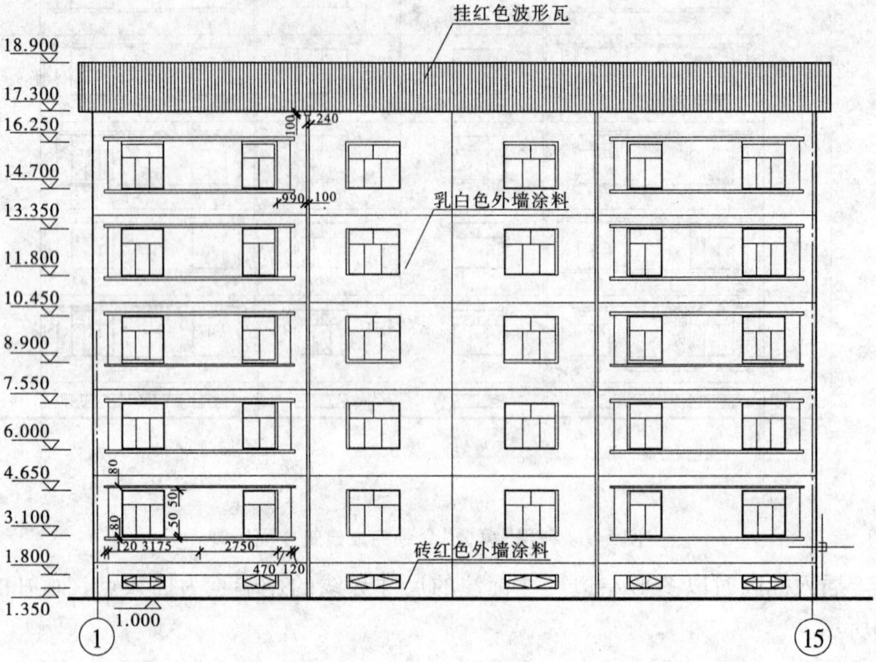

图 5-11 完成①～⑮立面图(1∶100)

任务 2 建筑剖面图的绘图步骤和绘图方法

任务目标：掌握建筑剖面图的绘图步骤和绘图方法，熟悉相关的命令。

任务解析：将命令的使用融入建筑剖面图的绘制过程中，在掌握绘图方法的同时加深对命令的理解。

在 AutoCAD 绘制建筑剖面图的工作中，要按照正确的绘图步骤和方法进行绘图。设计者在绘图时可以根据所绘图纸的内容与要求，设置和选用不同的图层、线型、线宽和颜色。用 AutoCAD 2012 绘制如图 5-12 所示的建筑剖面图。

由于剖面图与立面图在高度上有很多相同之处，所以在画建筑剖面图时可以借鉴建筑立面图。

5.2.1 画轮廓线

画被剖切到的定位轴线和室外地平线、楼地面线、未剖切到的外墙轮廓线、层高线以及窗户的定位线。

首先设置轴线层为当前图层，绘制出 B、C、G 三条点画线，其距离为 4500、5400。

其次将 0 图层设为当前图层，画出未剖切到的外墙轮廓线，分别距离 B 轴线 1920，距离

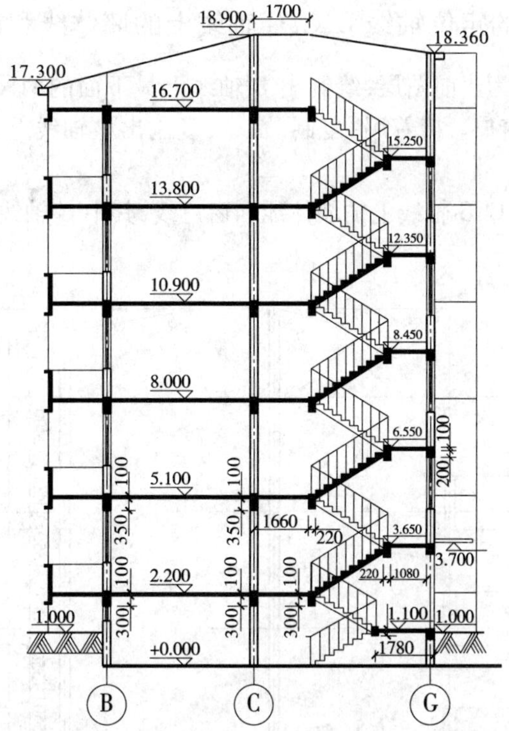

图 5-12　1—1 剖面图(1∶100)

G 轴线 1320。

最后画出室内外地平线,室内地面高度为 2200。其他层高线和窗户定位线借助剖面图上的层高线画出,如图 5-13 所示。

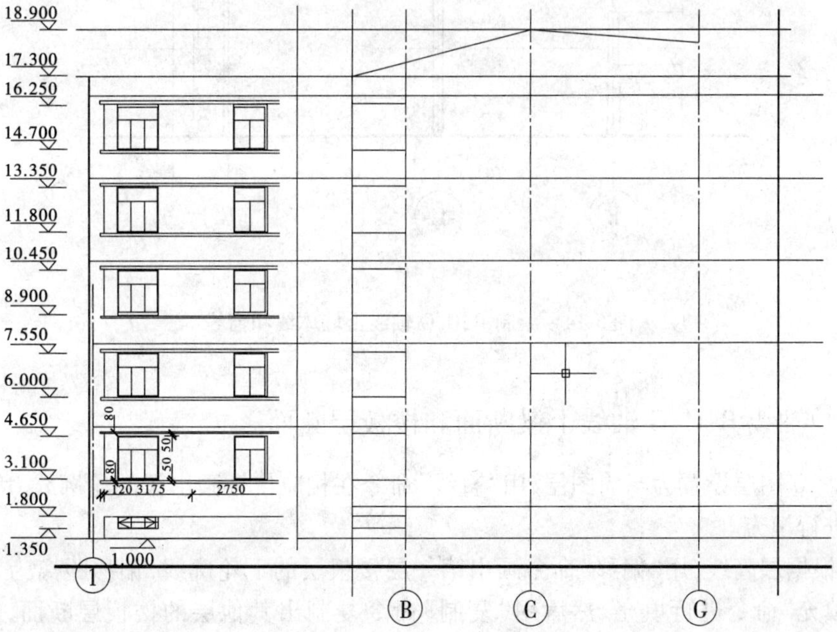

图 5-13　绘制建筑剖面轮廓线

5.2.2 画被剖切到的定位轴线 B、C、G 轴线上的墙体线和窗户

首先设置墙体线层为当前图层，绘制出 B 轴线上最下面的两段墙体线，再将窗户图层设置为当前图层，画好窗户。接着用“复制”命令，复制出该轴线上其他层的墙体线和窗户线。

用同样的方法画出 C、G 轴线上的墙体线和窗户线，其中 G 轴线上的窗户和墙体线尺寸见图 5-14。

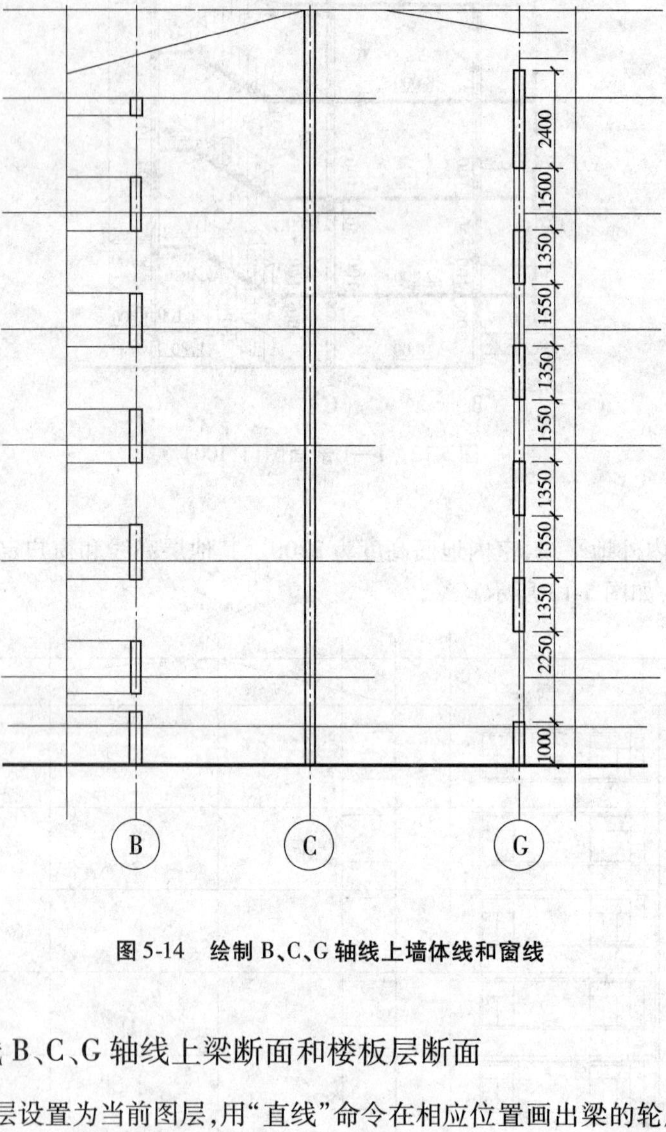

图 5-14 绘制 B、C、G 轴线上墙体线和窗线

5.2.3 画轴线 B、C、G 轴线上梁断面和楼板层断面

首先将 0 图层设置为当前图层，用“直线”命令在相应位置画出梁的轮廓线，用“图案填充”命令进行填充。

其次根据层高线，用“偏移”命令画出第一层楼板层的下轮廓线，偏移距离为 100，接着用“图案填充”命令进行填充，然后用“复制”命令复制出其他层的楼板层断面，如图 5-15 所示。

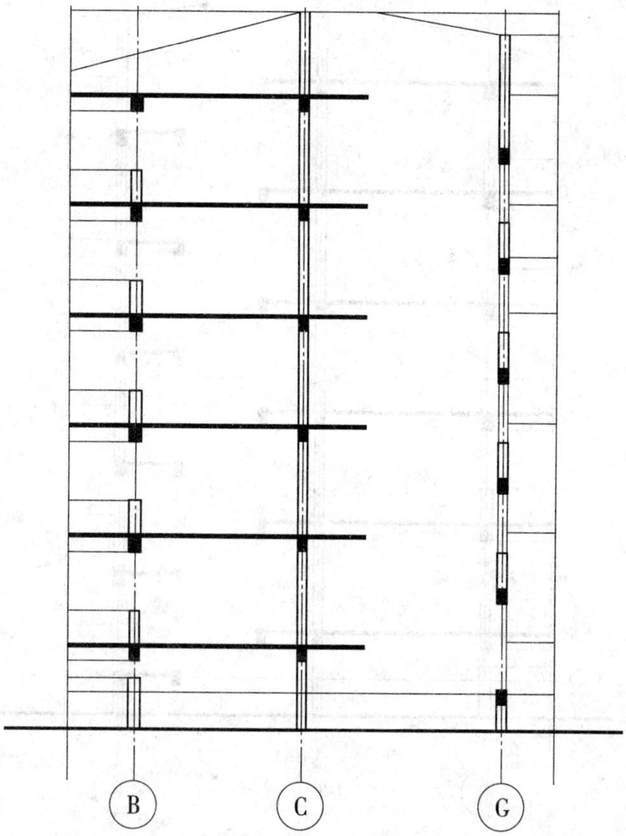

图 5-15　绘制 B、C、G 轴线上梁断面、楼板层断面

5.2.4　画楼梯板平台断面和梯梁断面

首先将 0 图层设为当前图层，用“直线”命令画出最下面两个楼梯平台的断面和四个梯梁的轮廓线，用“图案填充”命令进行填充。

然后用“复制”命令复制出其他层的梯梁断面和楼梯板断面，如图 5-16 所示。

5.2.5　画楼梯踏步断面

楼梯踏步断面的具体尺寸见图 5-17。

首先将 0 图层设为当前图层，用“直线”命令画出踏步的台阶线，用“图案填充”命令对剖切到的梯段进行填充。

其次用“复制”命令复制出其他楼梯踏步断面，如图 5-18 所示。

5.2.6　画阳台断面

阳台断面的具体尺寸见图 5-19。

将 0 图层设为当前图层，用“偏移”命令画出阳台的轮廓线和定位线，用“图案填充”命令对剖切到的断面进行填充。

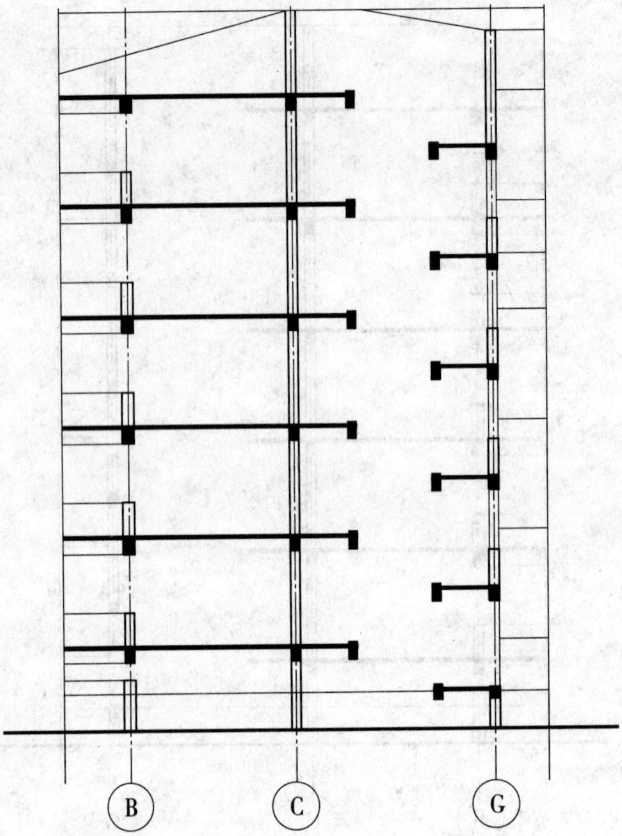

图 5-16　绘制平台、梯梁断面

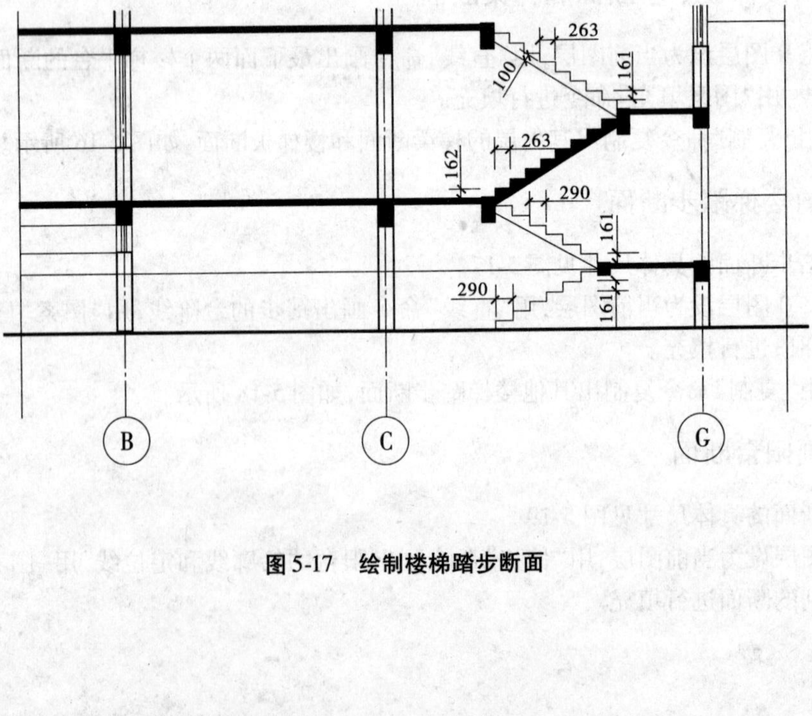

图 5-17　绘制楼梯踏步断面

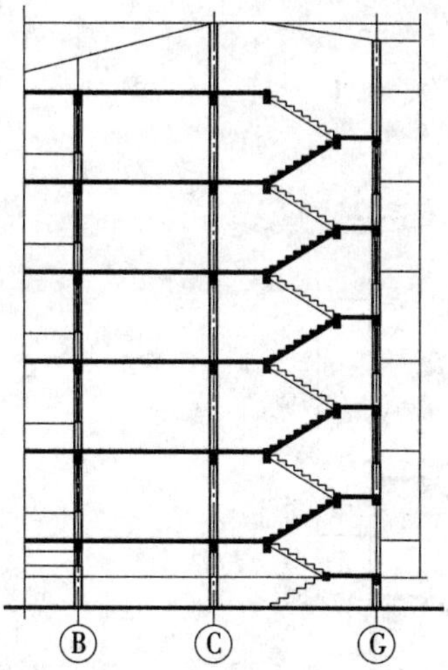

图 5-18　完成全部楼梯踏步断面绘制

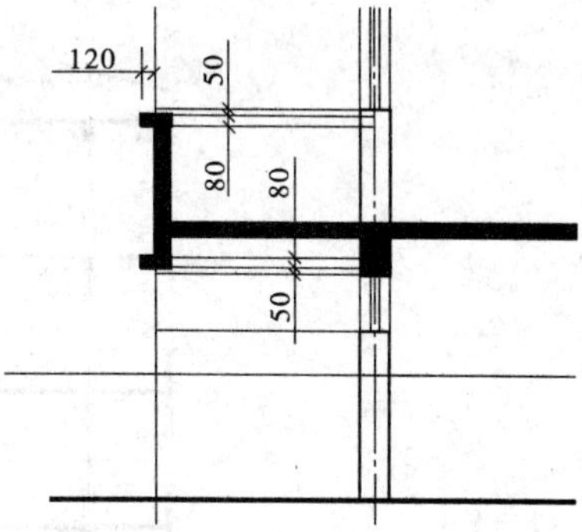

图 5-19　绘制阳台断面

用“复制”命令完成其他层阳台的绘制，完成后如图 5-20 所示。

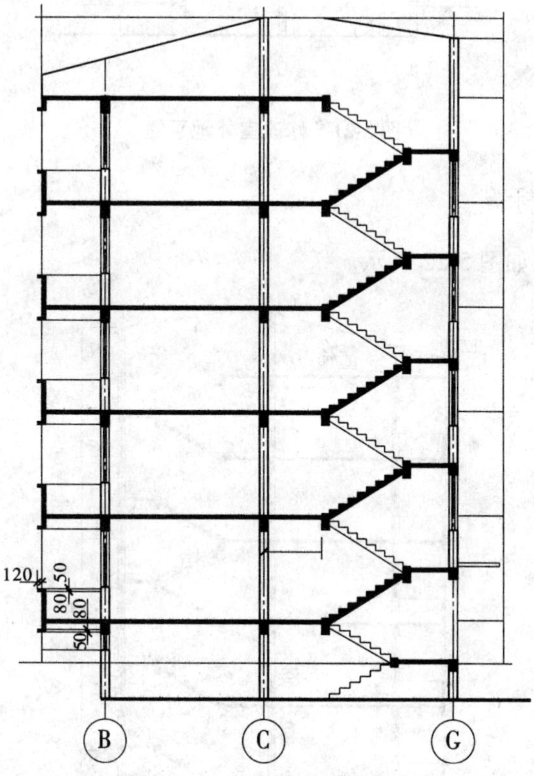

图 5-20　完成建筑剖面绘制

5.2.7 修整地平线

修整地平线后如图 5-21 所示。

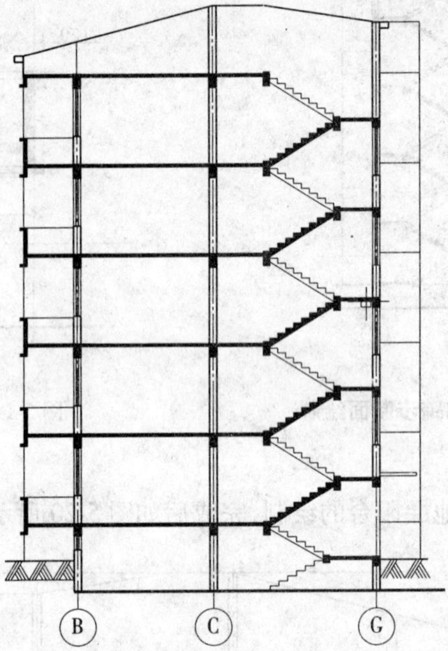

图 5-21 修改室外地平线

5.2.8 标注尺寸和标高

标注尺寸和标高后如图 5-22 所示。

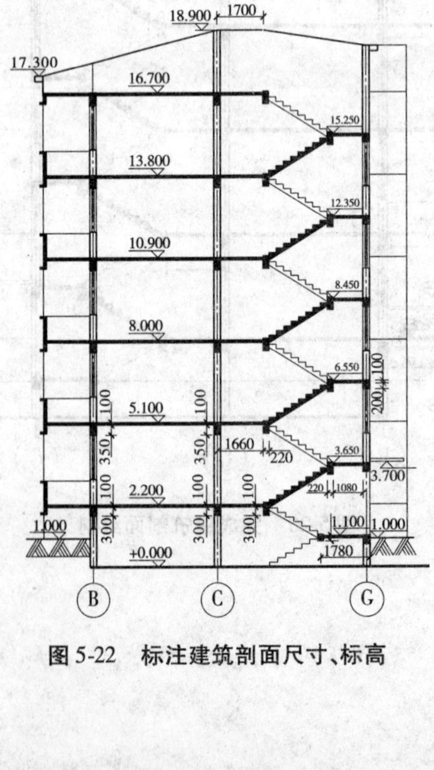

图 5-22 标注建筑剖面尺寸、标高

5.2.9 画栏杆,写图名

栏杆的高度为900,现将最下面四段楼梯的栏杆画好,用"复制"命令画好其他的栏杆,如图5-23所示。

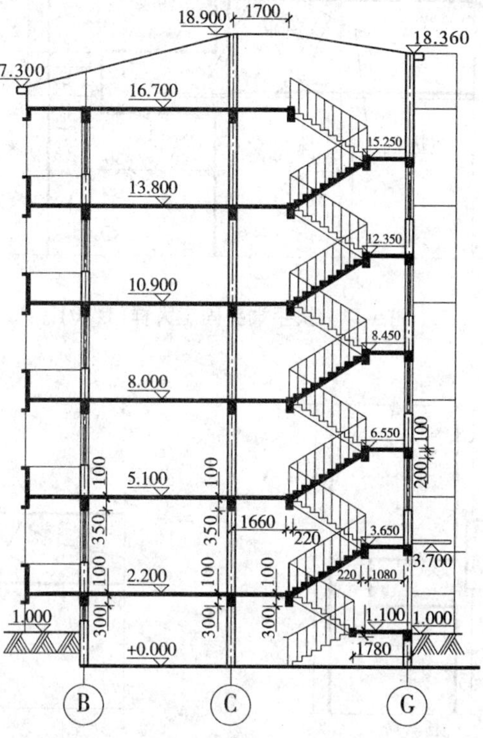

图5-23 完成建筑剖面绘制(1:100)

任务3 建筑详图的绘图步骤和绘图方法

任务目标:掌握建筑详图的绘图步骤和绘图方法,熟悉相关的命令。

任务解析:将命令的使用融入建筑详图的绘制过程,在掌握绘图方法的同时加深对命令的理解。

在AutoCAD绘制建筑详图的工作中,要按照正确的绘图步骤和方法进行绘图。设计者在绘图时可以根据所绘图纸的内容与要求,设置和选用不同的图层、线型、线宽和颜色。

建筑详图的绘制一般比较烦琐,一般应先绘制主要构件的轮廓线,再由简到繁依次画出细部结构。下面以图5-24为例简单说明画图的一般步骤。

(1)用"直线"命令绘制楼板与扶手的轮廓线(见图5-25)。

(2)用"图案填充"命令填充楼板与扶手的材质(见图5-26)。

(3)用"直线"命令绘制连接铁件与螺钉(见图5-27)。

(4)标注尺寸与注写文字,操作结束后见图5-24。

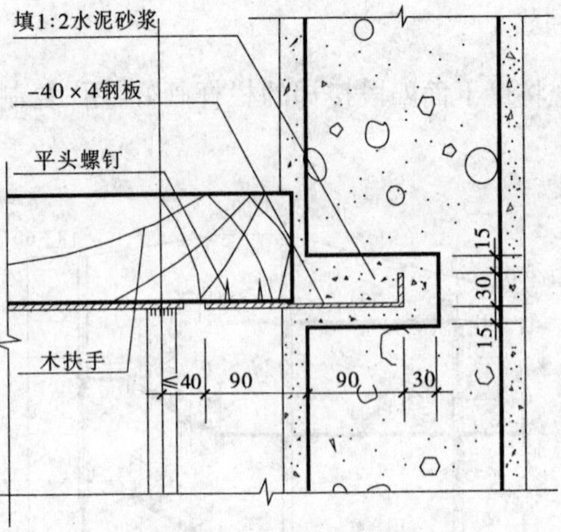

图 5-24　扶手端头固定大样(1:10)

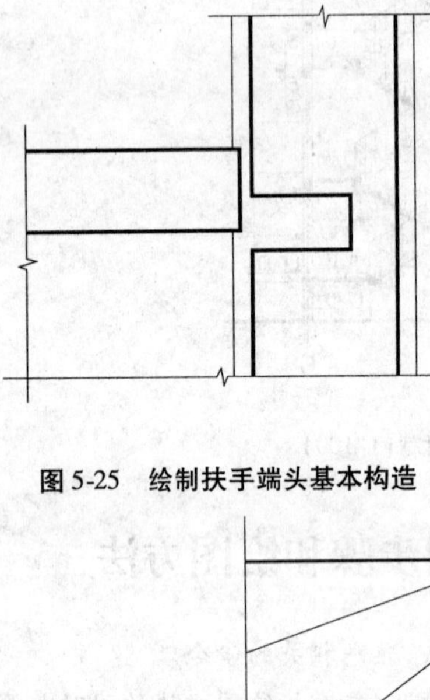

图 5-25　绘制扶手端头基本构造

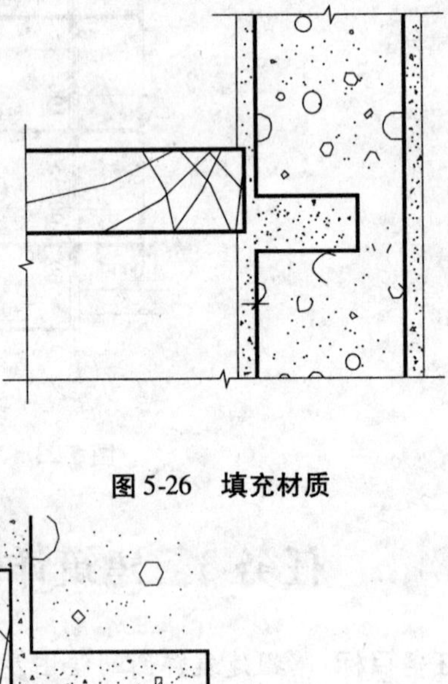

图 5-26　填充材质

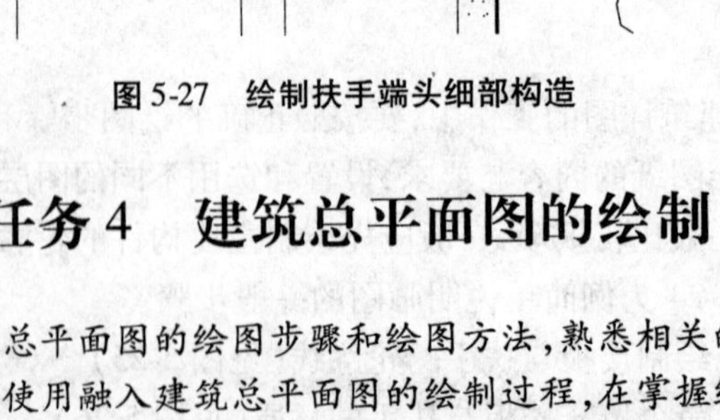

图 5-27　绘制扶手端头细部构造

任务 4　建筑总平面图的绘制

任务目标：掌握建筑总平面图的绘图步骤和绘图方法，熟悉相关的命令。

任务解析：将命令的使用融入建筑总平面图的绘制过程，在掌握绘图方法的同时加深对命令的理解。

在 AutoCAD 绘制建筑总平面图的工作中，要按照正确的绘图步骤和方法进行绘图。设计者在绘图时可以根据所绘图纸的内容与要求,设置和选用不同的图层、线型、线宽和颜色。

(1)绘制定位辅助线(见图5-28)。

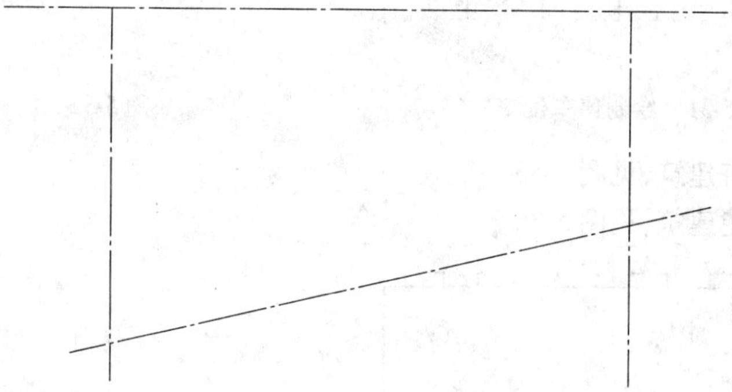

图5-28　绘制定位辅助线

(2)绘制道路(见图5-29)。

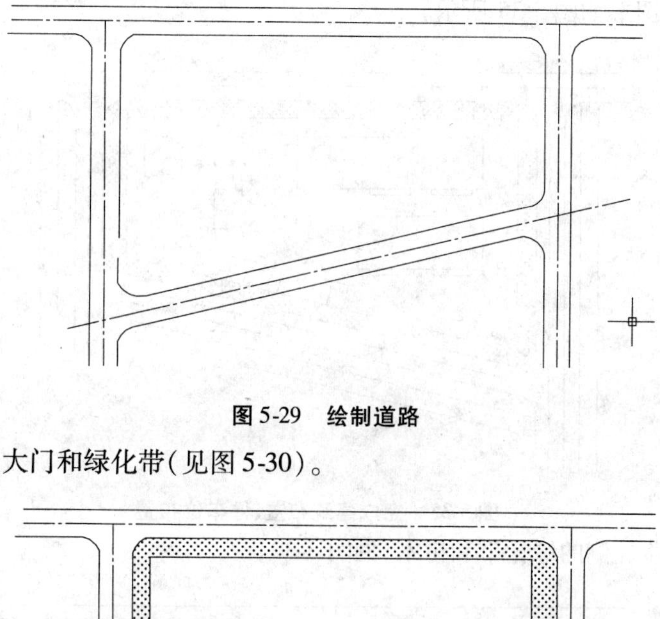

图5-29　绘制道路

(3)绘制小区大门和绿化带(见图5-30)。

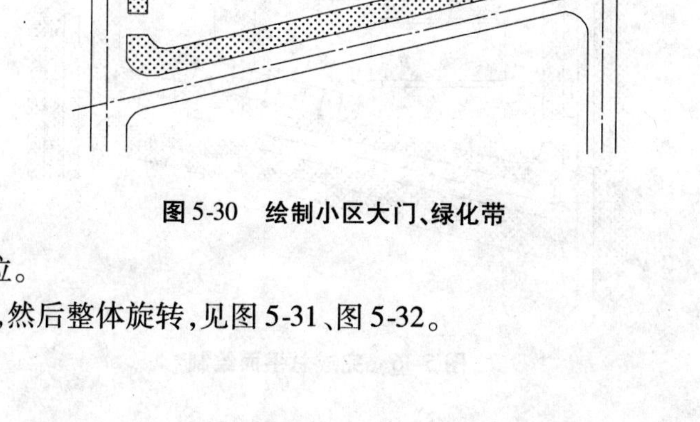

图5-30　绘制小区大门、绿化带

(4)绘制停车位。

先画成水平的,然后整体旋转,见图5-31、图5-32。

图 5-31 绘制停车位

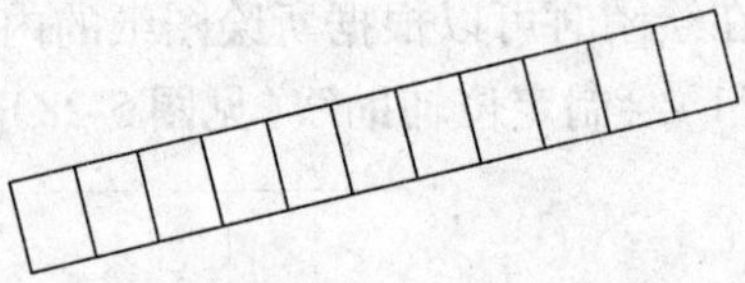

图 5-32 旋转停车位

(5)绘制已有建筑,见图 5-33。

(6)绘制新建建筑,见图 5-34。

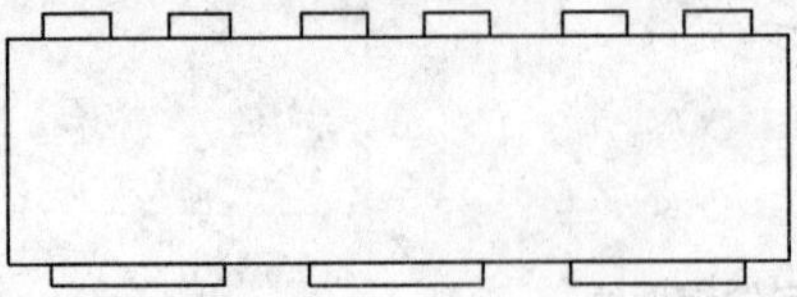

图 5-33 绘制已有建筑

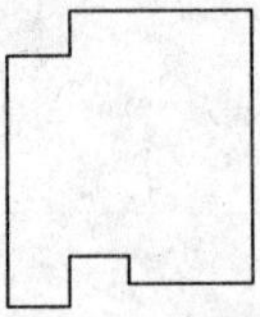

图 5-34 绘制新建建筑

画成之后的图形如图 5-35 所示。

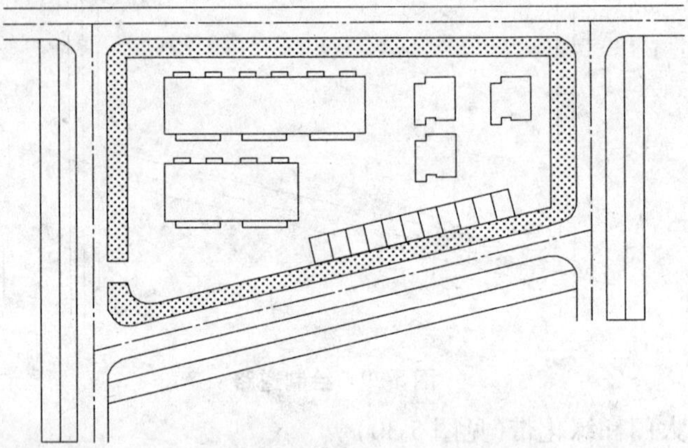

图 5-35 完成建筑布置、停车位布置

(7)绘制道路外侧的绿化带和树木,见图 5-36。

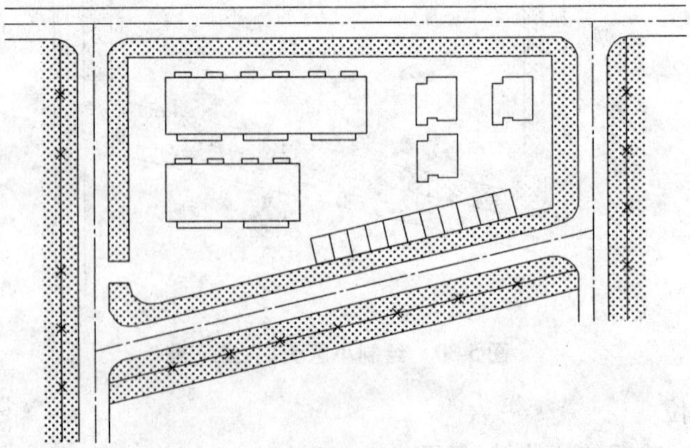

图 5-36 完成总平面绘制

项目练习

1. 根据所学知识,绘制如图 5-37 所示的平面图。

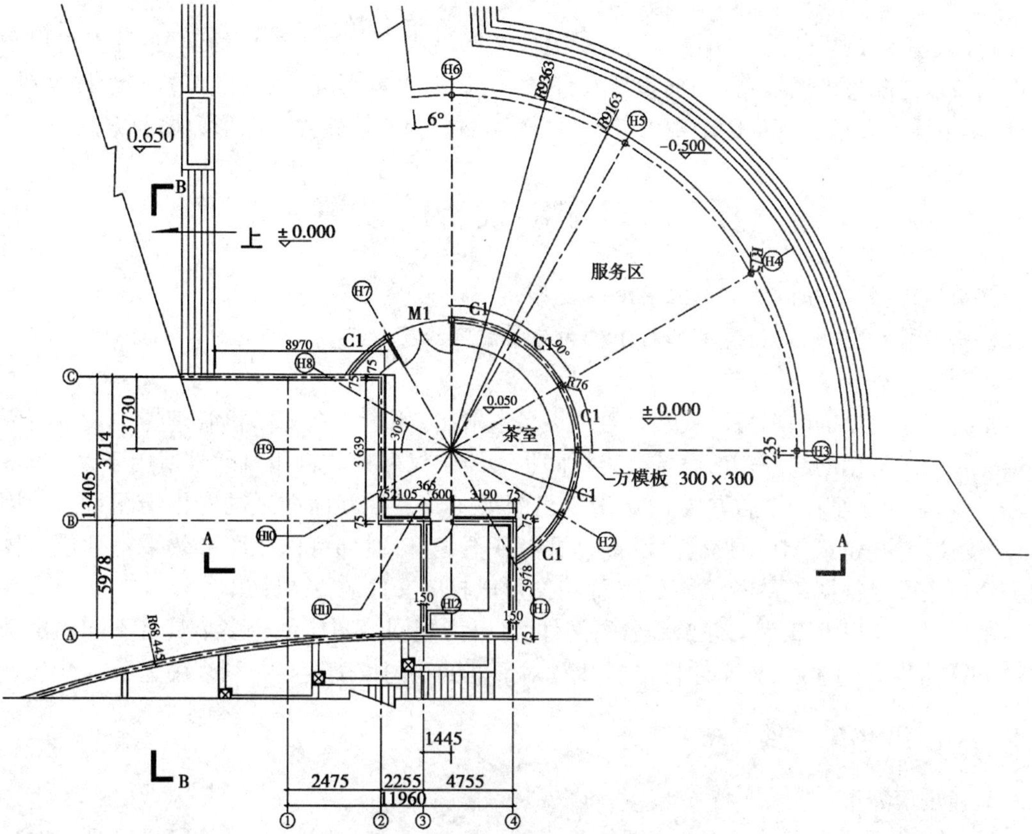

图 5-37　一层平面图(1:100)

模块6　图形输出

打印是将绘制好的图形用打印机或绘图仪绘制出来。通过本模块的学习,读者可以掌握如何添加与配置绘图设备,如何设置打印样式,如何设置页面,以及如何打印绘图文件。另外,本模块还介绍把 AutoCAD 2012 绘制的图形输出为其他软件的图形数据的方法。

任务1　输出设备的设置

任务目标:掌握如何添加与配置绘图设备。

任务解析:具体介绍利用添加打印机向导来配置绘图设备。

AutoCAD 绘制的图形可以在多种绘图设备上输出,用户可在打印机管理器中设置所需的绘图设备。常用的绘图输出设备分为打印机和绘图仪两种。打印机通常适用于 Windows 文本打印,幅面较小;绘图仪是专门用于输出图纸尤其是大幅面图纸的专用绘图设备。因此,绘图仪作为 AutoCAD 图形输出设备时显得并不完善,但都可以使图形效果得到最佳体现。用户还可以根据需要进行配置,从而将图形以打印文件的方式输出。

如建立一个以 PC3 为文件扩展名的文件,可以为相同绘图仪创建多个具有不同输出选项的 PC3 文件。创建后,该文件将在“打印”对话框的绘图仪配置名称列表中显示。

6.1.1　创建 PC3 文件

创建步骤如下:

(1)在“文件” 菜单中选择“绘图仪管理器”项,屏幕弹出“Plotters”打印机管理器对话框,如图 6-1 所示,或在命令行中输入 PLOTTERMANAGER,单击回车键即可。

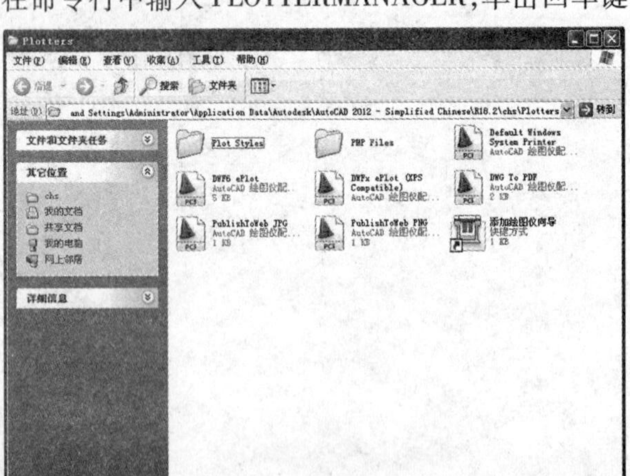

图 6-1　“打印机管理器”对话框

(2)在“打印机管理器”对话框中双击 图标，打开“添加绘图仪—简介”对话框，如图 6-2 所示。

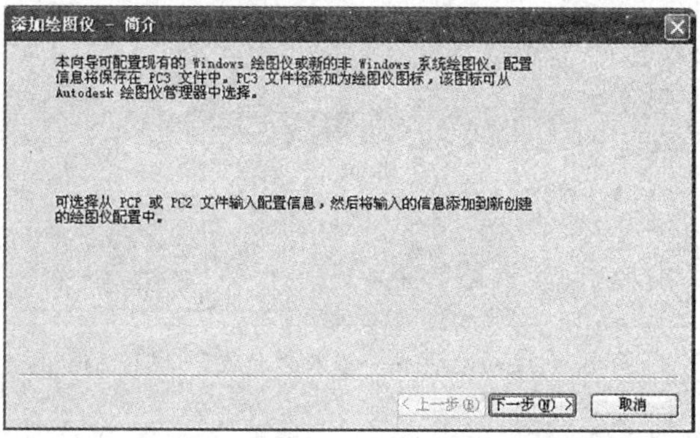

图 6-2 **“添加绘图仪—简介”对话框**

(3)单击下一步(N) >按钮，弹出“添加绘图仪—开始”对话框，如图 6-3 所示。

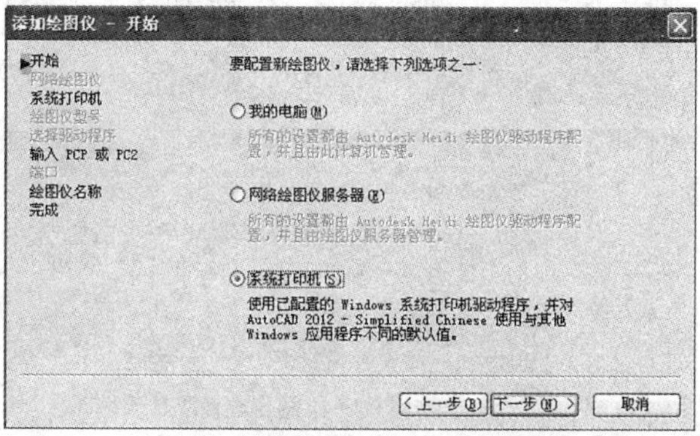

图 6-3 **“添加绘图仪—开始”对话框**

(4)在“添加绘图仪—开始”对话框中，选择“系统打印机”，单击下一步(N) >按钮，弹出“添加绘图仪—系统打印机”对话框，如图 6-4 所示。

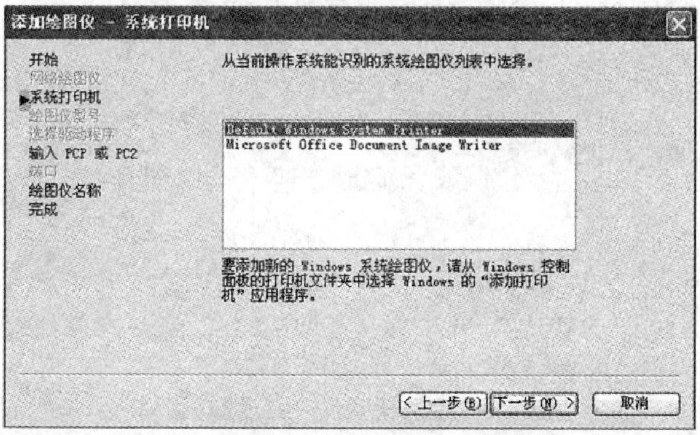

图 6-4 **“添加绘图仪—系统打印机”对话框**

(5)在右侧列表中选择要配置的系统打印机，单击下一步(N) >按钮，弹出“添加绘图仪—输入 PCP 或 PC2”对话框，如图 6-5 所示。

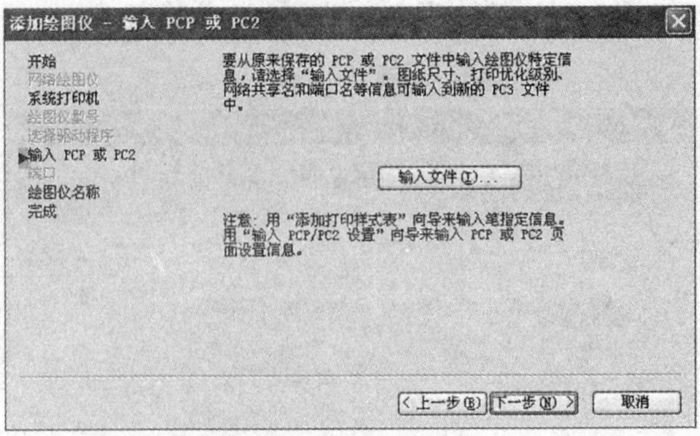

图 6-5 “添加绘图仪—输入 PCP 或 PC2”对话框

(6)在“添加绘图仪—输入 PCP 或 PC2”对话框中，单击 下一步(N) > 按钮，弹出“添加绘图仪—绘图仪名称”对话框，如图 6-6 所示。

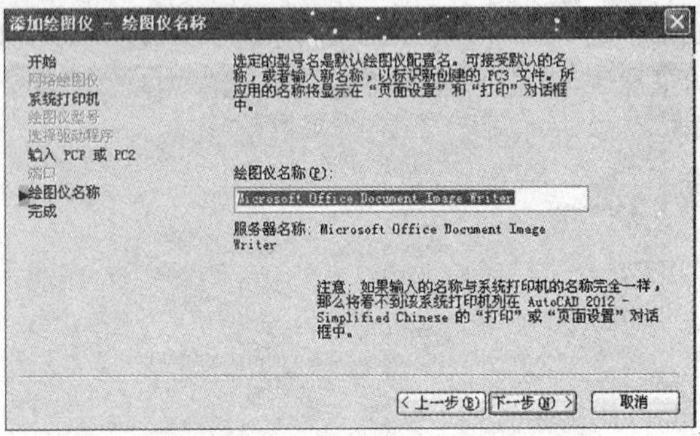

图 6-6 “添加绘图仪—绘图仪名称”对话框

(7)在“绘图仪名称”文本框中输入绘图仪名称后，单击 下一步(N) > 按钮，弹出“添加绘图仪—完成”对话框，如图 6-7 所示，单击 完成(F) 按钮，退出添加绘图仪向导。

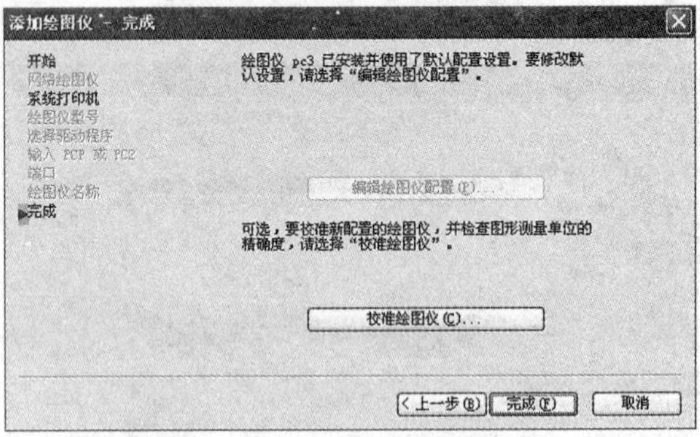

图 6-7 “添加绘图仪—完成”对话框

在“添加绘图仪—完成”对话框中，可以单击 编辑绘图仪配置(P)... 按钮修改绘图仪的默认配置，也可以单击 校准绘图仪(C)... 按钮对新配置的绘图仪进行校准测试。

6.1.2 配置本地非系统绘图仪

创建步骤如下：

(1)重复配置系统绘图仪步骤(1)~(3)。

(2)在对话框中选择“我的电脑”，单击[下一步(N) >]按钮，弹出“添加绘图仪—绘图仪型号”对话框，如图 6-8 所示。

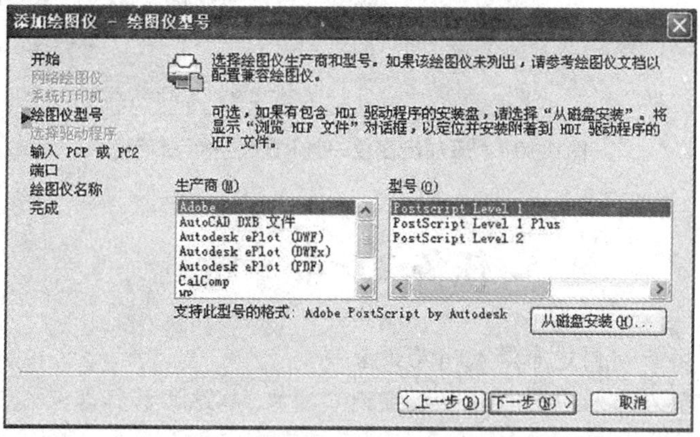

图 6-8 “添加绘图仪—绘图仪型号”对话框

(3)在“生产商”和“型号”的列表中分别选择，单击[下一步(N) >]按钮，弹出“添加绘图仪—输入 PCP 或 PC2”对话框，如图 6-5 所示。

(4)在“添加绘图仪—输入 PCP 或 PC2”对话框中，单击[下一步(N) >]按钮，弹出“添加绘图仪—端口”对话框，如图 6-9 所示。

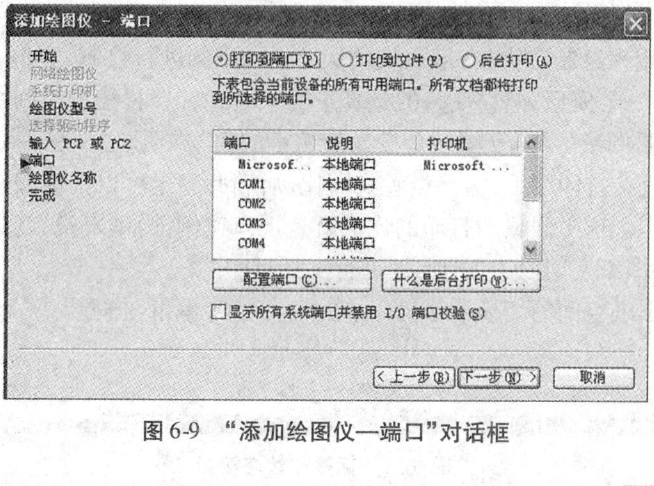

图 6-9 “添加绘图仪—端口”对话框

(5)在“添加绘图仪—端口”对话框中选择绘图仪使用的端口，单击[下一步(N) >]按钮，弹出“添加绘图仪—绘图仪名称”对话框，如图 6-10 所示。

(6)在“添加绘图仪—绘图仪名称”文本框中输入绘图仪名称后，单击[下一步(N) >]按钮，弹出“添加绘图仪—完成”对话框，单击[完成(F)]按钮，退出添加绘图仪向导。

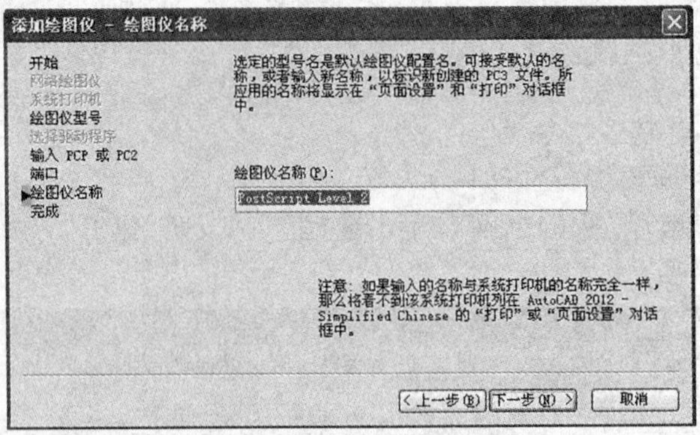

图 6-10 “添加绘图仪—绘图仪名称”对话框

任务 2 布 局

任务目标：了解如何创建布局及布局设置。

任务解析：掌握在布局中的创建并放置视口对象，熟练添加标题栏或其他几何图形。

布局是一个图纸空间环境，它模拟一张图纸并提供直观的打印预设置。

在布局中，可以创建和定位浮动视口对象，还可以添加标题栏或其他几何图形。可以在一个图形中创建多个布局以显示多种视图，每个视图包含不同的打印比例和图纸尺寸。每个布局可以模拟显示图形打印在图纸上的效果。

6.2.1 模型空间和图纸空间

“模型空间”用来绘制实物(一般以实物大小1:1比例进行绘制)，如一幢建筑。虽然还没建造出来，只是一个模型，但它反映的是真正的东西，所以叫“模型空间”。

“图纸空间”是图纸的样子，图纸是按比例缩小的实物图形。

从模型空间直接打印图纸，需要设置打印比例，因此完全可以把模型空间到图纸空间也理解成假想的打印。这个假象的打印的比例就是视口比例，简单来说，就是预先把模型打印到图纸空间，再从图纸空间以1:1的比例进行实际打印。

模型空间与图纸空间的切换非常简单，在状态栏中，单击“模型”或“布局”标签，就可互换，如图 6-11 所示。

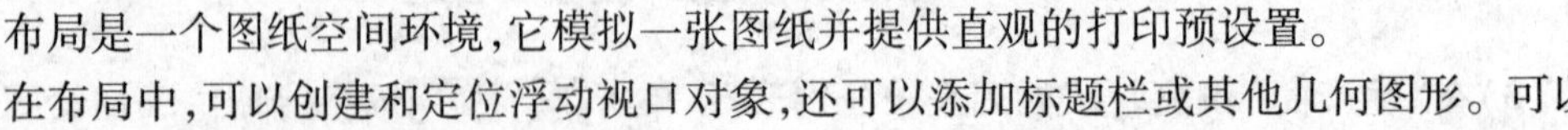

图 6-11 标签和状态按钮

6.2.2 在图纸空间中创建布局

利用“布局向导”命令创建新布局，步骤如下：

(1)在“插入” 菜单中选择“布局”→“创建布局向导”项，屏幕弹出“创建布局—开始”对话框，如图 6-12 所示，或在命令行中输入 LAYOUTWI2ARD，单击回车键即可。

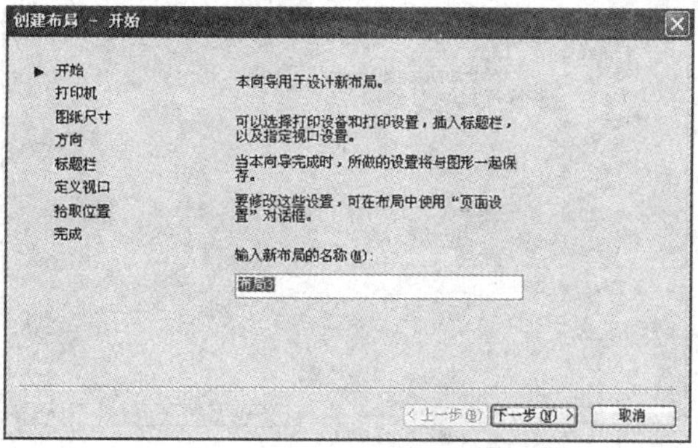

图 6-12 “创建布局—开始”对话框

(2)在“输入新布局的名称”文本框中，输入名称后，单击下一步(N) >按钮，弹出“创建布局—打印机”对话框，如图 6-13 所示。在该对话框中，选择可用的打印设备作为输出设备。

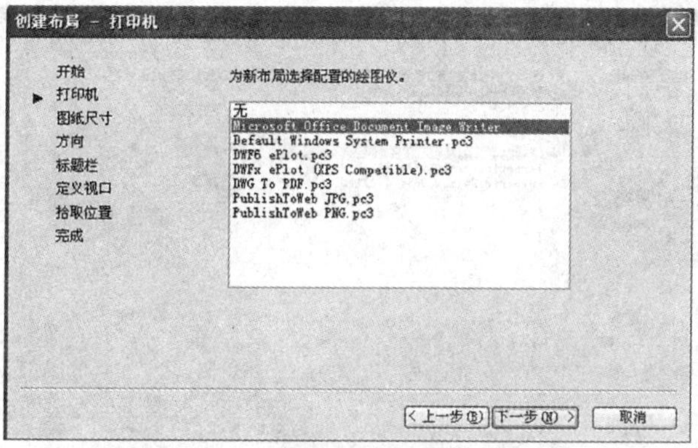

图 6-13 “创建布局—打印机”对话框

(3)选择合适的打印设备后，单击下一步(N) >按钮，弹出“创建布局—图纸尺寸”对话框，如图 6-14 所示。在该对话框中，选择打印图纸的大小和所用的单位。

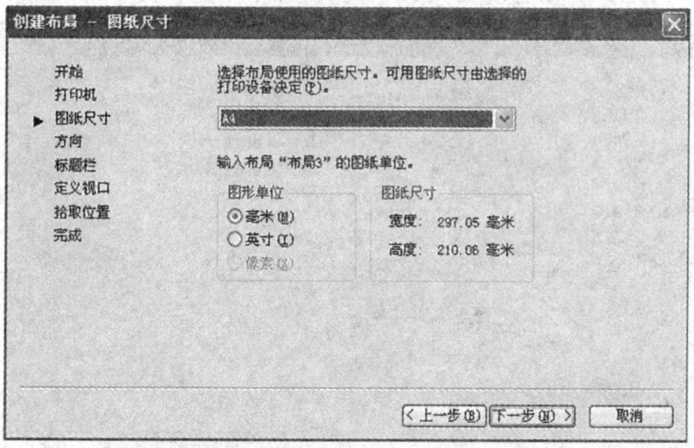

图 6-14 “创建布局—图纸尺寸”对话框

(4)设置完成，单击下一步(N) >按钮，弹出“创建布局—方向”对话框，如图 6-15 所示。在该对话框中，可以设置打印方向。

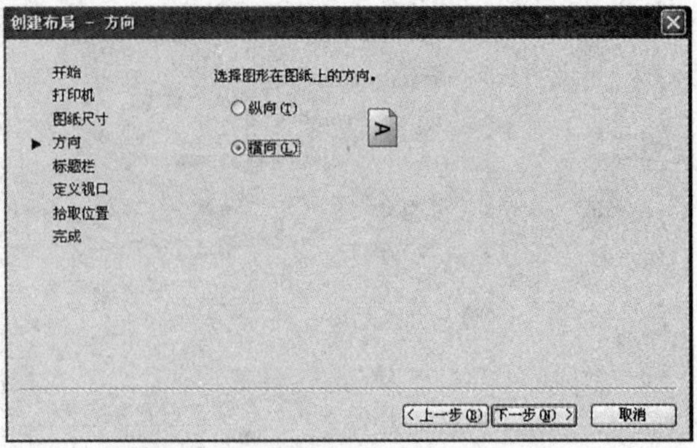

图 6-15 “创建布局—方向”对话框

(5)设置完成,单击[下一步(N) >]按钮,弹出“创建布局—标题栏”对话框,如图 6-16 所示。在该对话框中,可以设置图纸的边框和标题栏的样式。

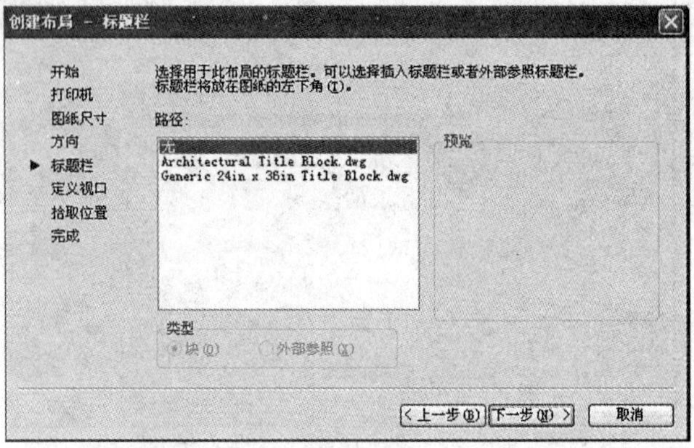

图 6-16 “创建布局—标题栏”对话框

(6)设置完成,单击[下一步(N) >]按钮,弹出“创建布局—定义视口”对话框,如图 6-17 所示。在该对话框中,可以设置新创建的布局默认视口和比例等。

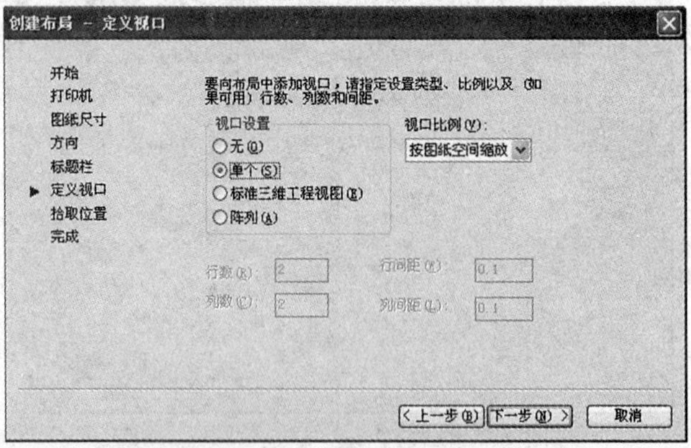

图 6-17 “创建布局—定义视口”对话框

(7)设置完成,单击[下一步(N) >]按钮,弹出“创建布局—拾取位置”对话框,如图 6-18 所示。在该对话框中,可以指定视口的大小和位置。

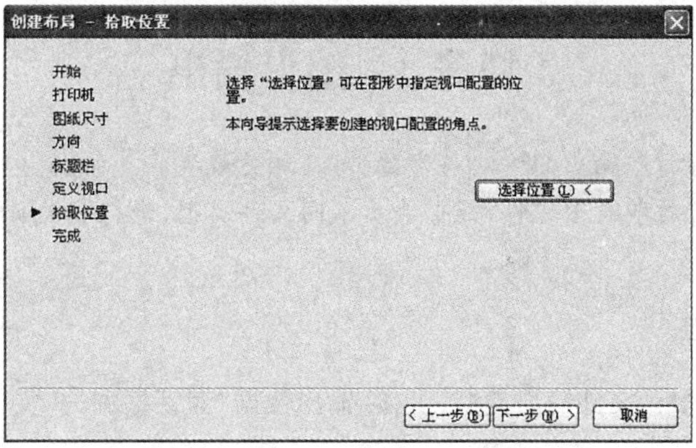

图 6-18 “创建布局—拾取位置”对话框

(8)设置完成,单击 下一步(N) > 按钮,弹出“创建布局—完成”对话框,如图 6-19 所示。

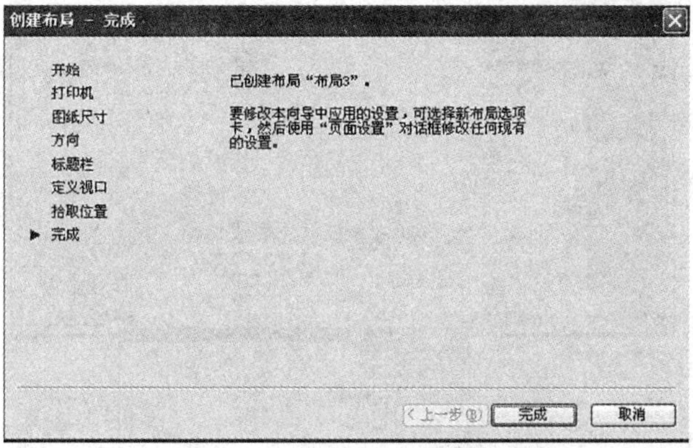

图 6-19 “创建布局—完成”对话框

(9)设置完成,单击 完成(F) 按钮,完成新的布局创建,系统将自动返回布局空间,显示新创建的布局。

6.2.3 浮动视口的创建

用户可在布局空间建立多个视口,以便显示模型的不同视图。在布局空间建立视口时,可以确定视口的大小,并且可以将其定位于布局空间的任意位置,因此布局空间视口通常被称为浮动视口。

创建浮动视口的方法如下:

(1)在“视图”菜单中选择“视口”→“新建视口”项,屏幕弹出“视口”对话框,在“标准视口”列表框中选择“两个:垂直”,创建的浮动视口就会显示。

(2)利用夹点编辑创建浮动视口,即在浮动视口外双击鼠标左键,选择浮动视口的边界,在右上角的夹点上拖动鼠标,将该浮动视口缩小,再连续按两次回车键,在命令行中选择“复制”选项,对该浮动视口进行复制,并将其移动至合适位置。

注意:要对浮动视口内的图形对象进行编辑修改,只能在模型空间中进行,而不能在布局空间中进行。

任务3　图形输出

任务目标:掌握打印输出的方法与步骤,以及相关设置。

任务解析:熟练打印绘图文件,能够输出不同文件类型、进行相关页面设置及打印设置。

6.3.1　文件类型

AutoCAD 提供多种文件输出类型,可在“输出数据”对话框中的“文件类型”下拉菜单中选择,如图 6-20 所示。

图 6-20　“输出数据”对话框

AutoCAD 2012 新增了直接输出 PDF 文件的功能,在功能区的“输出”选项,选择“输出 DWF/PDF”,单击“输出 PDF”按钮,选择“另存为 PDF”对话框,设置文件名,单击“保存”按钮即可。

6.3.2　页面设置

创建新页面设置,步骤如下:

(1)在“文件” 菜单中选择“页面设置管理器”,屏幕弹出“页面设置管理器”对话框,如图 6-21 所示,或在命令行中输入 PAGESETUP,单击回车键即可。

(2)单击 新建(N)... 按钮,弹出“新建页面设置”对话框,如图 6-22 所示。

(3)输入“新页面设置名”,点击 确定(O) 按钮,弹出“页面设置—模型”对话框,如图 6-23所示。

在该对话框中,可以设置“打印机/绘图仪”“图纸尺寸”“打印区域”“打印偏移”“打印比例”“打印选项”“图形方向”“打印样式表”“着色视口选项”等选项。

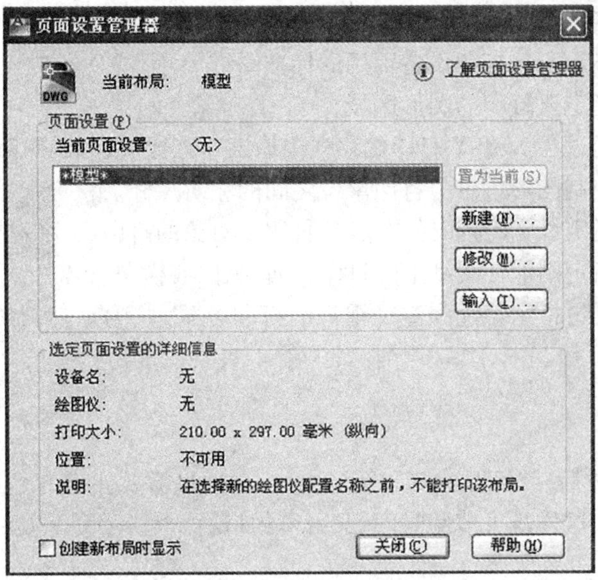

图6-21 “页面设置管理器”对话框

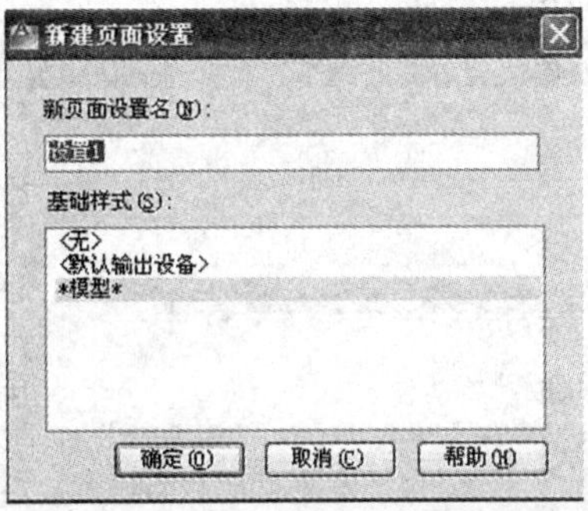

图6-22 “新建页面设置”对话框

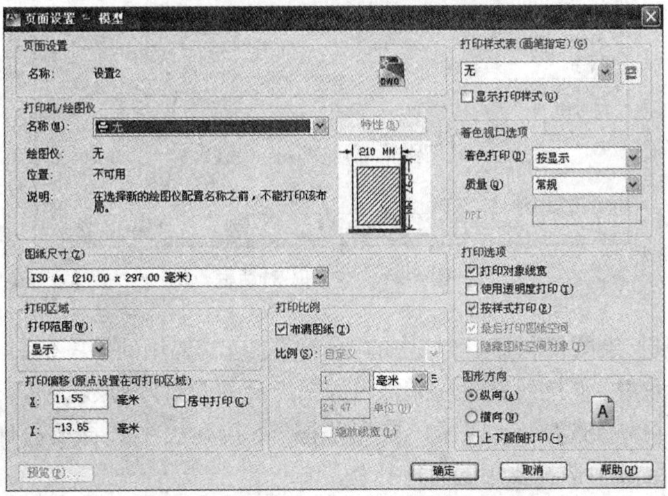

图6-23 “页面设置—模型”对话框

下面简要介绍部分选项的含义:

“图纸尺寸”:显示所选打印设备可用的标准图纸尺寸。

“打印区域”:指定要打印的图形区域。

“打印偏移”:通过在 X 和 Y 打印偏移框中输入适当数值,可以偏移图纸上的图形。

“打印比例”:控制图形单位与打印单位之间的相对尺寸。

“打印选项”:指定线宽、打印样式、着色打印和对象的打印次序等选项。

“图形方向”:指定图形在图纸上的打印方向,纵向或横向。

“着色视口选项”:指定着色和渲染视口的打印方式,并确定它们的分辨率大小和每英寸点数。

6.3.3 打印设置

当打印设置完成后,就可开始打印图形文件,在这里需要注意的是最好先进行“打印预览”,再完成“打印”,这样既可节约时间,又可节约材料。

打印步骤如下:

(1)在“文件” 菜单中选择“打印”,屏幕弹出“打印”对话框,如图 6-24 所示,或在命令行中输入 PLOT,单击回车键即可。

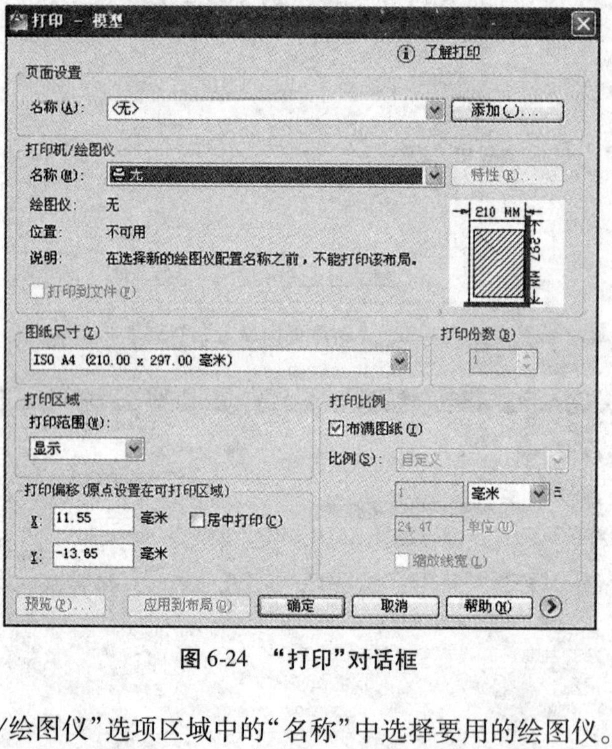

图 6-24 “打印”对话框

(2)在“打印机/绘图仪”选项区域中的“名称”中选择要用的绘图仪。

(3)在“图纸尺寸”下拉列表中选择要用的图纸尺寸及打印份数。

(4)在“打印区域”选项区域中的“打印范围”下拉列表中选择要打印的图形区域,在“打印比例”选项区域中选择要用的打印比例。

(5)单击按钮,显示更多选项,如图 6-25 所示。

(6)在该对话框中,在“打印样式表” 下拉列表框中选择要用的打印样式表,选择适当

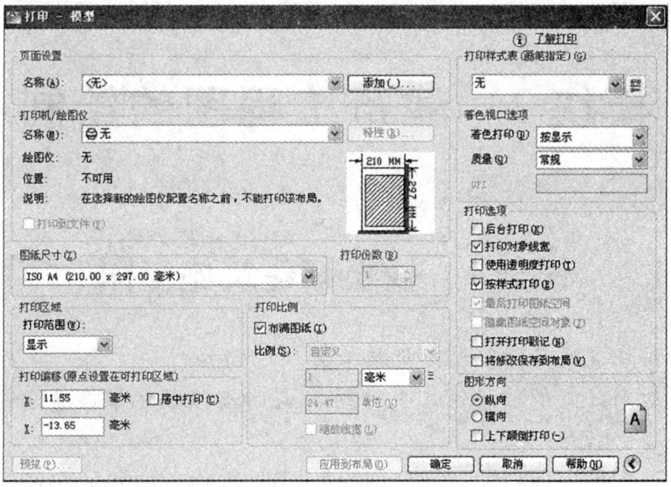

图 6-25 “打印—更多选项”对话框

的“图形方向”“打印选项”。

(7)设置完成,单击[应用到布局(O)]按钮、[预览(P)...]按钮,预览打印图形。如需修改,继续调整打印设置,然后再次进行打印预览。最后单击[确定]按钮,完成打印。

项目练习

1. 利用所学输出打印中的相关内容,按照合理比例,打印模块 5 项目练习中的平面图、剖面图。

模块 7　建筑工程图的绘制

任务 1　抄绘某建筑施工图

任务目标：能够快速准确地绘制建筑施工图。

任务解析：通过对给定的建筑施工图的抄绘，设计者应熟练掌握建筑施工图的绘制。

建筑施工图是表达建筑总体布局、房屋的外部造型、内部空间的布置、固定设施、内外装饰、细部构造及施工要求的工程图样。它是依据国家有关建筑制图标准及建筑行业的习惯表达方法绘制的，是指导施工的主要技术文件之一。建筑施工图一般包括建筑总平面图、建筑平面图、建筑立面图、建筑剖面图、建筑详图等。

7.1.1　建筑平面图

建筑平面图的绘制步骤如下：

(1)设置绘图环境，包括图层、线型、颜色等。

(2)绘制轴线网。

①将“轴线”图层置为当前图层，使用“直线”命令，生成最左端的第一条横向轴线 1。

②使用“偏移”命令，并根据轴线间距指定偏移距离，生成横向轴线 2 ~ 5。

③用同样的方法生成纵向轴线 A ~ E。

④根据平面图的需要，修剪轴线网。

(3)绘制墙线、柱子。

①将“墙线”图层置为当前图层，启用“多线”命令，将“对正”选项选择为“无”，“比例”选项设置为“240”，捕捉点画线的端点绘制出墙线。阳台采用两条细实线进行绘制。

②根据柱子的具体位置，绘制出柱子，并进行填充。

③绘制出来的墙线在接头处不符合要求，使用“多线编辑”命令对其进行修改。

(4)绘制门窗。

①将“窗线”图层置为当前图层，创建“窗”的图块，并进行插入。

②将“门线”图层置为当前图层，创建“门”的图块，并进行插入，即完成门窗的绘制。

(5)绘制楼梯。

将“楼梯”图层设置为当前图层，用偏移和阵列的方式绘制出楼梯的梯井和各个踏步线，并采用“修剪”命令将位于梯井内的楼梯踏步线剪切掉。

(6)采用“直线”命令绘制剖切线，采用“多段线”命令绘制上下行箭头，并进行尺寸标注及文字注写。

①尺寸标注。采用“标注”命令对建筑的三条尺寸线进行标注，并进行轴号标注。

②文字书写。对各房间、门窗进行编号，并在图纸正下方注写图名、比例。

③在正平台上注写文字。

建筑平面图见图 7-1 ~ 图 7-3。

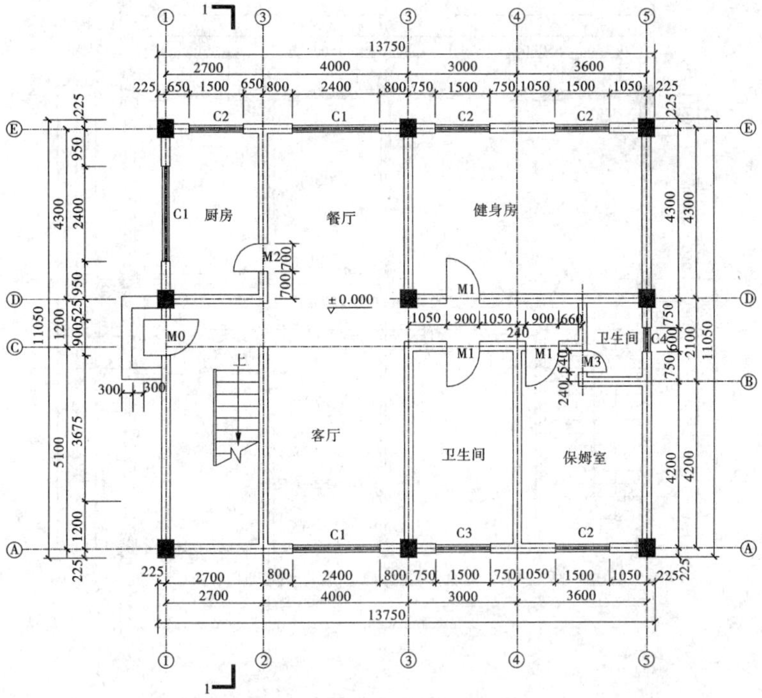

图 7-1　底层平面图(1∶50)

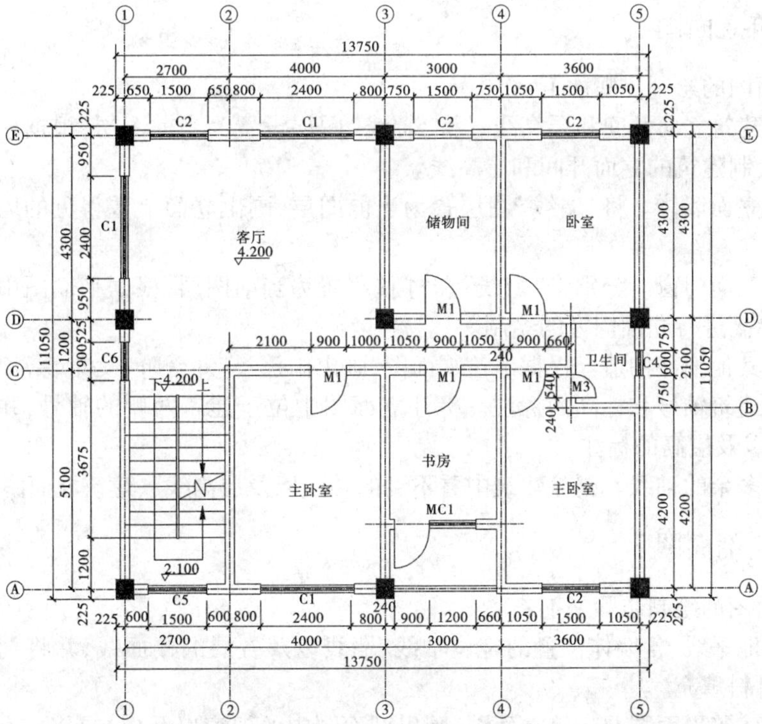

图 7-2　二层平面图(1∶50)

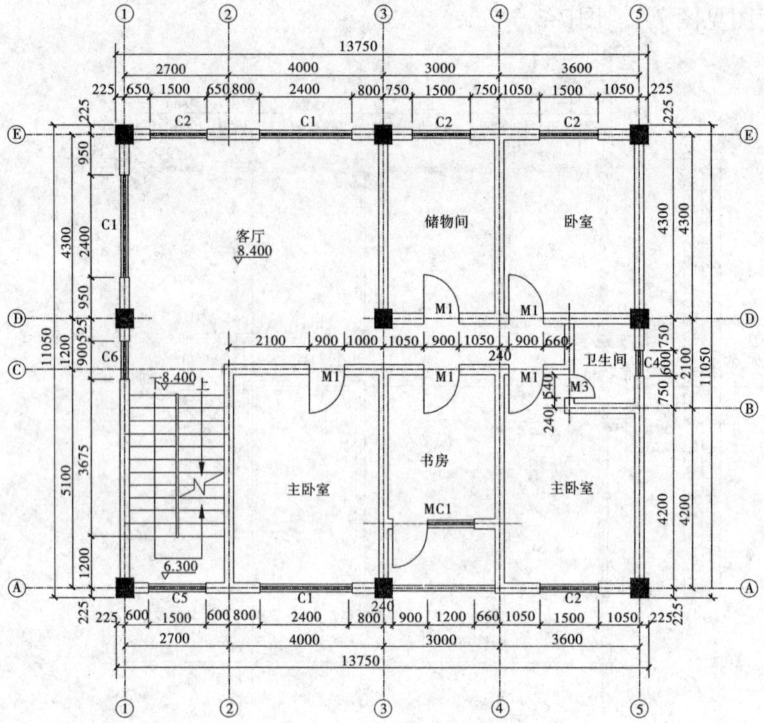

图 7-3　顶层平面图(1∶50)

7.1.2　建筑立面图

建筑立面图的绘制步骤如下：

(1)绘制建筑立面开间和层高线。将“轴线”图层设置为当前图层,根据建筑平面图和建筑的层高绘制建筑的立面开间和层高线。

(2)绘制立面墙体。将“墙线”图层置为当前图层,画出立面上看得见的墙线和室外地面线。

(3)绘制立面门窗。分别将“窗线”和“门线”置为当前图层,根据平面图中门窗的平面尺寸和窗底标高进行立面门窗的绘制。

(4)绘制其他细部构造。根据建筑平面图,画出雨篷、室外台阶、女儿墙等细部构造。

(5)进行建筑轴号和标高的标注。标注立面图中位于建筑两侧的轴号,并进行窗底标高、窗顶标高以及层高的标注。

(6)删除多余的轴线。删除建筑中看不到的轴线以及层高线。建筑立面图见图 7-4 。

7.1.3　建筑剖面图

建筑剖面图的绘制步骤如下：

(1)画出地平线、各墙体位置的定位轴线、墙线以及各层的楼面线,并将剖切到的墙体和楼板进行材料填充。

(2)根据建筑平面图及建筑立面图,画出剖面图中的门窗以及楼梯平台、女儿墙等可见轮廓线。

(3)绘制出梁的断面轮廓线并进行材料填充。

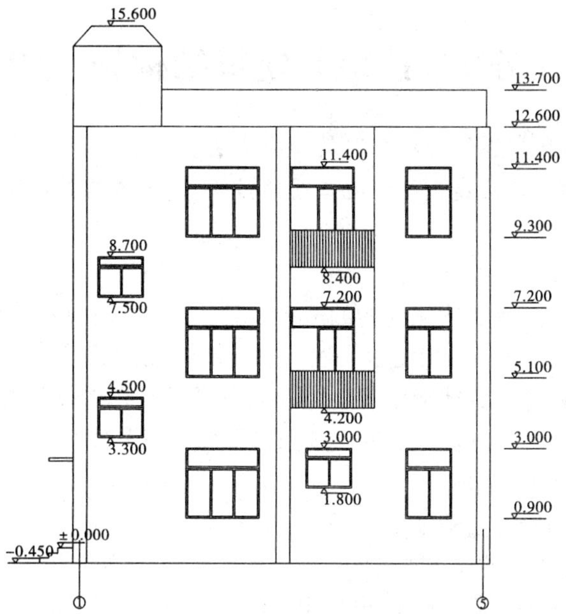

图 7-4　①～⑤立面图(1:50)

(4)根据楼梯的踏步宽、踏步高,绘制出楼梯的剖面图,并将剖切到的楼梯踏步进行材料填充。

(5)进行建筑剖面图的尺寸、标高及轴号、图名、比例的标注。

建筑剖面图见图 7-5。

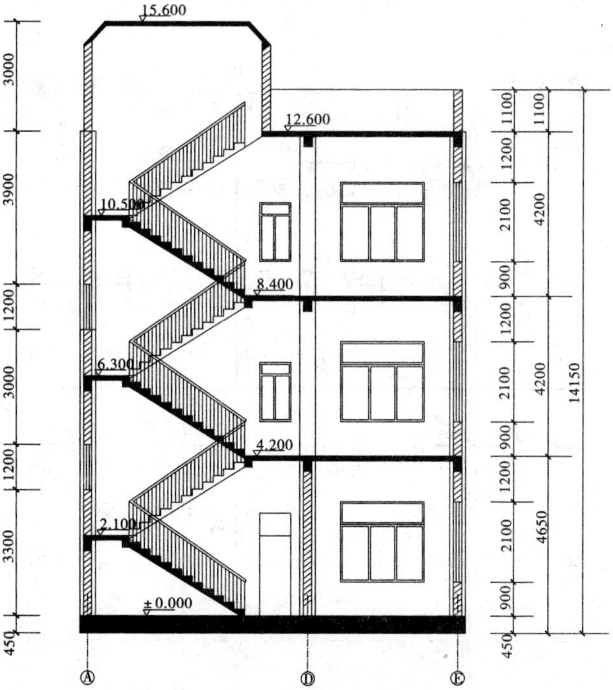

图 7-5　1—1 剖面图(1:50)

任务2　抄绘某建筑结构施工图

任务目标：能够熟练掌握结构施工图的绘制方法。

任务解析：通过对给定的建筑结构施工图的抄绘，设计者能够快速准确地绘制建筑结构施工图。

房屋建筑结构施工图除表达建筑物的造型设计内容外，还要对建筑物各部位的承重构件（如基础、梁、板、柱等）进行结构图示表达。根据结构设计成果绘制的施工图样称为结构施工图。它主要表达构件的具体形状、尺寸大小、所用材料和构件布置等内容。结构施工图主要包括结构设计总说明、基础平面图及基础详图、楼层结构平面图、屋顶结构平面图、承重构件（如梁、板、柱等）结构详图。

楼板结构施工图的绘制步骤如下：

（1）画出建筑各横向和纵向定位轴线。

（2）根据梁和柱子的布置位置，画出各个梁和柱子的平面剖切图。

（3）绘制楼板中的受力钢筋和构造筋。

（4）进行钢筋型号及各钢筋搁置位置和搁置长度的标注。

（5）对楼板结构布置进行轴号和建筑尺寸、图名、比例的标注。

楼板结构施工图见图7-6 。

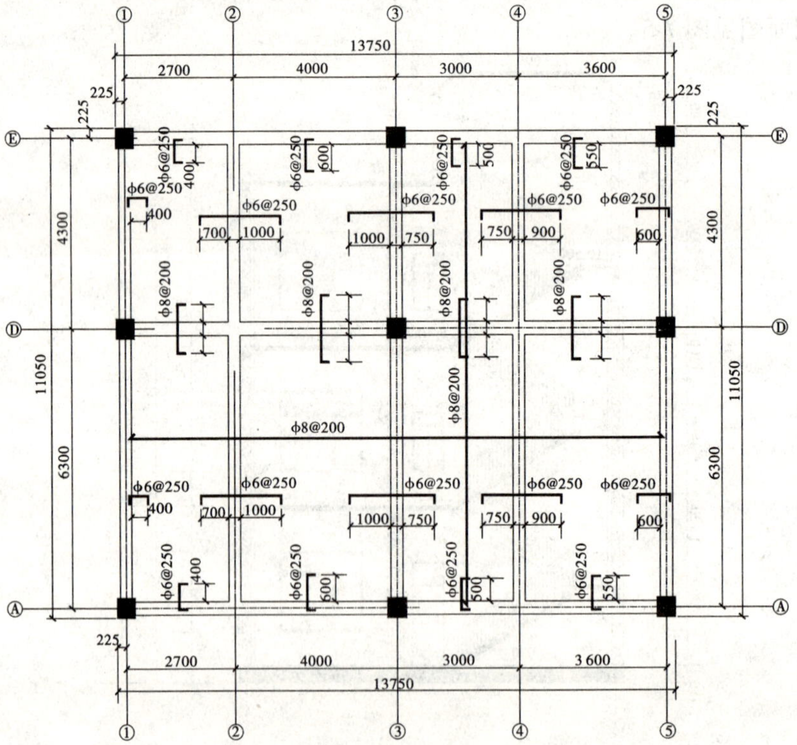

图7-6　楼板结构施工图（1:50）

任务3　某建筑施工图输出与打印

任务目标：掌握建筑施工图纸的输出与打印。

任务解析：具体介绍输出打印图形的各种操作及作用，设计者能够顺利地进行输出打印。

建筑图形的输出与打印是整个设计过程的最后一步，即将设计的成果展示在图纸上。

绘制好图纸后进行图纸输出与打印的步骤如下：

(1)选择“输出”→“打印”命令，弹出如图7-7所示的“打印—模型”对话框，单击对话框右下角的“⊙”按钮，则展开“打印—模型”对话框，如图7-8所示。

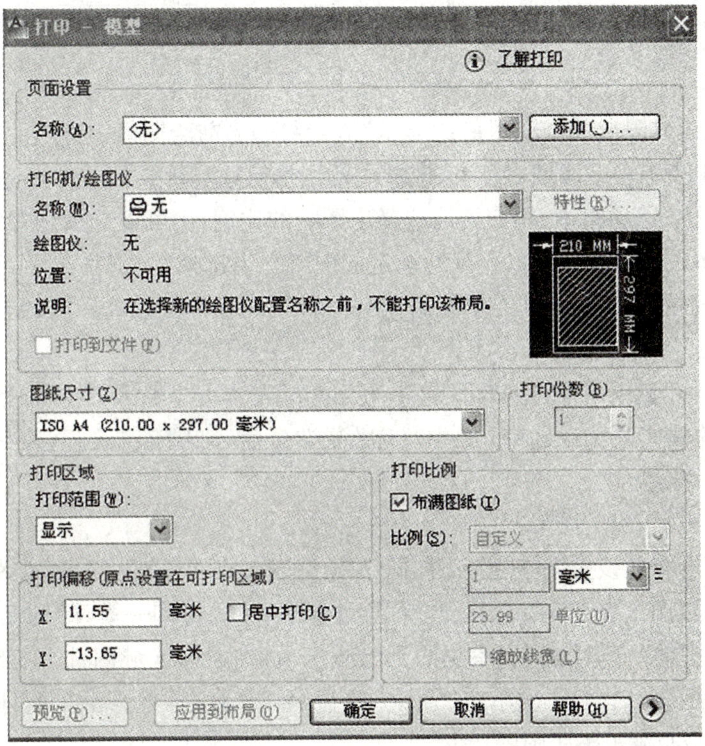

图7-7　“打印—模型”对话框

“打印—模型”对话框展开后的主要参数含义如下：

在“页面设置”选项组中的“名称”下拉列表框中可以选择所要应用的页面设置名称，也可以单击“添加”按钮添加其他的页面设置，如果没有页面设置，可以选择“无”选项。

在“打印机/绘图仪”选项组的“名称”下拉列表框中可以选择要使用的打印机。选择“打印到文件”复选框，则图形输出到文件后再打印，而不是直接从绘图仪或打印机打印。

在“图纸尺寸”选项组的下拉列表框中可以选择合适的图纸幅面，并可以在右上角预览图纸幅面的大小。

在“打印区域”选项组中可以设定图形的打印区域，下拉列表中有三个选项。“图形界

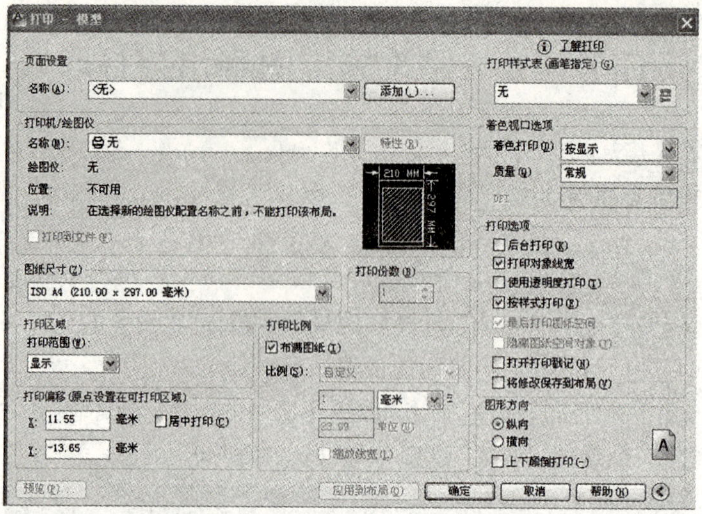

图 7-8　展开的“打印—模型”对话框

限”表示打印图形界限内的全部图形；“显示”表示打印当前绘图区中显示的对象；“窗口”则表示在绘图区中指定一个区域，打印该区域内的图形对象。

在“打印比例”选项组中，用户可以选择出图时的比例，也可以选择“布满图纸”复选框，系统在打印时将自动缩放图形以充满所选定的图纸。当选择“布满图纸”复选框后，其他选项显示为灰色，不能更改；取消“布满图纸”复选框后，用户也可以选择“自定义”选项对比例进行设置。

在“打印偏移”选项组中，用户可以在“X”和“Y”文本框中输入数据，以指定相对于可打印区域左下角的偏移量。当选中“居中打印”复选框后，则图形以居中对齐方式打印到图纸上。

“图形方向”用于确定图形在图纸上的输出方向。

(2)以上所有参数设置完毕之后，单击“预览”按钮，即可看到打印预览效果。

(3)如果预览图没有充满整张图纸，单击回车键返回“打印—模型”对话框，选择“打印区域”下拉列表中的“窗口”选项，系统回到绘图区域，在绘图区域内选取打印的图形范围，回到“打印—模型”对话框，再次单击“预览”按钮，显示重生成图形后的打印预览效果。此时，所绘图形已经布满了整张图纸。

(4)单击回车键，返回“打印—模型”对话框，再根据实际需要设置好其他参数之后，单击“确定”按钮即可打印输出图形。

如果输出的图形是有标题栏和图框要求的，则可以在绘图区域中画出图框和标题栏，然后用上述方法输出。

项目练习

1. 根据所学知识，抄绘图 7-9 所示的平面图、立面图、剖面图。

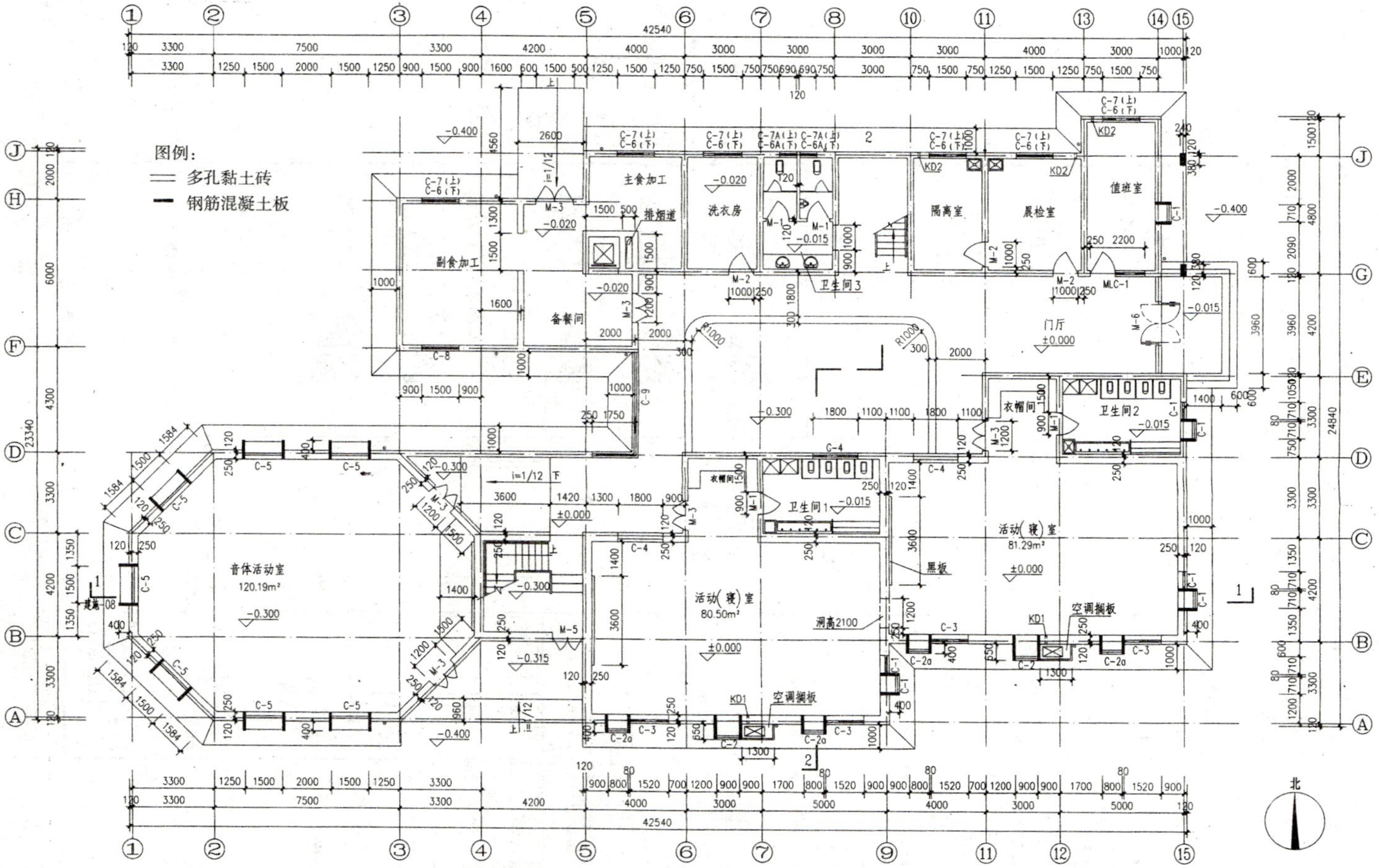

附注：1. 除注明外，所有墙体均为 240，所有门垛均为 130。
2. 空调留洞 KD1、KD2，φ80 均为 KD1 离墙轴线 300，距地 350；KD2 离墙轴线 300，距地 200。
3. 未标注门洞高均为到结构梁底。

一层平面图 1:100

本层建筑面积：732.6m²

图 7-9 某幼儿园建筑施工图

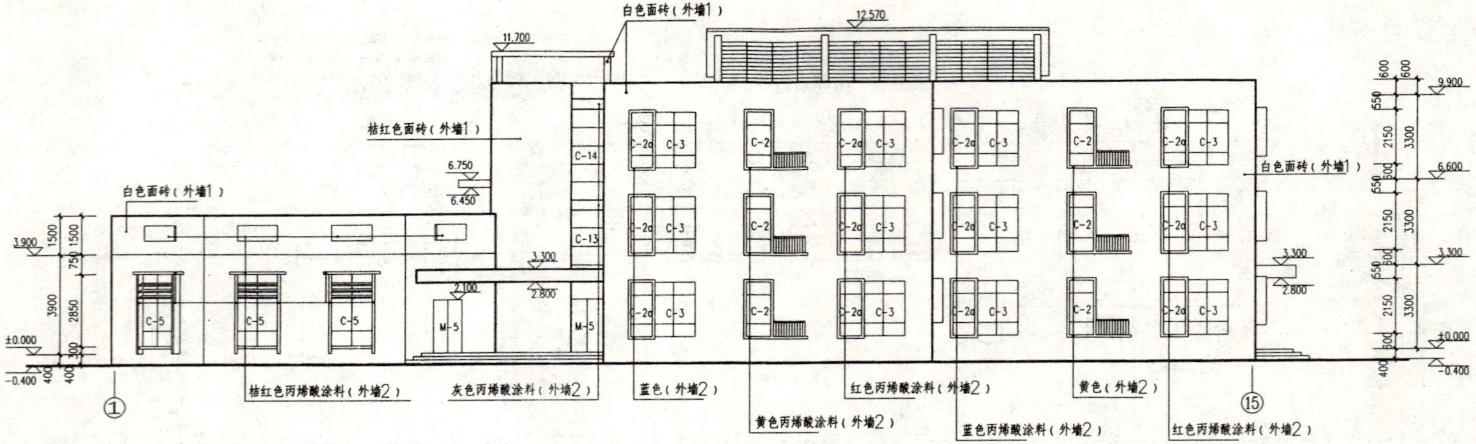

①-⑮立面图 1:100

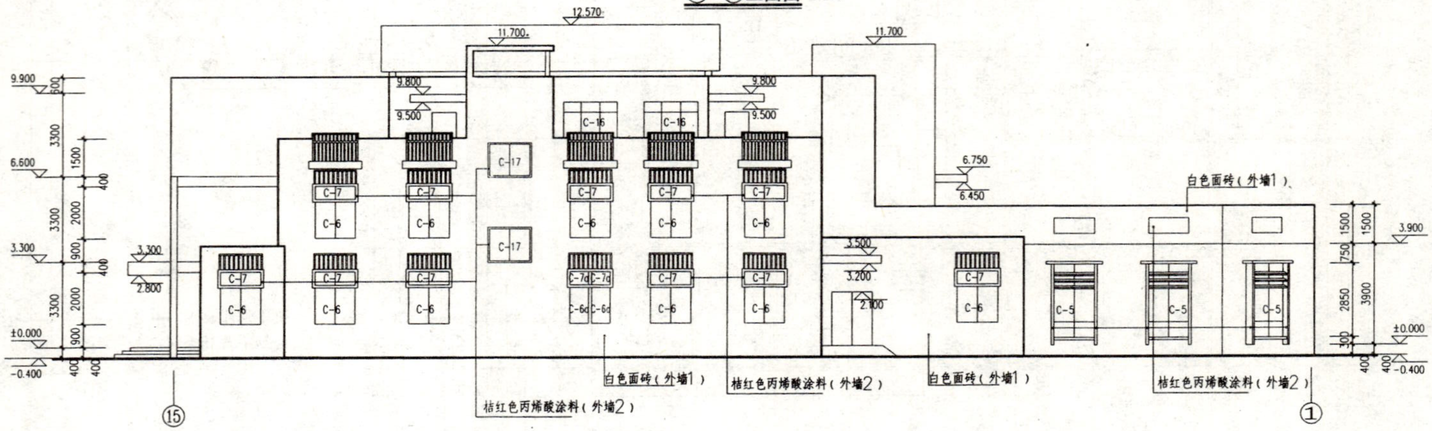

⑮-①立面图 1:100

续图 7-9

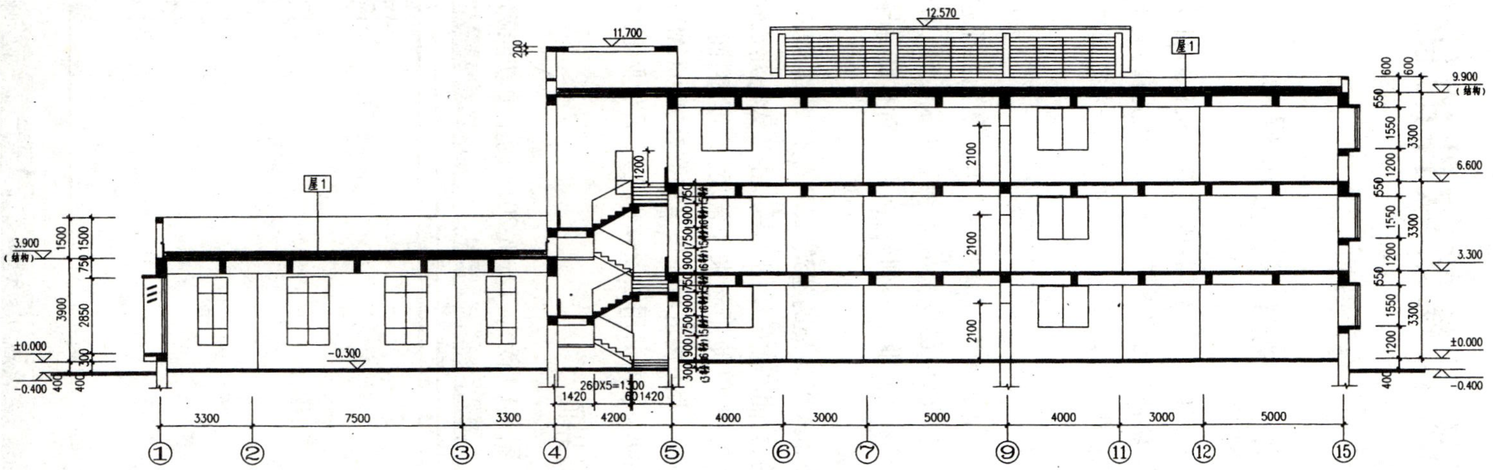

1-1剖面图 1:100

续图 7-9

模块 8　天正建筑软件的使用

任务 1　软件特色介绍

任务目标:了解天正建筑软件的作用,简单掌握天正建筑软件的用法。

任务解析:具体介绍天正建筑软件的图形界面与建筑设计流程、天正建筑软件的主要功能、TArch 2013 的软件设置、工程管理工具的使用方法,使读者对天正建筑软件的基本功能与特色有一个全面的了解。

天正建筑软件 TArch 是国内最早在 AutoCAD 平台上开发的商品化建筑 CAD 软件之一,目前已具相当规模。今天的天正建筑软件已发展成为涵盖建筑设计、装修设计、暖通空调、给水排水、建筑电气与建筑结构等多项专业的系列软件,并针对日新月异的房产开发商提供房产面积计算软件等。

天正建筑软件首先提出了分布式工具集的建筑 CAD 软件思路,彻底摒弃流程式的工作方式,为用户提供了一系列独立的、智能高效的绘图工具。由于天正建筑软件采用了由较小的专业绘图工具命令所组成的工具集,所以使用起来非常灵活、可靠,而且在软件运行中不对 AutoCAD 命令的使用功能加以限制。天正建筑软件只是去弥补 AutoCAD 软件不足的部分,天正建筑软件的主要作用就是使 AutoCAD 由通用绘图软件变成了专业化的建筑 CAD 软件。

8.1.1　天正建筑软件的图形界面

天正建筑软件的图形界面如图 8-1 所示。TArch 2013 的主要功能都列在“折叠式”三级

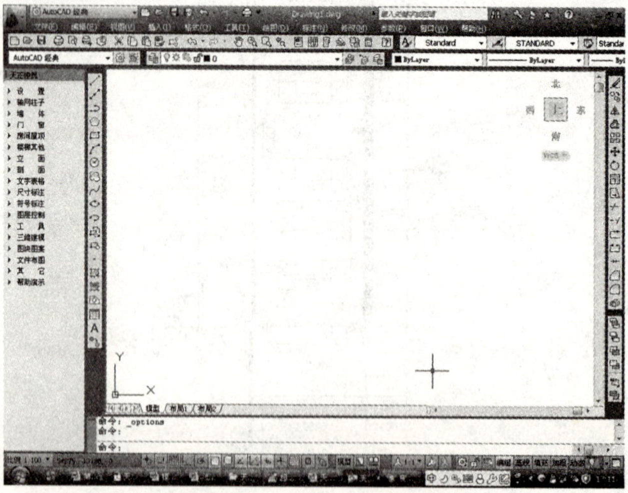

图 8-1　TArch 2013 图形界面

结构的屏幕菜单上，单击上一级菜单可以展开下一级菜单，同级菜单相互关联，展开另一个同级菜单时，原来展开的菜单自动合拢。二级菜单到三级菜单是天正建筑软件的可执行命令或者开关项，当光标移到菜单上时，AutoCAD 的状态行会出现该菜单功能的简短提示。有些菜单项无法完全在屏幕上可见，为此可用鼠标滚轮上下滚动菜单，快速选取当前不可见的项目。另外，也可以在上一级菜单上单击鼠标右键展开下一级菜单。

8.1.2 天正建筑软件设计流程

天正建筑软件设计遵循建筑设计规律，是一个智能化过程，具体如图 8-2 所示。

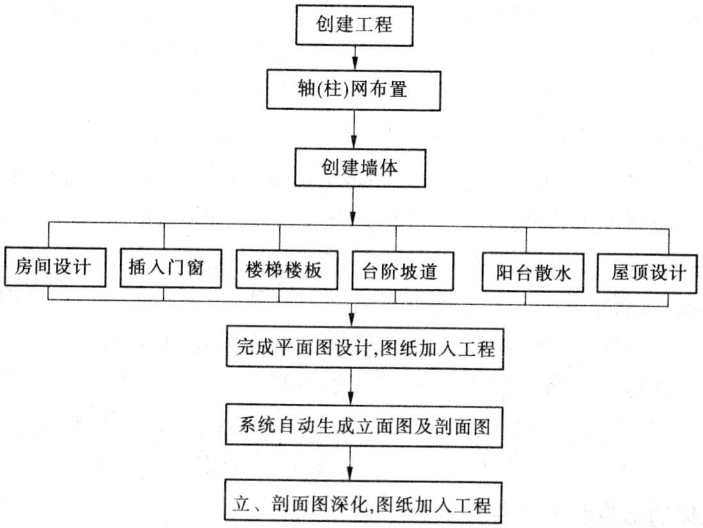

图 8-2　天正建筑软件设计流程

8.1.3 天正建筑软件的主要功能

8.1.3.1 绘制平面图

平面图设计从轴线开始，墙线是根本。绘制直线轴网和弧线轴网，再配合轴线的添加、移动、修剪等修改编辑工具，保证设计者可以完成任意轴网布置；沿轴线绘制各类墙体、插入或替换柱子、插入或替换门窗等。天正建筑软件不再使用平行的两根线(Line)表示墙，而是预先建立了各种材质的墙体构件，它们具有完整的几何特征和物理特征，可以像 AutoCAD 的普通图形对象一样进行操作，可以用夹点随意拉伸、改变位置和几何形状。各种构件可按相关关系智能联动更改，方便地插入门窗、修改厚度等。

8.1.3.2 绘制立面图

设计者可以从平面图自动生成立面图，根据不同平面获得各层不同的立面图，标准层可填写其对应层数后由同一平面图生成，但是往往生成的立面图不能满足其设计深度，可以再用立面图绘图工具加以补充和丰富。

8.1.3.3 绘制剖面图

剖面图与立面图生成过程很相似，根据在首层平面图剖切符号的位置可以自动剖切生成剖面图，也可以使用绘图工具进行补充和编辑。但剖面图有剖切实体和可见物体之分，软件已经考虑了这些问题，用户可以选择要还是不要可见部分。至于楼梯、屋顶、门窗都可以选用相应的命令轻松获得。

8.1.3.4　**绘制详图**

在房间中轻松绘制厨房和卫生间设施。依靠图库中提供的自建的各种洁具、设施图块，用人机对话的方式，给定参数后自动生成布置图；通过插入进行厨房和卫生间的布置。

8.1.3.5　**绘制三维模型**

天正建筑软件的目标定位于建筑施工图，在功能大大增强的前提下，兼顾三维快速建模，模型是与平面图同步完成的，不再需要建筑师的额外劳动。在绘制平面图时，三维模型可自动形成，然后利用门窗、墙体、楼梯、屋顶、3D 编辑和建模工具进行完善。建好的模型可以在同样以 AutoCAD 为平台的 AccuRENDER 中或导入 3DMAX 中进行渲染。

8.1.3.6　**标注尺寸**

天正建筑软件专门针对建筑行业图纸的尺寸标注开发了自定义尺寸标注对象，轴号、尺寸标注、符号标注、文字等都使用对建筑绘图最方便的自定义对象进行操作，取代了传统的尺寸、文字对象。按照国家建筑制图规范的标注要求，天正建筑软件对 AutoCAD 的通用尺寸标注进行了大胆的简化与优化，专用夹点提供了前所未有的灵活修改手段。自定义尺寸标注对象专门为建筑行业设计，在方便使用的同时又简化了标注对象的结构，也大大减少了命令的数目。在专业符号的标注中，传统建筑软件的符号标注只能使用文字和线段拼凑而成，而天正建筑软件按照规范中制图图例所需要的符号创建了自定义的符号对象，各自带有专业夹点，内含比例信息，自动符合出图要求。需要编辑时，拖动夹点的行为完全符合设计规范的规定。自定义符号对象的引入完善地解决了 CAD 符号标注规范化、专业化的问题。

8.1.3.7　**智能化的标高和符号标注**

标高标注和地平标注只需用鼠标一点即可，其值以图中所选点的实际值为默认值，用户也可以进行更改。符号标注中包括索引号、剖切号、图名、指北针、箭头、对称轴、引注和做法标注等，这些绘图工具都符合国家的有关规范和建筑师的习惯。

8.1.3.8　**图库系统**

实用的建筑专业图库。天正图库分为系统图库和用户图库两部分，系统图库是天正建筑软件提供给用户的常用图库。自建和收集图库是设计者重要的资料积累，因此天正建筑软件允许建立用户图库，可单图或多图入库并自动建立幻灯片。软件升级时，只需将用户图库拷贝到新版本的安装位置即可继续使用。

8.1.3.9　**全新设计文字表格功能**

长期以来，使用 AutoCAD 完成的图纸，在尺寸与文字说明里，普遍存在中文与数字或符号大小不一、排列参差不齐的问题。天正建筑软件为解决上述问题，新开发了自定义文字对象，可方便地书写和修改中西文混合文字，可使组成天正文字样式的中西文字体有各自的宽高比例，方便地输入和变换文字的上下标、输入特殊字符。特别是天正建筑软件对 AutoCAD 所使用 SHX 形文件与 Truetype 字体存在实际字高不等的问题进行了自动判断修正，使中西文字混合标注符合国家制图标准。文字菜单中“字型参数”用于指定全部中英文字体的参数，用户可以在两种字体之间任选其一：矢量字体和系统“.ttf”字体，默认汉字为十分节省资源的 HZTXT 矢量字，用户可以直接引入在其他文档编辑软件中生成的“.txt”文件，如设计说明等。文字的编辑命令也很丰富，如横排、竖排、曲排、字变、上下标、统一字高、单词旋转、GB—

BIG5 字体互转等。

此外,天正文字还可以对背景进行屏蔽,获得清晰的图面效果。天正的表格命令使用的是先进的表格对象,其人机交互界面也使用了类似于 Excel 的电子表格编辑对话框界面。

天正的表格对象具有层次结构,用户可以完整地把握如何控制表格的外观,制作出个性化的表格。表格对象除独立绘制外,还可在门窗表等处应用。更值得一提的是,天正表格还实现了与 Excel 的数据交换,即天正的表格可以输出到 Excel,Excel 的表格也可以输入到天正表格,为工程制表提供了像办公制表一样的方便性。

8.3.1.10 布图出图灵活、方便、直观

天正建筑软件很好地解决了在同一张图纸上绘制不同比例图的问题。依靠出图比例定制每个图形的出图比例,然后在两种布图方式中选择其一:布图和图块布图。前者更加灵活。“插入图框”对话框可以定义出任意尺寸的图纸,图签、会签可以按需要重新指定修改。利用天正的“出图”命令输出图纸,轴线在打印时将自动变成点画线,各种线段的输出宽度由用户自定义。

8.1.4 TArch 2013 的软件设置

TArch 为用户提供了初始设置功能,单击屏幕菜单“设置”→“自定义”,弹出如图 8-3 所示的对话框。

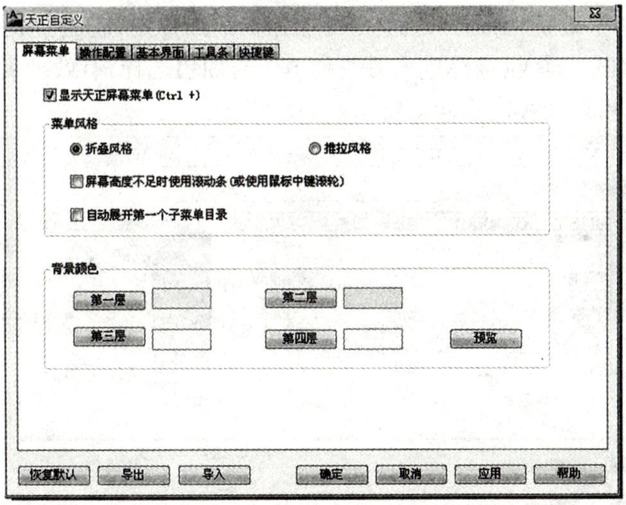

图 8-3 “天正自定义”对话框

“自定义”命令是专为修改与用户操作界面有关的参数设置而设计的,包括屏幕菜单、操作配置、基本界面、工具条、快捷键。

单击屏幕菜单“设置”,单击“天正选项”,弹出如图 8-4 所示的对话框。

“天正选项”命令是专为修改与工程设计作图有关的参数而设计的,如绘图的基本参数、墙体的加粗、填充图案等的设置。“高级选项”作为“天正选项”命令的一个页面,其中列出的是长期有效的参数,不仅对当前图形有效,对机器重启后的操作也会起作用。

8.1.4.1 基本设定

“基本设定”用于设置软件的基本参数和命令默认执行效果,用户可以根据工程的实际

要求对其中的内容进行设定,如图 8-4 所示。

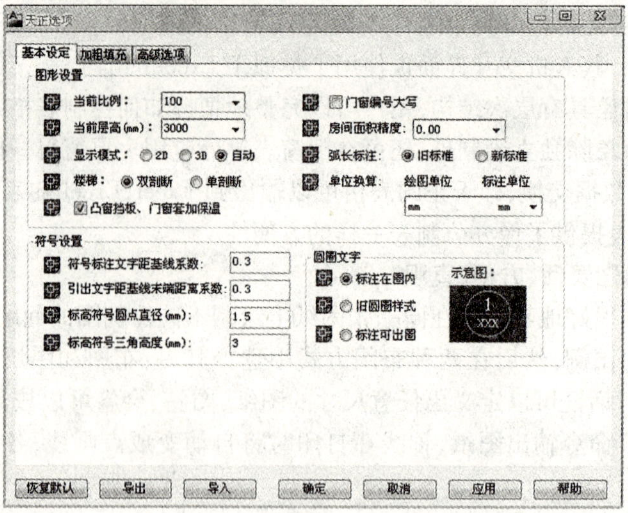

图 8-4　天正选项(基本设定)

8.1.4.2　加粗填充

“加粗填充”(见图 8-5)专用于墙体与柱子的填充,提供各种填充图案和加粗线宽,并有“标准”和“详图”两个级别,由用户通过“当前比例”给出界定,若当前比例大于设置的比例界限,就会从一种填充与加粗选择进入另一种填充与加粗选择,有效地满足了施工图中不同图纸类型填充与加粗详细程度不同的要求。

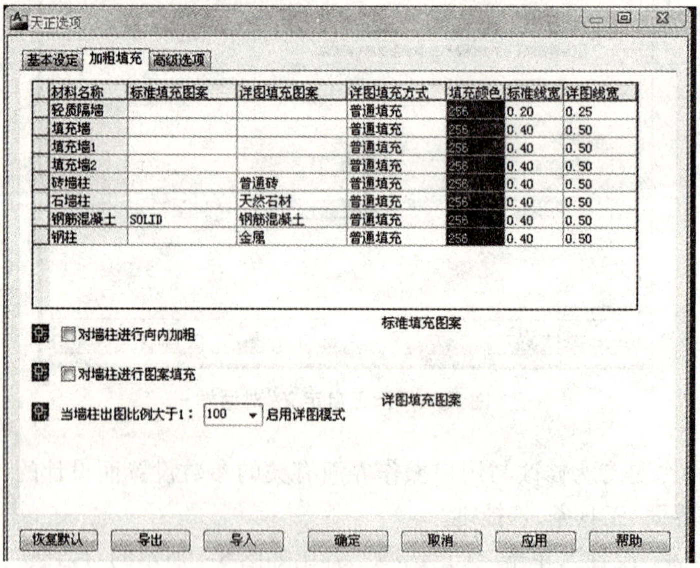

图 8-5　天正选项(加粗填充)

8.1.4.3　高级选项

“高级选项”设置菜单中的新命令,设计者可以通过电子表格对 TArch 2013 的系统参数进行自由设置,在 ATrch 7.5 版本之后提供系统参数配备功能,使软件可以更加灵活地满足设计者个性化的要求，如图 8-6 所示。

8.1.5 工程管理工具的使用方法

工程管理工具是管理同属于一个工程下的图纸（图形文件）的工具，命令在文件布图菜单下，启动命令后出现一个界面，如图 8-7 所示。在 AutoCAD 2004 以上平台，此界面可以设置自动隐藏，随光标自动展开。单击界面上方的下拉列表，可以打开“工程管理” 菜单，其中有“打开工程”“新建工程”等命令，如图 8-7 所示。

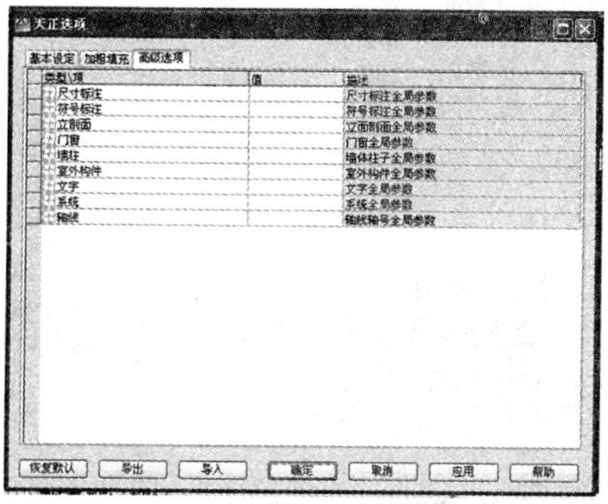

图 8-6　天正选项（高级选项）

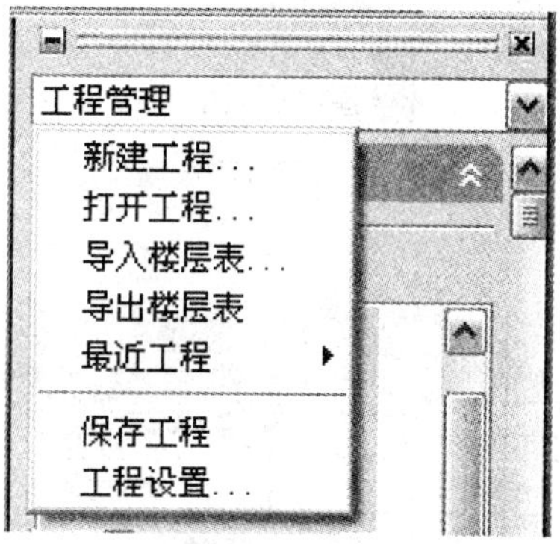

图 8-7　工程管理

“新建工程”命令，为当前图形建立一个新的工程，并为工程命名（见图 8-8）。在界面中分为图纸、楼层、属性栏，在图纸栏中预设有平面图、立面图等多种图形类别，首先介绍图纸栏的使用。

图纸栏是用于管理以图纸为单位的图形文件的，右击工程名称，出现右键菜单，在其中可以为工程添加图纸或子工程类别（见图 8-9）。

在工程任意类别右击，出现右键菜单，功能也是添加图纸或分类，只是添加在该类别下，也可以把已有图纸或分类移除（见图 8-10）。

单击“添加图纸”，出现文件对话框，在其中逐个加入属于该类别的图形文件，注意事先应该使同一个工程的图形文件放在同一个文件夹下。

楼层栏的功能是取代旧版本沿用多年的楼层表定义功能，在软件中以楼层栏中的图标命令控制属于同一工程中的各个标准层平面图，允许不同的标准层存放于一个图形文件下，通过图 8-11所示的第二个图标命令，在本图框选标准层范围。具体命令的使用详见“立面”“剖面”等命令。

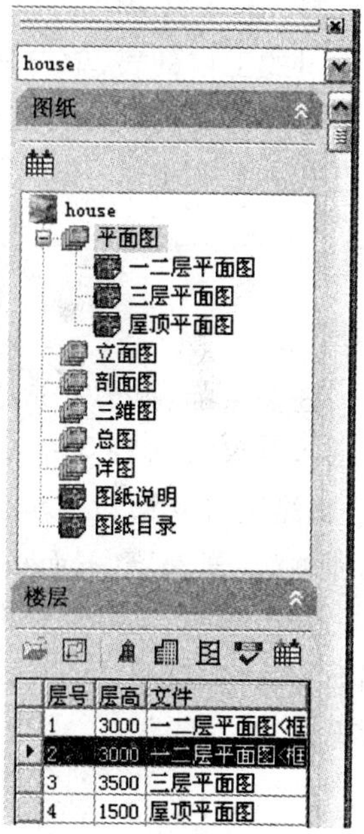

图 8-8　楼层表

在图 8-12 所示的电子表格中输入“起始层号 - 结束层号”，定义为一个标准层，并取得层高，双击左侧的按钮可以随时在本图上预览框选的标准层范围；对不在本图上的标准层，则单击空白文件名栏后的按钮，单击按钮后，在文件对话框中以普通文件选取方式点取图形文件。

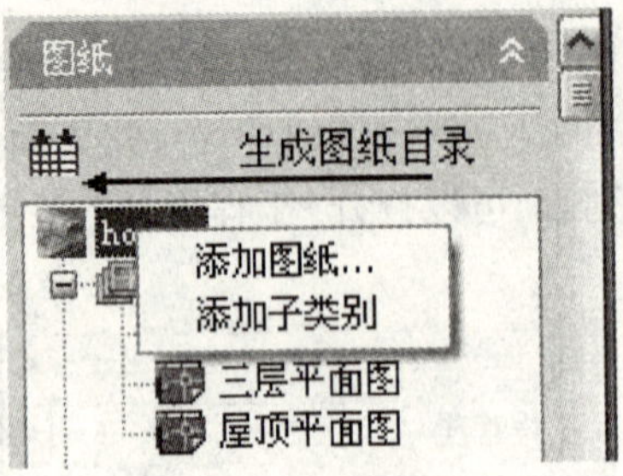

图 8-9 “图纸”选项卡

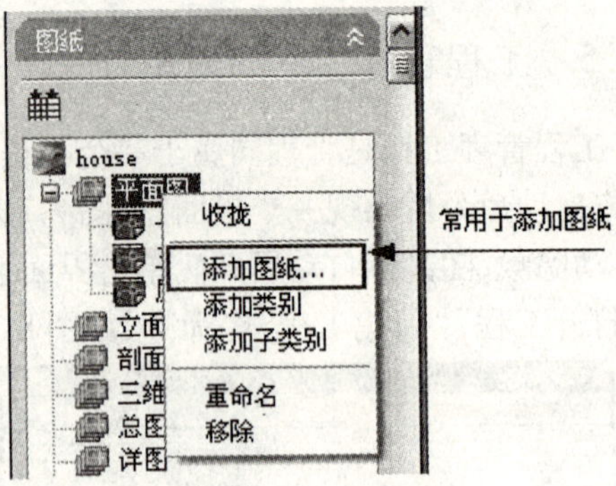

图 8-10 添加图纸

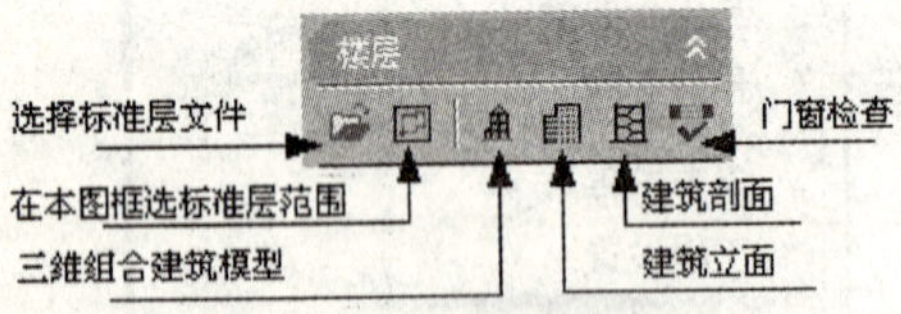

图 8-11 “楼层”选项卡

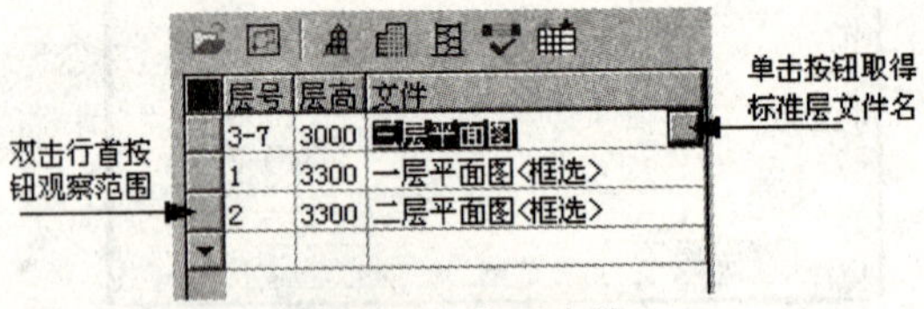

图 8-12 电子表格

打开已有工程的方法：单击“工程管理”菜单中“最近工程”右边的箭头，可以看到最近建立过的工程列表，单击其中工程名称即可打开。

打开已有图纸的方法：在“图纸”栏下列出了当前工程打开的图纸，双击图纸文件名即可打开。

任务2 平、立、剖面图绘制

任务目标：熟悉天正建筑软件平面图绘制命令，掌握轴网建立、墙体创建、门窗插入、楼梯插入及尺寸标注等命令的使用；熟悉天正建筑软件立面图绘制命令，掌握建筑立面的生成、快速进行立面的编辑方法；熟悉天正建筑软件剖面图绘制命令，掌握建筑剖面的生成及构件剖面、剖面墙、剖面楼板、剖断梁、剖面门窗的创建方法。

任务解析：具体介绍利用天正建筑软件绘制平面图，能在平面图的基础上生成立面图和剖面图，并能利用 AutoCAD 和天正建筑软件的基本知识对立面和剖面进行编辑使其达到设计深度。

8.2.1 绘制建筑平面图

利用天正建筑软件绘制如图 8-13 所示的单元式住宅平面图。

8.2.1.1 建立柱网

选择“轴网柱子”菜单→“绘制轴网”命令后，显示“绘制轴网”对话框，在该对话框右侧选择数据，输入开间间距、进深间距，如图 8-14 所示。如果数据表的数据不一致，可以点击右侧电子表格“轴间距”或“键入”栏中的数据进行修改。修改完成后单击“确定”按钮，在绘图区单击鼠标左键,生成的轴网见图 8-14。

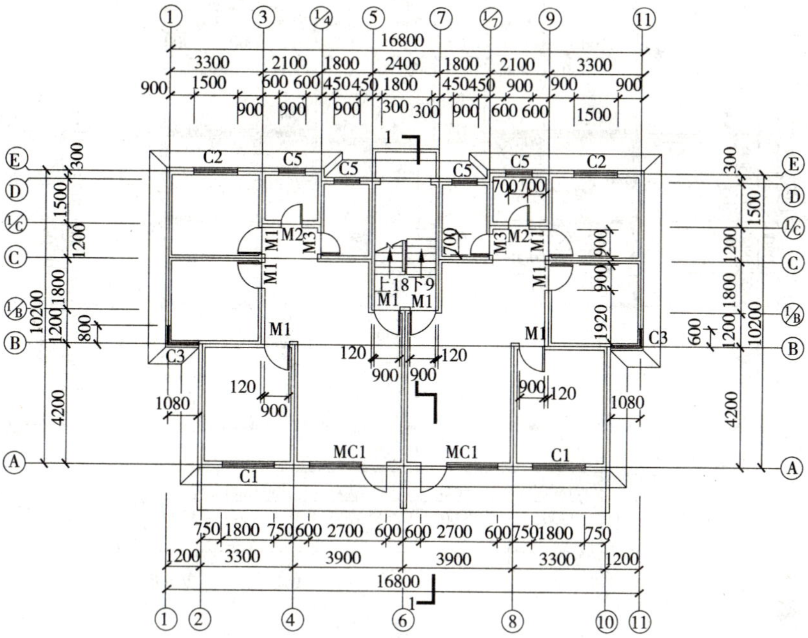

(a)底层平面图

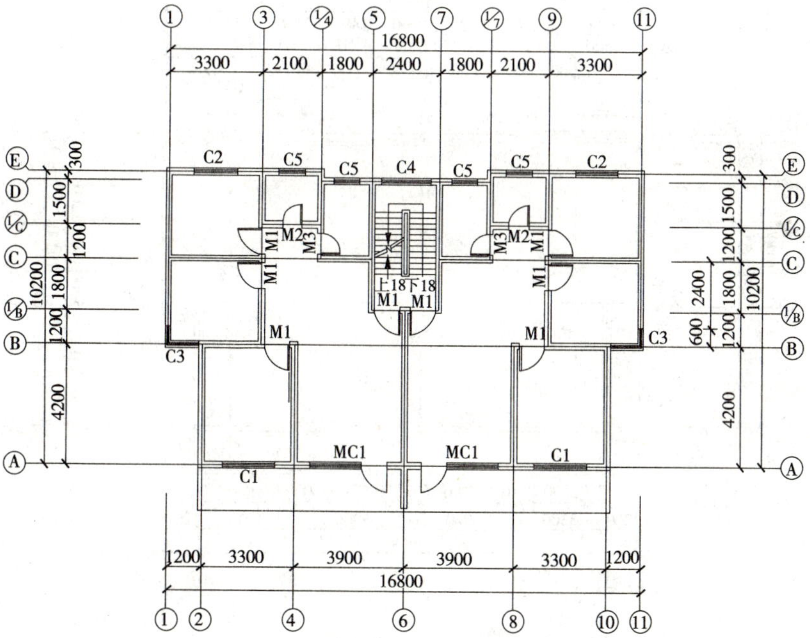

(b)标准层平面图

图 8-13　建筑平面图

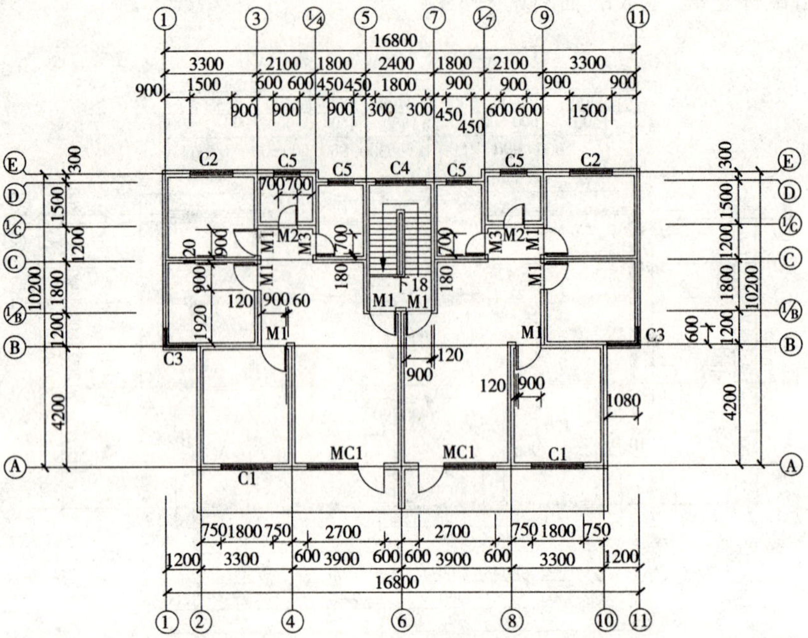

(c)顶层平面图

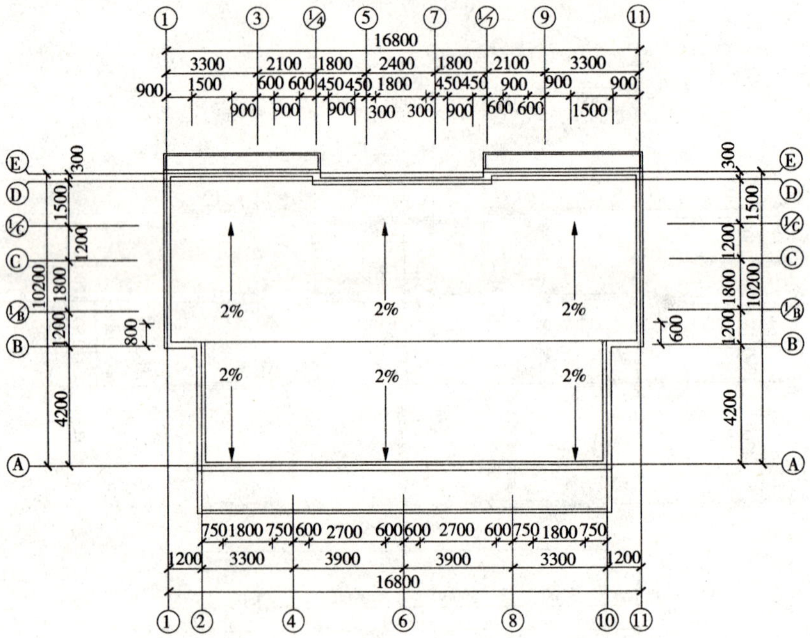

(d)屋顶平面图

续图 8-13

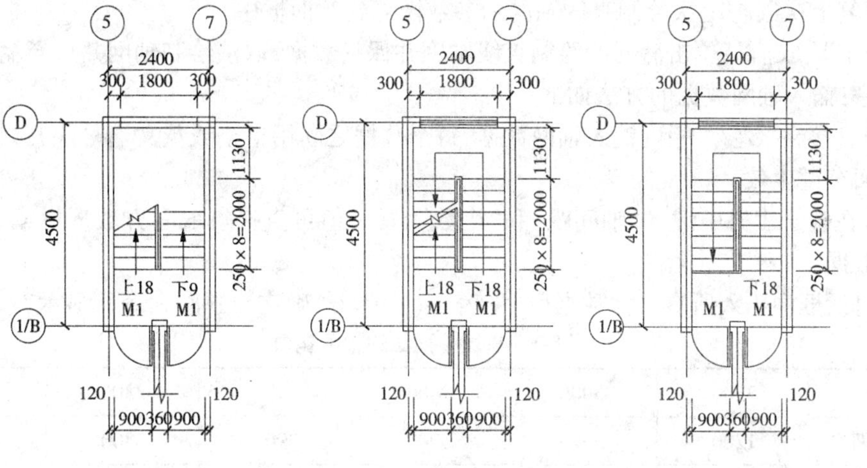

底层楼梯平面图 1∶50　　标准层楼梯平面图 1∶50　　顶层楼梯平面图 1∶50

(e)楼梯平面图

续图 8-13

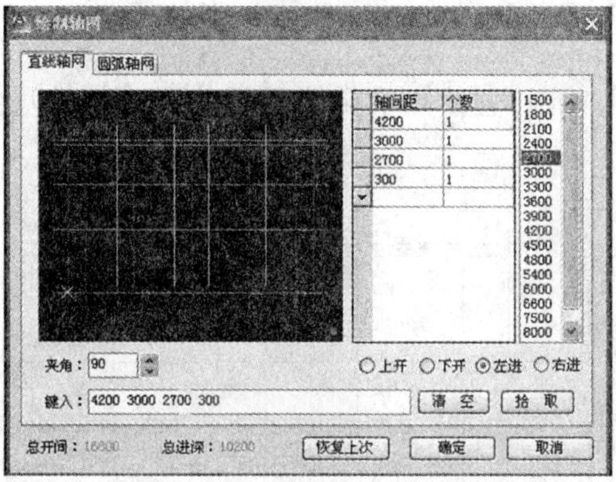

图 8-14　“绘制轴网”对话框

注意：只输入主要轴线，附加轴线暂不输入。

参数说明如下：

“上开”：在轴网上方进行轴网标注的房间开间尺寸。

“下开”：在轴网下方进行轴网标注的房间开间尺寸。

“左进”：在轴网左侧进行轴网标注的房间进深尺寸。

“右进”：在轴网右侧进行轴网标注的房间进深尺寸。

“个数”：尺寸栏中数据的重复次数，单击右方数值栏或下拉列表获得，也可以键入。

“轴间距”：开间或进深的尺寸数据，单击右方数值栏或下拉列表获得，也可以键入。

“键入”：键入一组尺寸数据，用空格或英文逗号隔开，单击回车键，数据输入到电子表格中。

“夹角”：输入开间与进深轴线之间的夹角数据，默认为夹角 90°的正交轴网。

“清空”：把某一组开间或某一组进深数据栏清空，保留其他组的数据。

"恢复上次":把上次绘制直线轴网的参数恢复到对话框中。

"确定""取消":单击后开始绘制直线轴网并保存数据,取消绘制轴网并放弃输入数据。

注意:输入轴网数据的方法如下:

(1)直接在"键入"栏内键入轴网数据,每个数据之间用空格或英文逗号隔开,输入完毕后单击回车键生效。

(2)在电子表格中键入"轴间距"和"个数",常用值可直接点取右方数据栏或下拉列表的预设数据。

在对话框中输入所有尺寸数据后(见表8-1),单击"确定"按钮,命令行显示:

表8-1 首层平面图的轴网参数

上开间	3300	3900	2400	3900	3300	
下开间	1200	3300	3900	3900	3300	1200
左进深	4200	3000	2700	3000		
右进深						

注:左、右进深相同时可以只输入左进深或右进深。上、下开间输入要求同左、右进深。

点取位置或[转90度(A)/左右翻(S)/上下翻(D)/对齐(F)/改转角(R)/改基点(T)]<退出>:

此时可拖动基点插入轴网,直接点取轴网目标位置或按选项提示回应。绘制轴网如图8-15所示。

图8-15 轴网图

8.2.1.2 标注轴网

可以通过在屏幕菜单中单击"轴网柱子"→"两点轴标"弹出对话框,如图8-16所示。

图8-16 轴网标注

本命令对始末轴线间的一组平行轴线(直线轴网与圆弧轴网的进深)或径向轴线(圆弧

轴线的圆心角)进行轴号和尺寸标注。

在命令行中会显示出提示信息,要求指定需要进行轴标的起始轴线和终止轴线。

对话框控件说明如下:

“起始轴号”:希望起始轴号不是默认值 1 或 A 时,在此处输入自定义的起始轴号。

“轴号规则”:使用字母和数字的组合表示分区轴号,共有两种情况,即变前项和变后项,默认变后项。例如起始轴号输入 A1,变后项则依次为 A2、A3……

“共用轴号”:勾选后表示起始轴线号由所选择的已有轴号后继数字或字母确定。

“单侧标注”:选择此单选按钮,进行标注时只标注当前选择的那一侧。

“双侧轴标”:选择此单选按钮,标注轴号时包括当前选择的一侧和另外一侧。

具体方法、步骤如下:

(1)选择菜单命令:“轴网”→“两点轴标”。

(2)请选择起始轴线 <退出>:在上图中点取下开间起始轴线“1”轴线。

(3)请选择终止轴线 <退出>:在上图中点取下开间结束轴线“11”轴线。

(4)单击 “确定”按钮,标注后如图 8-17 所示。

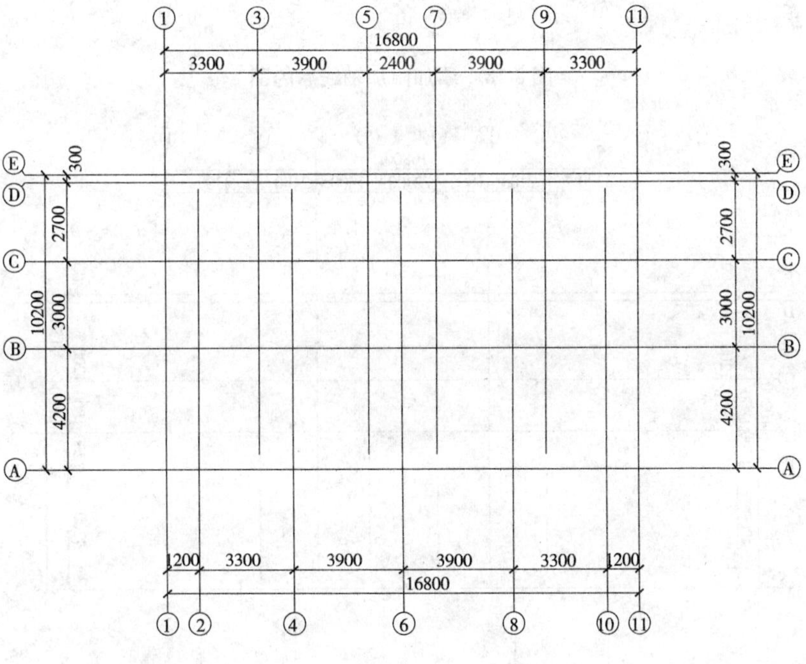

图 8-17　标注后的轴网图

8.2.1.3　添加附加轴线

添加1/3轴:柱网轴线→添加轴线→选择参考轴线→单击③轴→新增轴线是否为附加轴线:选 Y→是否重排轴号? [是(Y)/否(N)] < Y >:选 N→偏移方向→在绘图区单击③轴右边的区域→ 距参考轴线的距离→ 键盘输入 2100,添加附加轴线后的图如图 8-18 所示。

同理,添加 1/C、1/B、1/7 等轴线,如图 8-19 所示,D、E 轴线号重叠,采用夹点编辑的方法拖开。

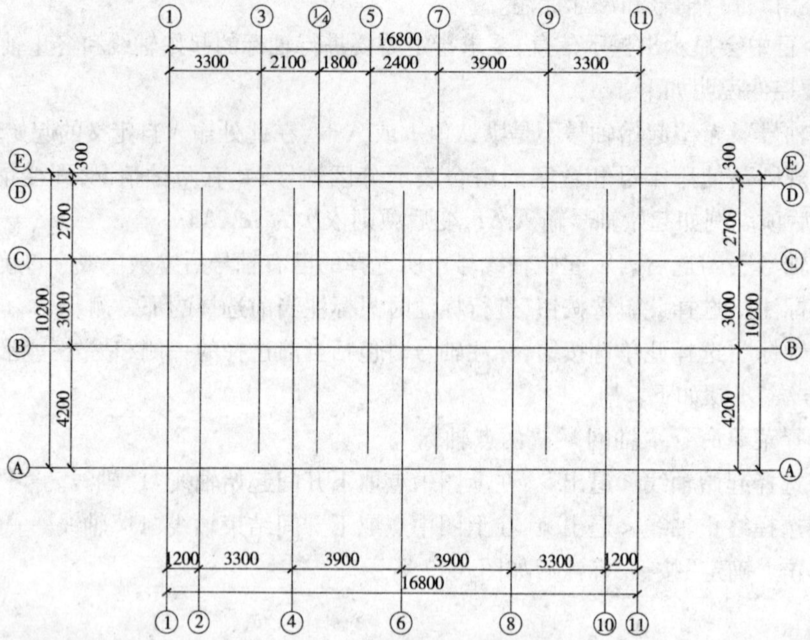

图 8-18　添加附加轴线后的图

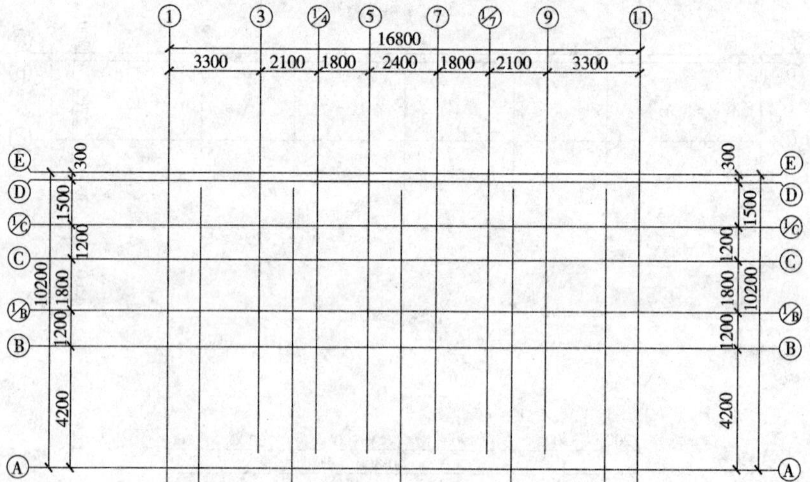

图 8-19　添加完附加轴线后的图

8.2.1.4　绘制墙体

单击"墙体"→"绘制墙体",在"绘制墙体"对话框(见图 8-20)中选取要绘制墙体的左右墙宽数据,左宽 120、右宽 120;选择一个合适的墙基线方向,然后单击下方工具栏图标,单击"直墙绘制"绘制墙体,参数说明:

外侧宽:外墙外边线与轴线距离。

内侧宽:外墙内边线与轴线距离。

内墙宽:室内墙体宽度。

示例:打开 8.2.1.3 中绘好的轴网,并完成轴号标注,布置墙体。

方法一:在屏幕菜单中单击“墙体”→“绘制墙体”,弹出对话框。

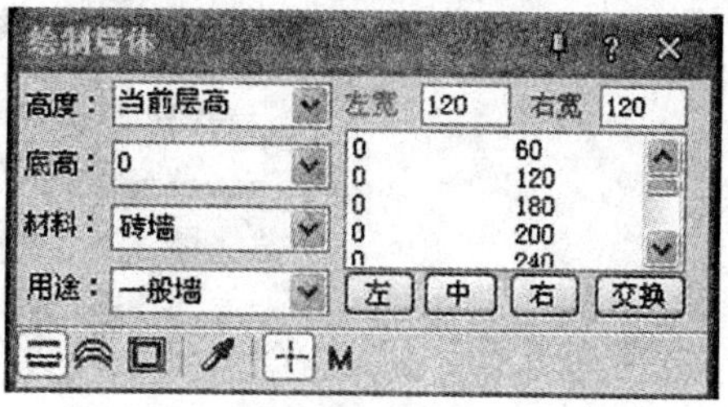

图 8-20 “绘制墙体”对话框

参数设置:左宽 120,右宽 120,用鼠标依次捕捉轴线交点即可得到图 8-21。

注意:图 8-21 也可以采用单线变墙。

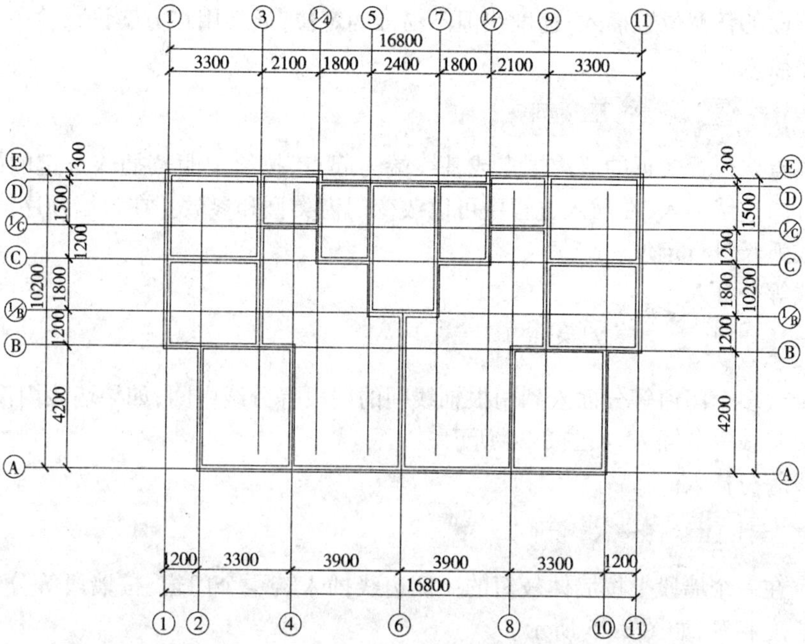

图 8-21 绘制后的墙体

方法二:在屏幕菜单中单击“墙体”→“单线变墙”,弹出对话框(见图 8-22)。

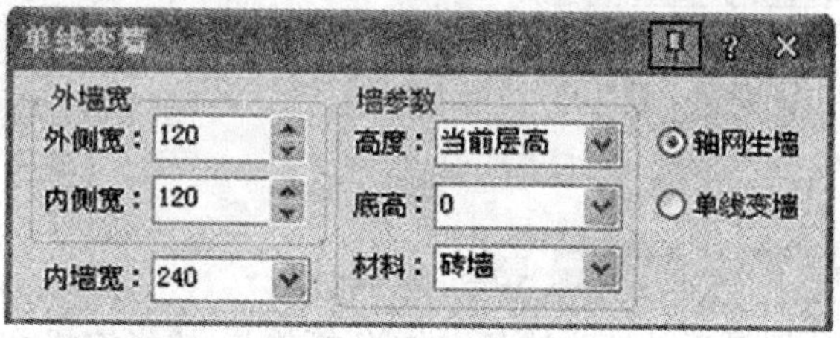

图 8-22 “单线变墙”对话框

图 8-22 中参数设置:外侧宽 120,内侧宽 120,内墙宽 240。选择全部轴线即可,然后删除多余墙体即可得到图 8-21。

8.2.1.5 绘制门窗

(1)选择“门窗”→ “门窗”菜单后,显示如图 8-23 所示的“门窗参数”对话框。

图 8-23 **“门窗参数”对话框**

参数说明(按对话框最下方工具栏的门窗定位方式从左到右依次讲述):

①自由插入。

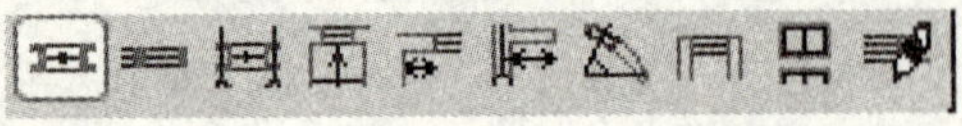

可在墙段的任意位置插入,速度快但不易准确定位,通常用在方案设计阶段。

②顺序插入。

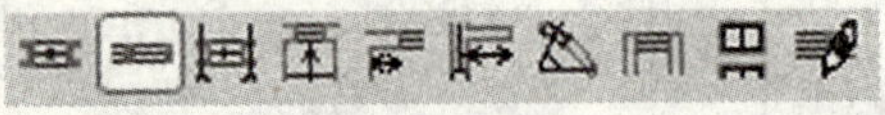

以距离点取位置较近的墙边端点或基线端为起点,按给定距离插入选定的门窗。此后顺着前进方向连续插入,在插入过程中可以改变门窗类型和参数。在弧墙顺序插入时,门窗按照墙基线弧长进行定位。

③轴线等分插入。

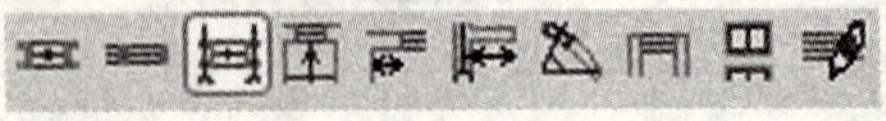

将一个或多个门窗等分插入到两根轴线间的墙段等分线中间,如果墙段内没有轴线,则该侧按墙段基线等分插入,如图 8-24 所示。

④墙段等分插入。

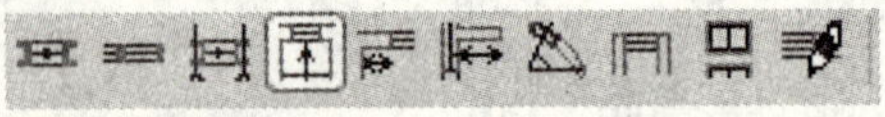

此命令在一个墙段上按墙体较短的一侧边线插入若干个门窗,按墙段等分使各门窗之间墙垛的长度相等,如图 8-25 所示。

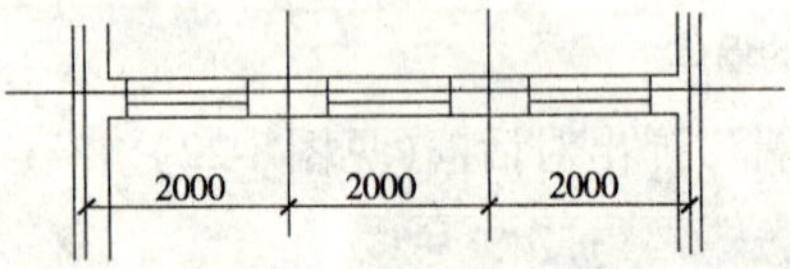

图 8-24 **轴线等分插入**

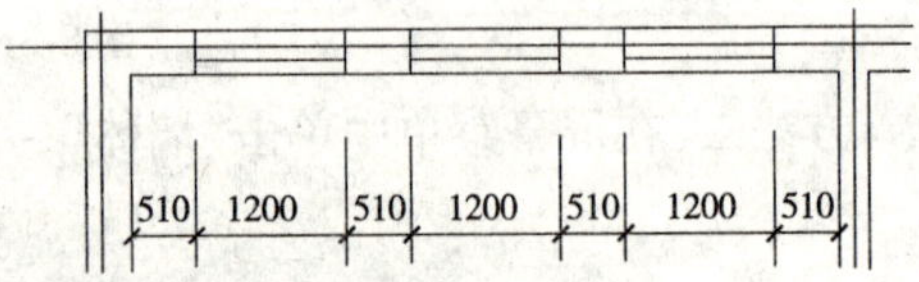

图 8-25 **墙段等分插入**

⑤垛宽定距插入。

系统选取距点取位置最近的墙边线顶点作为参考点,按指定垛宽距离插入门窗。本命令特别适合插入室内门,以图 8-26 实例设置垛宽 240,在靠近墙角左侧插入门。

⑥轴线定距插入。

与垛宽定距插入相似,系统自动搜索距离点取位置最近的轴线与墙体的交点,将该点作为参考位置按预定距离插入门窗,如图 8-27 所示的轴线定距距离为 360。

⑦按角度定位插入。

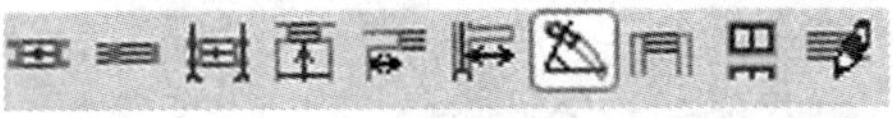

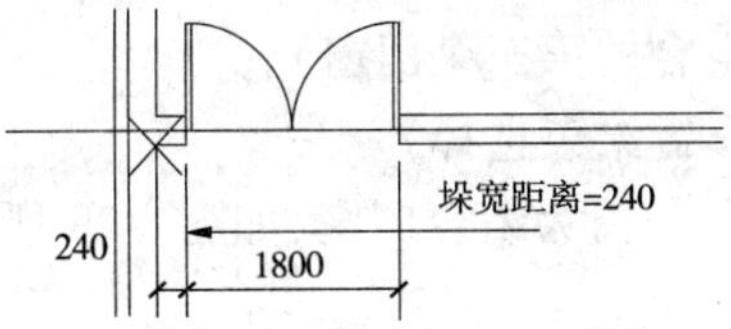

图 8-26　垛宽定距

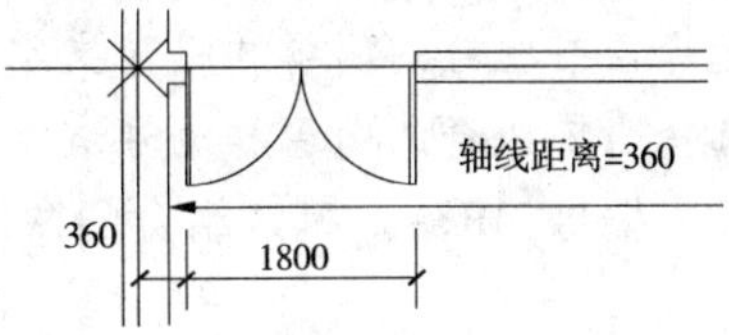

图 8-27　轴线定距

本命令专用于弧墙插入门窗,按给定角度在弧墙上插入直线型门窗。

⑧满墙插入。

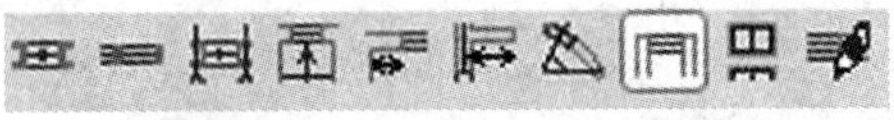

门窗在门窗宽度方向上完全充满一段墙。使用这种方式时,门窗宽度参数由系统自动确定。

⑨插入上层门窗。

在同一个墙体已有的门窗上方再加一个宽度相同、高度不同的窗,这种情况常常出现在高大的厂房外墙中。

先单击“插入上层门窗”图标,然后输入上层窗的编号、窗高和上下层窗间的距离。使用本方式时,注意尺寸参数中上层窗的顶标高不能超过墙顶高。

⑩门窗替换。

用于批量修改门窗,包括门窗类型之间的转换。用对话框内的当前参数作为目标参数,替换图中已经插入的门窗。单击“替换”按钮,对话框右侧出现参数过滤开关。如果不打算改变某一参数,可去除该参数开关的勾选项,对话框中该参数按原图保持不变。例如,将门改为窗,要求宽度不变,应将宽度开关去除勾选。

图 8-28　“门”对话框

(2)组合门窗。

本命令不会直接插入一个组合门窗,而是把使用“门窗”命令插入的多个门窗组合为一个整体的组合门窗,组合后的门窗按一个门窗编号进行统计,在三维显示时子门窗之间不再有多余的面片;还可以使用“构件入库”命令把创建好的常用组合门窗存入构件库,使用时从构件库中直接选取。

门窗→组合门窗(ZHMC)。

单击菜单命令后,命令行提示:

选择需要组合的门窗和编号文字:(选择要组合的第一个门窗)

选择需要组合的门窗和编号文字:(选择要组合的第二个门窗)

选择需要组合的门窗和编号文字:(选择要组合的第三个门窗)

选择需要组合的门窗和编号文字:(单击回车键结束选择)

输入编号:MC-1 键入组合门窗编号,更新这些门窗为组合门窗,如图 8-29 所示。

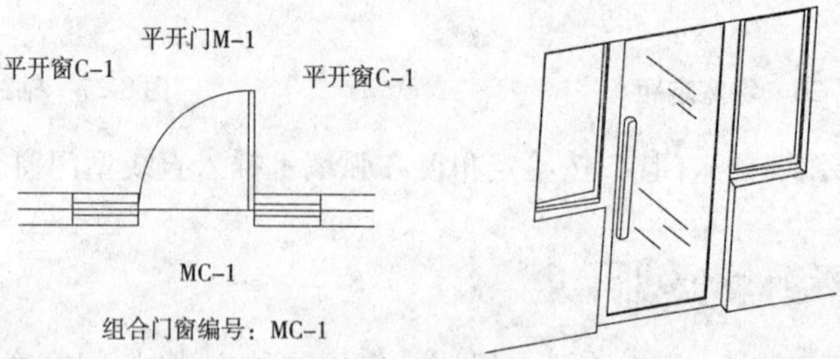

图 8-29　组合门窗

“组合门窗”命令不会自动对各子门窗的高度进行对齐,修改组合门窗时临时分解为子门窗,修改后重新进行组合。本命令用于绘制复杂的门连窗与子母门,简单的情况可直接绘制,不必使用“组合门窗”命令。

(3)带形窗。

本命令创建的窗台高与窗高相同,沿墙连续的带形窗对象,按一个门窗编号进行统计。带形窗转角可以被柱子、墙体造型遮挡。

门窗→带形窗(DXC)。

单击菜单命令后,显示对话框如图 8-30 所示。

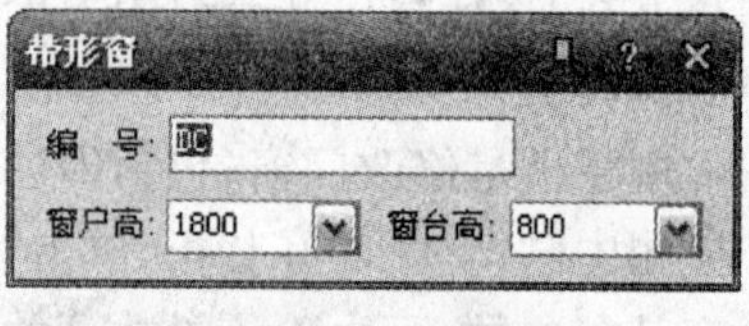

图 8-30　“带形窗”对话框

在其中输入带形窗参数,命令行提示:

起始点或[参考点(R)]<退出>:(在带形窗开始墙段点取准确的起始位置)

终止点或[参考点(R)]<退出>:(在带形窗结束墙段点取准确的结束位置)

选择带形窗经过的墙:(选择带形窗经过的多个墙段)

选择带形窗经过的墙:(单击回车键结束命令)

绘制带形窗,如图 8-31 所示。

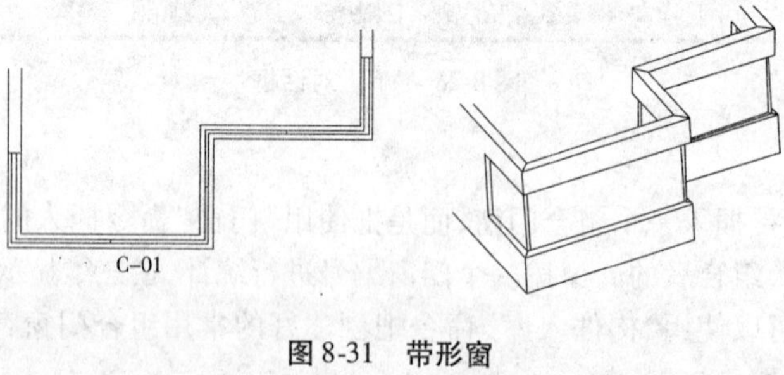

图 8-31　带形窗

注意:①如果在带形窗经过的路径存在相交的内墙,应把它们的材料级别设置得比带形窗所在墙低,才能正确表示窗墙相交;②带形窗暂时还不能设置为洞口;③带形窗本身不能被 STRETCH(拉伸)命令拉伸,否则会消失;④在转角处插入柱子可以自动遮挡带形窗,其他位置应先插入柱子,后创建带形窗。

(4)转角窗。

本命令用于在墙角位置插入窗台高和窗高相同、长度可选的一个角凸窗对象,可输入一个门窗编号。在 TArch 8 以上版本中可设角凸窗两侧窗为挡板,提供厚度参数。

门窗→转角窗(ZJC)。

单击菜单命令后,显示对话框,在对话框中按设计要求选择转角窗的三种类型:角窗、角凸窗与落地的角凸窗,如图 8-32 所示。

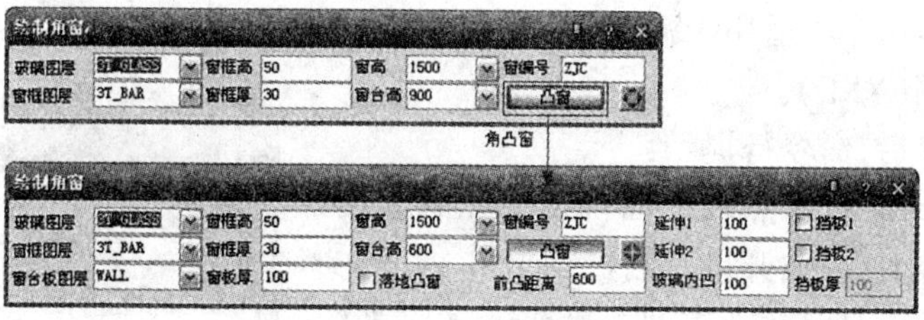

图 8-32 “绘制角窗”对话框

对话框控件的说明可参照图 8-33。

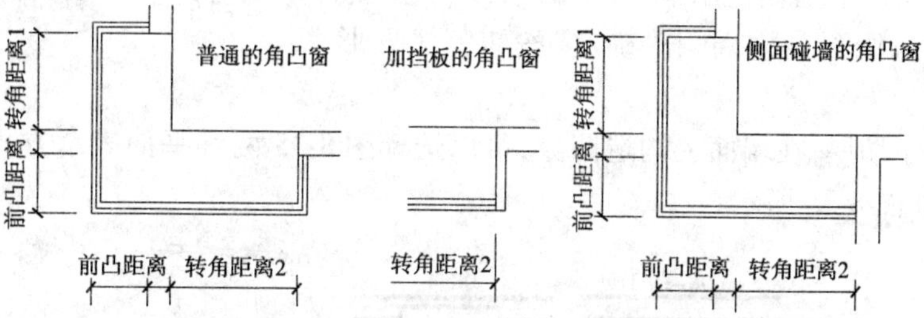

图 8-33 转角窗参数含义

“玻璃内凹”:窗玻璃到窗台外缘的退入距离。

“延伸 1/延伸 2”:窗台板与檐口板分别在两侧延伸出窗洞口外的距离,常作为空调搁板花台等。

“前凸距离”:凸窗窗台凸出于墙面外的距离。

“落地凸窗”:勾选后,墙内侧不画窗台线。

“挡板 1/挡板 2”:勾选后,凸窗的侧窗改为实心的挡板。

“挡板厚”:挡板厚度默认 100,勾选挡板后可在这里修改。

①默认不按下“凸窗”按钮,就是普通的角窗,窗随墙布置。

②按下“凸窗”按钮,不勾选“落地凸窗”,就是普通的角凸窗。

③按下“凸窗”按钮,再勾选“落地凸窗”,就是落地的角凸窗。

如上选择转角窗类型后,在对话框中输入其他转角窗参数,命令行提示:

请选取墙内角 <退出>: (点取转角窗所在墙内角,窗长从内角起算)

转角距离 1 <1000>:2000 (当前墙段变虚,输入从内角计算的窗长)

转角距离 2 <1000>:1200 (另一墙段变虚,输入从内角计算的窗长)

请选取墙内角<退出>：（执行本命令绘制角窗,单击回车键退出命令）

注意:在侧面碰墙、碰柱时角凸窗的侧面玻璃会自动被墙或柱对象遮挡,如图 8-33 所示;特性表中可设置转角窗“作为洞口”处理;玻璃分格的三维效果请使用“窗棂展开”与“窗棂映射”命令处理。

(5)异形洞。

本命令在直墙面上按给定的闭合 PLINE 轮廓线生成任意形状的洞口,其平面图例与矩形洞相同。建议先将屏幕设为两个或更多视口,分别显示平面和正立面,然后用“墙面 UCS”命令把墙面转为立面 UCS,在立面用闭合多段线画出洞口轮廓线,最后使用本命令创建异形洞。注意本命令不适用于弧墙。

门窗→异形洞(YXD)。

单击菜单命令后,命令行提示:

请点取墙体一侧：（点取平面视图中开洞墙段,当洞口不穿透墙体时,点取开口一侧）

选择墙面上的多段线作为洞口轮廓线：（将光标移至对应立面视口中,点取洞口轮廓线显示）

命令结束后出现如图 8-34 所示的对话框。

在图中单击图形切换表示洞口的图例,或勾选“穿透墙体”后,输入洞深参数,单击“确定”按钮完成异形洞的绘制。

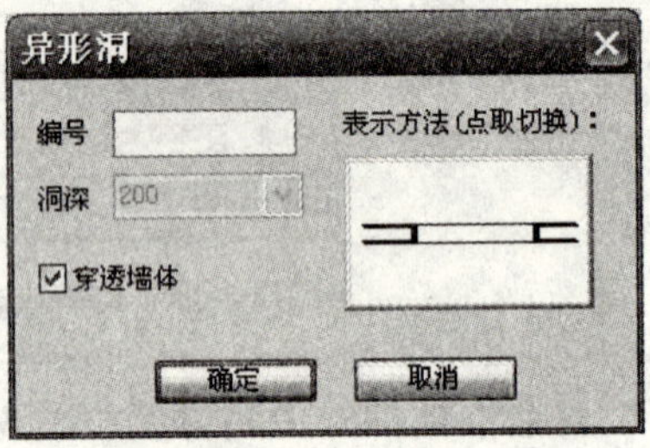

图 8-34 “异形洞”对话框

如洞深小于墙厚,在墙面上构造凹龛,可以选择图 8-35 两种平面表示方式。异形洞支持墙线加粗,如图 8-35 所示。

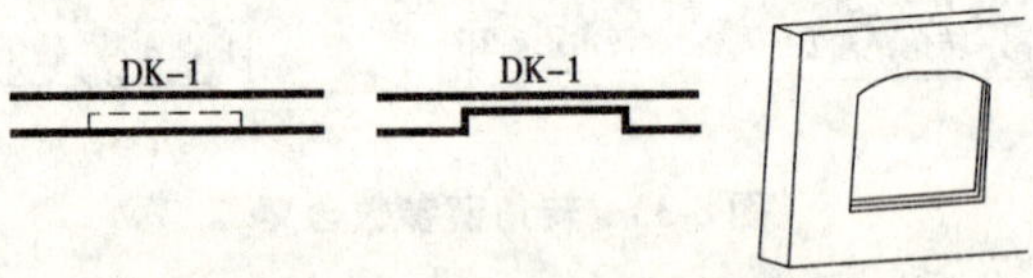

图 8-35 洞深小于墙厚

本平面图门窗的创建过程如下:

插入 C1 窗:选▣,输入窗的其他参数(见图 8-36)→选择依据两侧轴线等分插入▣→点击 A 轴上 2 ~4 轴间的墙体→按指定参考轴线(S)/门窗个数(1 ~2)〈1〉→选“1”。

同理,插入 C2、C4、C5、M2、MC1。

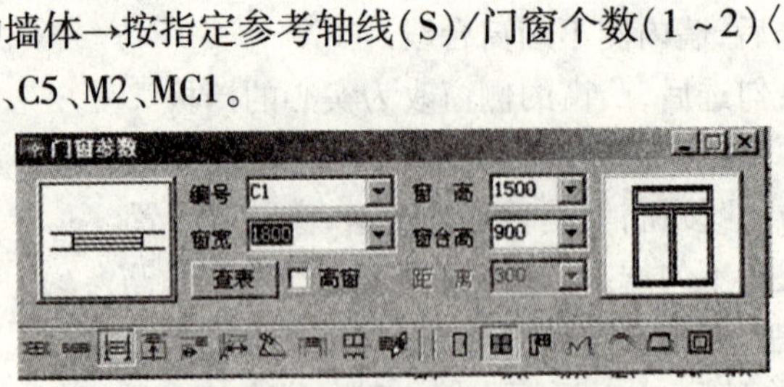

图 8-36 “门窗参数”对话框

插入门 M1:选▣,输入门的其他参数,并双击“门窗参数”对话框中的门立面图,选择门的类型,选择实木门→选实木工艺门 3→点击▣(见图 8-37)→选择依据垛距定距插入▣→

取垛距为60(见图8-38)→点击B轴上3~4轴间偏向4轴的墙体→插入门M1,用夹点编辑的方法调整门的开启位置和方向。

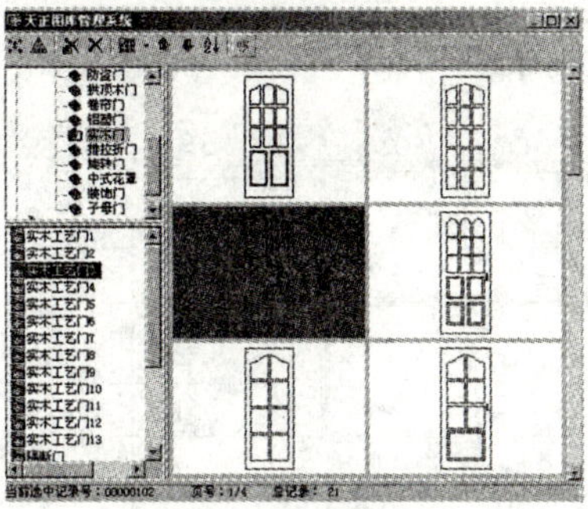

图8-37　天正图库管理系统图

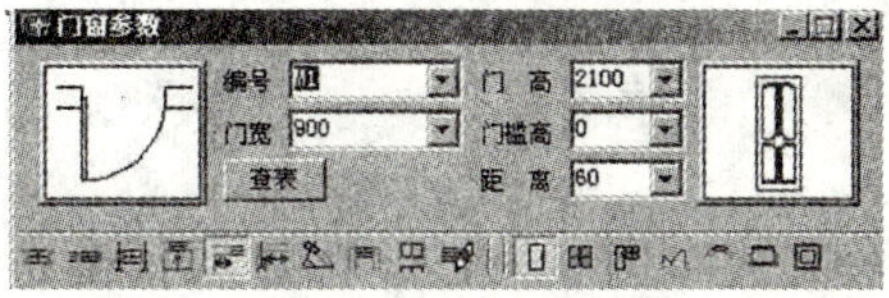

图8-38　门窗参数图

同理,插入M2、M3,如图8-39所示。(注:M2和M3为玻璃门)

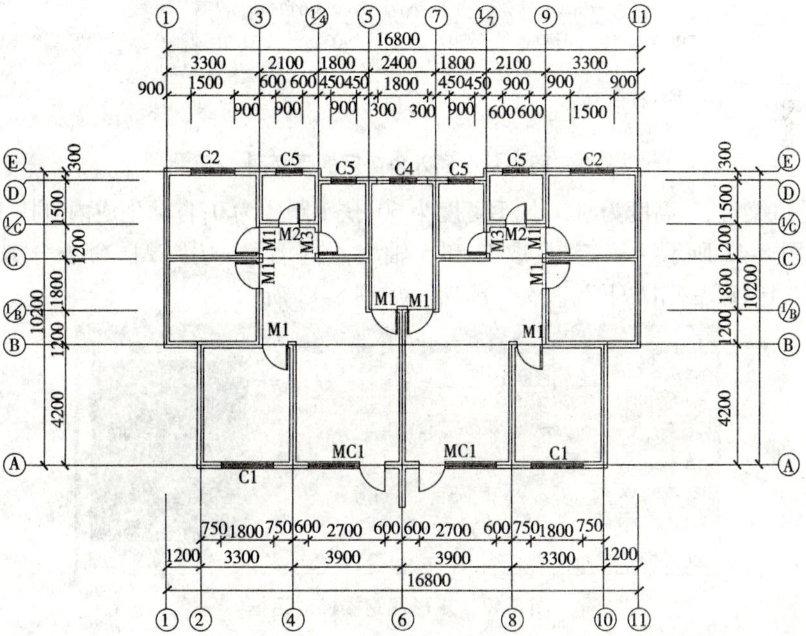

图8-39　插入部分门窗后的平面图

插入转角窗C3:门窗→转角窗→将转角窗对话框中的窗编号改为C3,窗高改为1500,窗台高改为900(见图8-40)→命令行显示:请选取墙内角→点取1和B轴交界处的外墙角→观察变成虚线的墙,输入转角距离800→观察变成虚线的墙,输入转角距离1080(见图8-41)。

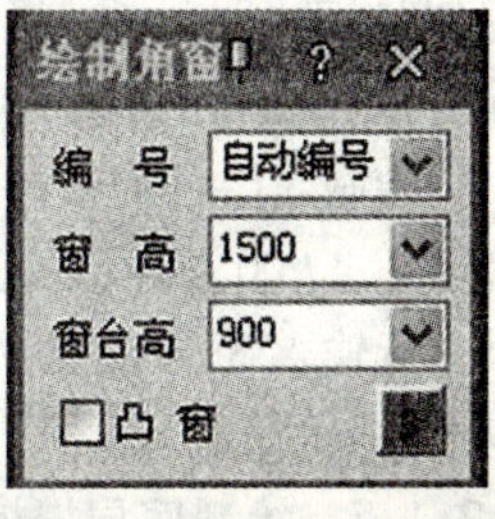

图8-40　“绘制角窗”对话框

8.2.1.6　绘制楼梯

绘制中间层楼梯:楼梯其他→双跑楼梯→出现矩形双跑楼梯对话框(见图8-42)→楼梯参数:楼梯高度为2800;梯间宽为2160;井宽为60;踏步总数为18;踏步宽度为250→休息平台:矩形;平台宽度:1130→踏步取齐:齐

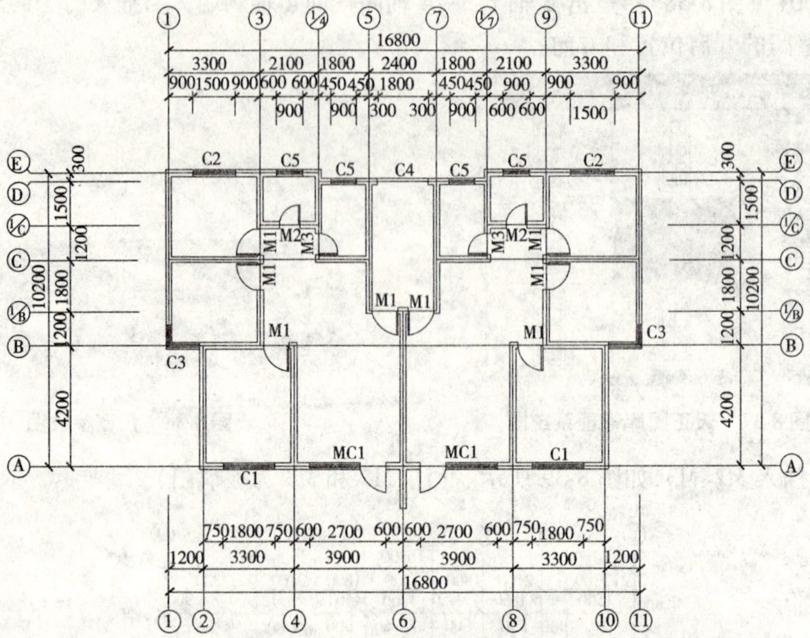

图 8-41　插入角窗后的平面图

楼板→扶手边梁:扶手高度为900;扶手宽度为60;扶手距边为0;自动生成内侧扶手→层类型:中间层,如图 8-42 所示→确定,点取 D 和 5 轴交点内墙角→用 CAD 命令分解楼梯,双击“上”,改为“上 18”;双击“下”,改为“下 18”,如图 8-43 所示。

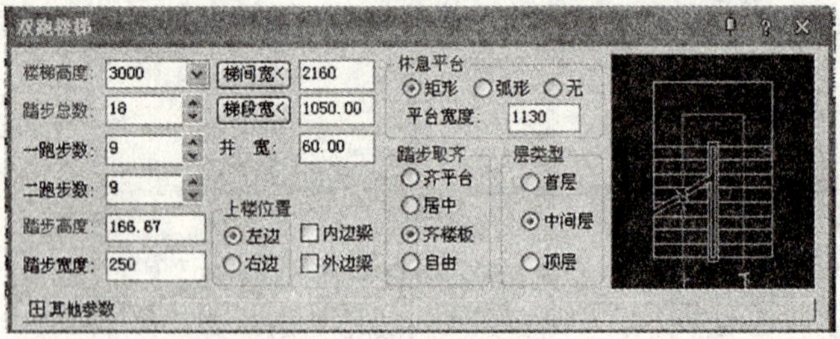

图 8-42　矩形双跑楼梯对话框

绘制底层双跑楼梯:复制标准层平面图,在复制后的标准层平面图中双击楼梯→出现“双跑楼梯”对话框,将“层类型”改为“首层”,确定→删除“下 18”及其箭头,如图 8-44 所示。

绘制底层直跑楼梯:在底层双跑楼梯的起步处绘制一根构造线→楼梯其他→梯段参数:梯段高度900;梯段宽度1050;梯段长1250;踏步高度150;踏步宽度250;踏步数6;无剖断→命令行输入 S(左右翻转)→单击构造线与墙身右侧交点→复制“上 18”的文字及箭头至直跑楼梯处,双击“上 18”,改为“下 9”,如图 8-44 所示。

8.2.1.7　绘制底层楼梯间入口门洞

(1)删除 D 轴和 5 ~7 轴上的 C4 窗。

(2)插入 1800 ×2100 的洞口。

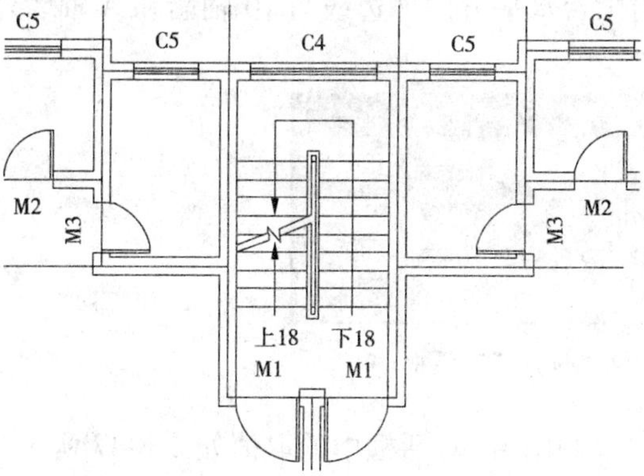

图 8-43　标准层楼梯图

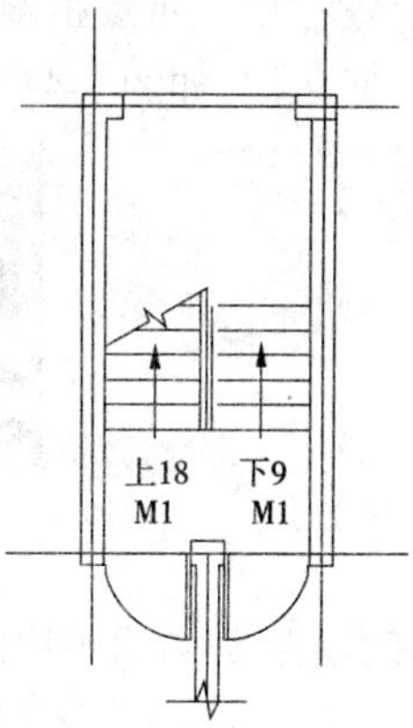

图 8-44　底层楼梯图

单击“门窗”→矩形洞口，选轴线间插入，其他参数如图 8-45 所示→单击 D 轴和5 ~ 7 轴上的墙体→指定参考轴线(S)/门窗个数(1 ~ 1) <1 >，确定。

图 8-45　“矩形洞”对话框

8.2.1.8　**绘制底层散水**

楼梯其他→散水→出现“散水”选项卡：室内外高差为 900；散水宽度为 800；偏移外墙皮为 0；勾选创建室内外高差平台→选择构成一完整建筑物的所有墙体(或门窗)→选择一层平面所有的墙体→单击回车键，如图 8-46 所示。

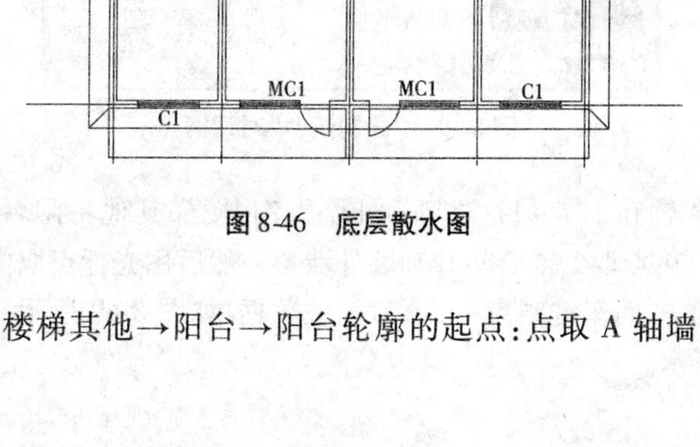

图 8-46　底层散水图

8.2.1.9　**绘制阳台**

绘制底层阳台：楼梯其他→阳台→阳台轮廓的起点：点取 A 轴墙和 2 轴墙外墙角交

点→用对象捕捉和对象追踪的方法追踪出阳台水平方向外边线与 10 轴墙和 A 轴墙外墙交点→单击回车键，如图 8-47 所示。

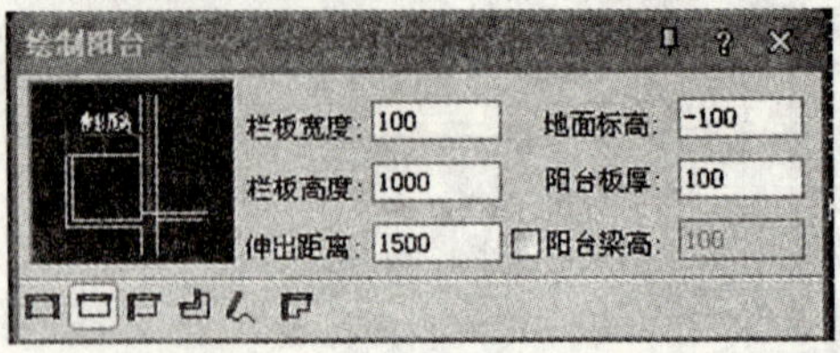

图 8-47 “绘制阳台”对话框

同理，绘制 5 ~7 轴间 E 轴上的雨篷，“绘制阳台”对话框中的取值如图 8-47 所示。

同理，绘制标准层、顶层的阳台和顶层阳台盖板，阳台平面图见图 8-48。

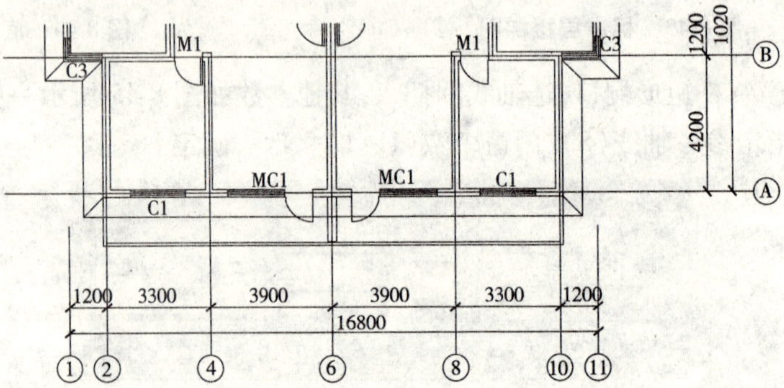

图 8-48 阳台平面图

8.2.1.10 绘制六层平面图

复制标准层平面图，修改楼梯形式，双击平面图中的楼梯间→出现“双跑楼梯”对话框→将层间类型改为“顶层”，删除“上 18”的文字和箭头即可。

8.2.1.11 绘制屋顶平面图

(1)绘制屋顶平面图。

复制标准层平面图→删除内墙和外墙上所有门窗及楼梯→双击阳台→出现“绘制阳台”对话框→修改栏板高度为 200 即可，如图 8-49 所示。

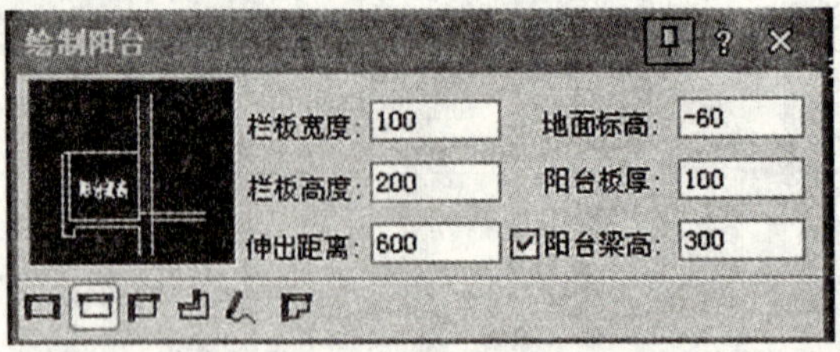

图 8-49 “绘制阳台”对话框

(2)绘制 1 ~1/4 轴和 1/7 ~11 轴间的外墙天沟：楼梯其他→阳台→将伸出距离改为 600→阳台轮廓的起点：点取 1 轴墙和 E 轴墙外墙角→然后用光标点取侧栏板与墙外皮的交点作为阳台终点→单击回车键结束→，填写相关数据，如图 8-49 所示→单击“确定”按钮。天沟如图 8-50(b)所示。

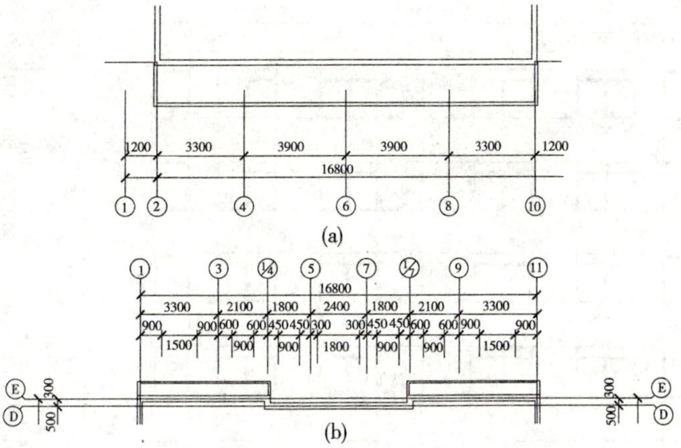

图 8-50　天沟平面图

(3)绘制排水坡度线。

用“直线”命令绘制分水线后单击符号标注→箭头标注→弹出对话框如图 8-51 所示,修改参数→单击箭头起点和终点。

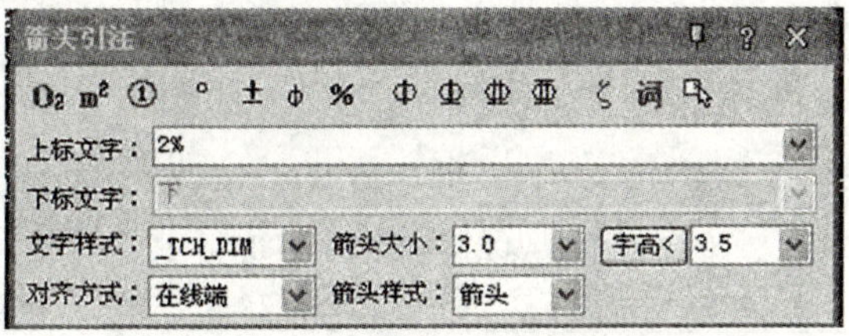

图 8-51　“箭头引注”对话框

8.2.1.12　门窗标注

尺寸标注→门窗标注→起点:尺寸标注→门窗标注→起点:用鼠标捕捉点取 2 ~ 4 轴间 C1 窗左端点,终点:用鼠标捕捉点取右端点→选择其他墙体:框选 A 轴上其他墙体→单击回车键确定(见图 8-52)。同理,标注其他墙体上门窗尺寸。

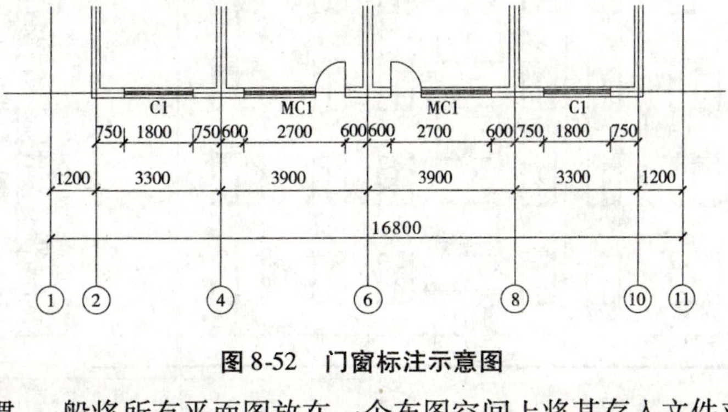

图 8-52　门窗标注示意图

按照绘图习惯,一般将所有平面图放在一个布图空间上将其存入文件夹。

8.2.2　绘制建筑立面图

利用建筑平面图绘制如图 8-53 所示的建筑立面图。

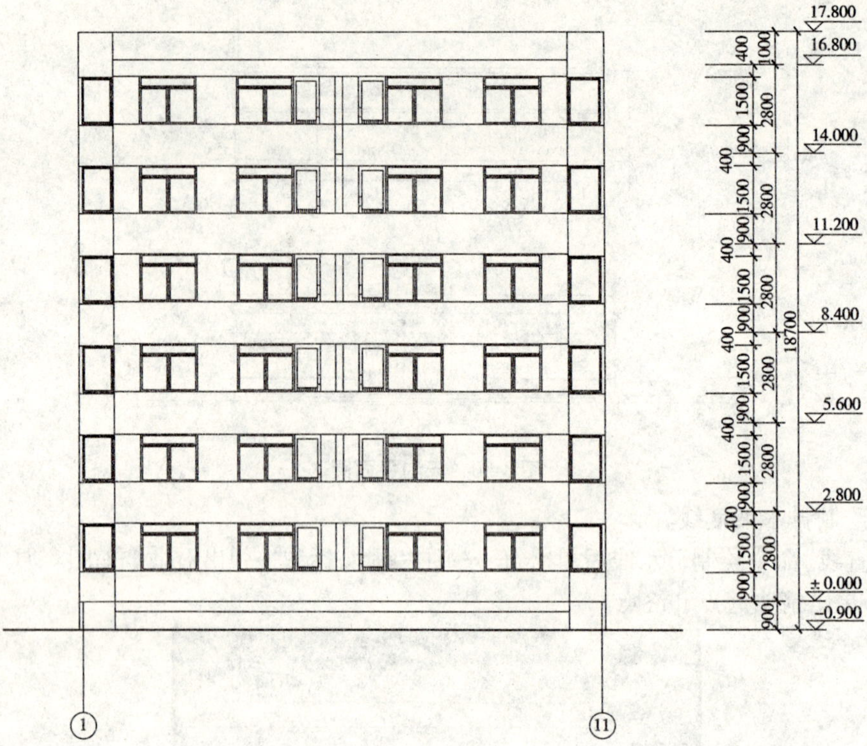

(a)1－11 立面图(1:100)

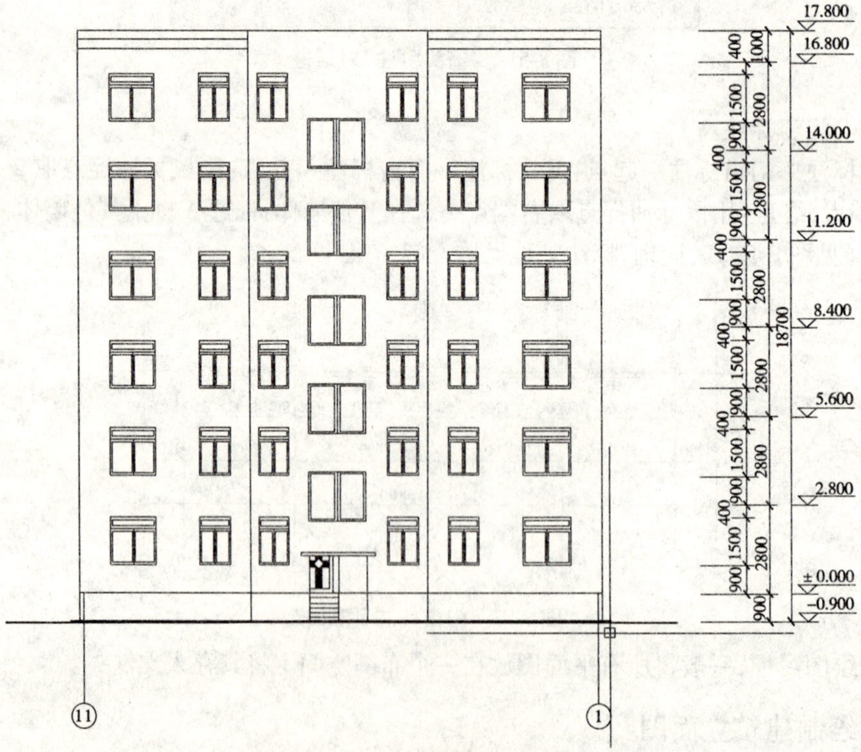

(b)11－1 立面图(1:100)

图 8-53　建筑立面图

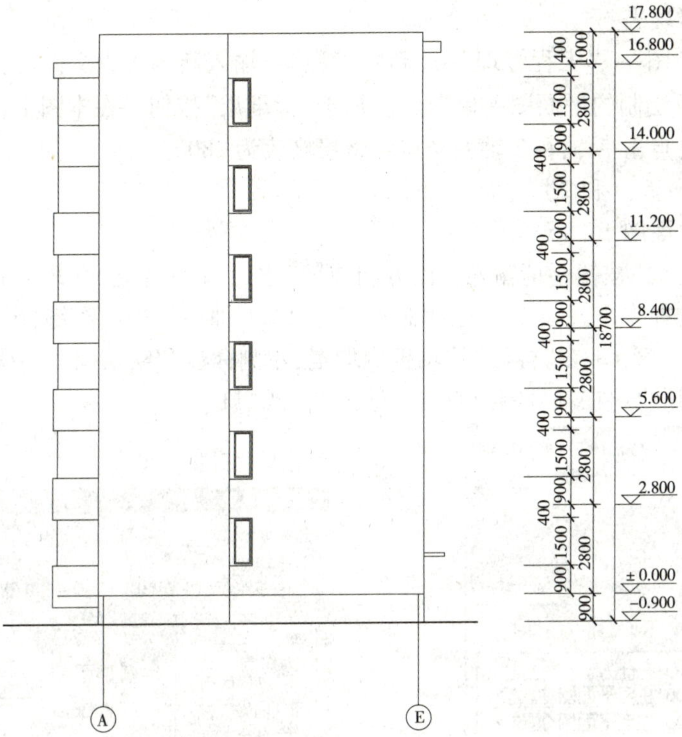

(c)A－E 立面图(1∶100)

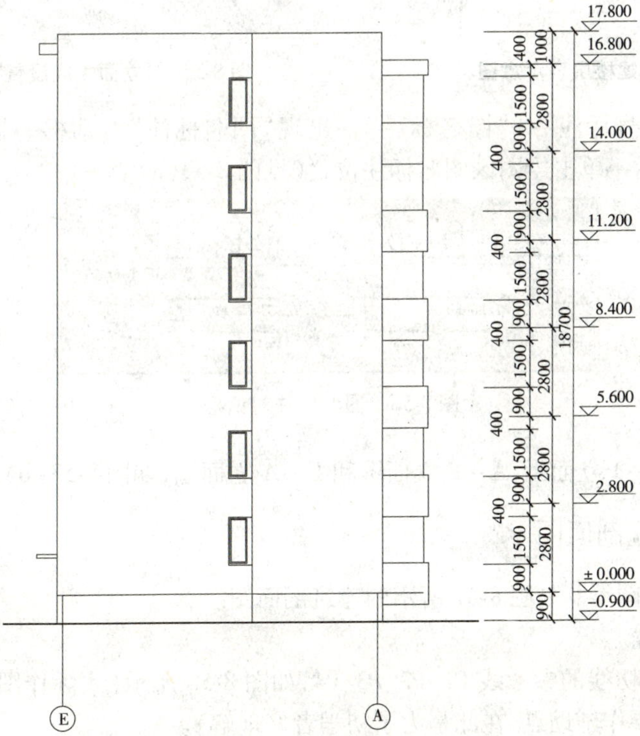

(d)E－A 立面图(1∶100)

续图 8-53

8.2.2.1　**创建楼层表**

单击“文件布图”→“工程管理”→“新建工程”→输入新的工程文件名:住宅→单击“保存”按钮→打开所绘制的平面图→单击▣。框选“标准层”按钮→在本图上框选标准层的区域范围→对齐点:点击 A 轴和 2 轴的交点→将层高改为 2800。

同理,输入 2 ~5、6 和 7 层平面,如图 8-54 所示。

8.2.2.2　**生成立面图**

单击“建筑立面”按钮→请输入立面方向或[正立面(F)/背立面(B)/左立面(L)/右立面(R)]:F→请选择要出现在立面上的轴线:点选 1、11 轴→单击回车键,出现“立面生成设置”对话框(见图 8-55)→在“标注”选项框内取消:左侧标注和绘层间线→确定,生成 1 - 11 立面图→添画屋顶线→在轴号圈内双击→输入“1”或“11”。

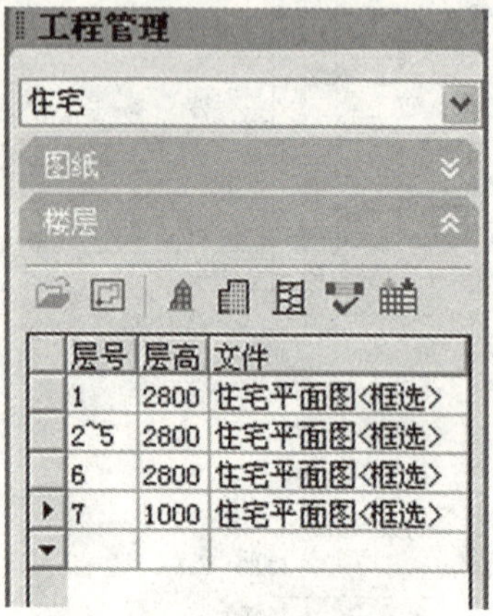

图 8-54　创建楼层表示意图

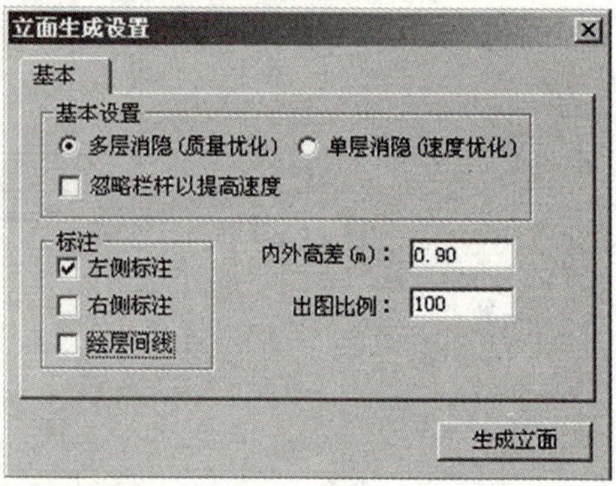

图 8-55　“立面生成设置”对话框

标注图名:“符号标注”→“图名标注”→出现“图名标注”对话框→输入“1 - 11 立面图”,如图 8-56 所示→单击绘图区图名标注位置(见图 8-53(a))。

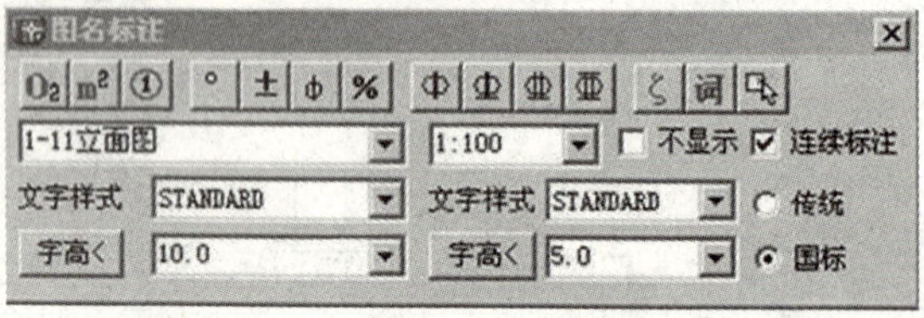

图 8-56　图名标注对话框

同理,生成 11 - 1 立面图、A - E 立面图和 E - A 立面图,如图 8-53(b)、(c)、(d)所示。

8.2.3　绘制建筑剖面图

利用建筑平面图绘制如图 8-57 所示的建筑剖面图。

8.2.3.1　**作剖切线**

用多段线作剖切线的参考线 P1、P2、P3、P4,如图 8-58 所示(实际作图时用鼠标单击大概位置即可,不需要作辅助点,在此是为了初学者好理解)。

单击“符号标注”→“剖面剖切”→请输入剖切编号 <1>:单击回车键→点取第一个剖切点P1→点取第二个剖切点 P2→点取下一个剖切点 P3→点取下一个剖切点 P4,单击回车

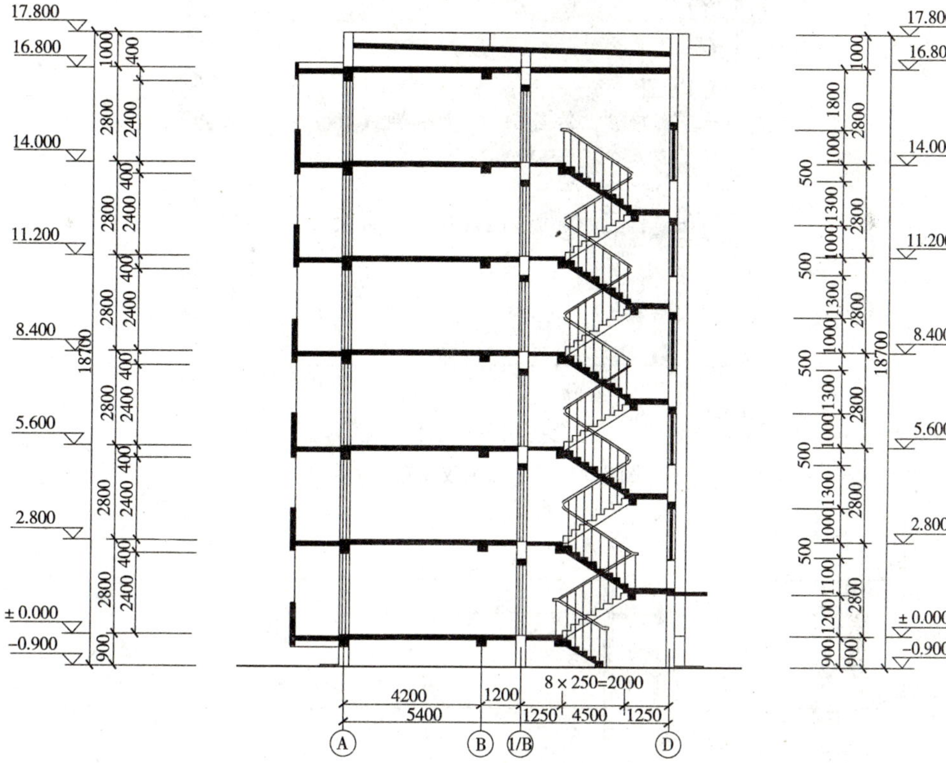

图 8-57　建筑剖面图

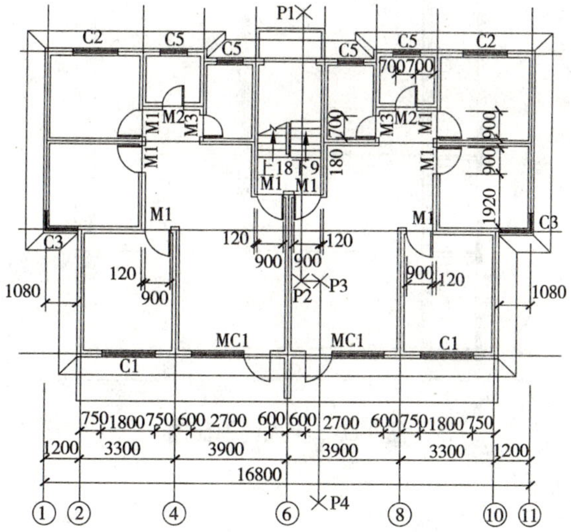

图 8-58　P1～P4 参考线图

键→点取剖视方向：点取 P4 左边任意点。

8.2.3.2　生成剖面图

单击“建筑剖面”按钮→选择一剖切线：点选已绘制好的剖切线→请选择要出现在剖面图上的轴线：点选 D 轴、1/B 轴和 A 轴轴线→弹出“剖面生成设置”对话框，如图 8-59 所示→单击“生成剖面”按钮，生成的剖面图如图 8-60 所示。

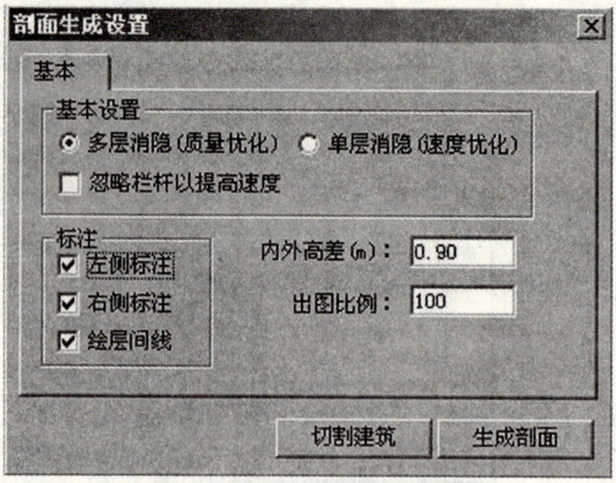

图 8-59 “剖面生成设置”对话框

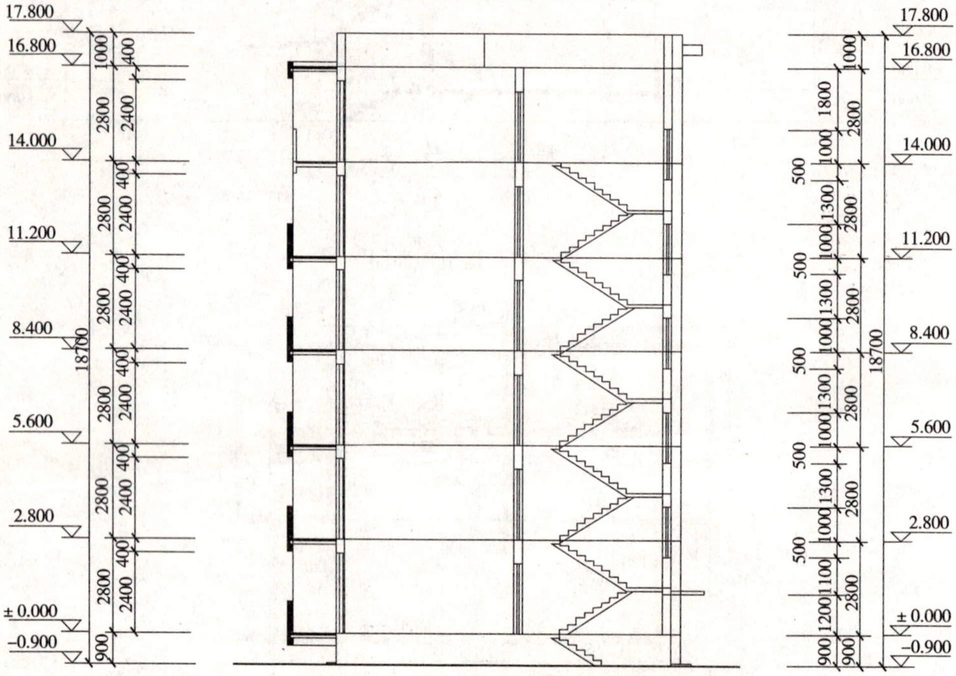

图 8-60 生成的剖面图

8.2.3.3 剖面细化和修整

1)梯板填充

剖面→剖面填充→选择对象:点选需填充的某个楼梯边线,单击回车键→出现“请点取所需的填充图案”对话框→点选“涂黑”→确定。

同理,填充其他需要填充的梯段板。

2)门窗过梁

剖面→门窗过梁→选择要加过梁的剖面门窗:框选整个剖面图,单击回车键→输入梁高 < 120 > :180,单击回车键。

3）双线楼板

剖面→双线楼板→请输入楼板起始点：点击底层楼面与 A 轴墙右侧的交点→结束点：点击底层楼面与 1/B 轴墙左侧的交点→楼板顶面标高(0)：单击回车键→楼板的厚度(向上加厚取负值) <120 >：单击回车键。

同理，画出其他双线楼板。

画顶层双线楼板：在顶层作构造线→然后将构造线向下偏移 300 和 500→绘制出斜向的双线楼板(起点：在 A 轴墙右侧与偏移了 300 的构造线的交点；结束点：在 D 墙左侧与偏移了 500 的构造线左侧的交点)。

4）填充楼板及阳台板

用 AutoCAD 中的方法或天正剖面填充的方法进行填充(剖面→剖面填充→选择对象：点选需填充的某个楼板的边线，单击回车键→弹出“请点取所需的填充图案”对话框→点选“涂黑”→确定)。

5）添画楼梯梯口梁

添画楼梯梯口梁(截面尺寸为 200 × 300)和 B 轴处的楼面梁(截面尺寸为 250 × 500)(剖面→剖断梁→梁左侧到参照点的距离 <856 >：0，梁右侧到参照点的距离 <100 >：梁底边到参照点的距离)，此处参照点可以选择梁与楼板上边缘交界的任何一个角点或者其他方便定位的点，填入其他各点相对于参照点的距离即可。例如，在图 8-61 中单击 P 点，作为参照点则梁左侧到参照点的距离 <856 >：0，梁右侧到参照点的距离 <100 >：250，梁底边到参照点的距离 500。

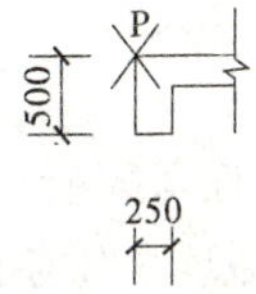

图 8-61　加剖断梁

6）添画楼梯扶手

剖面→参数栏杆→出现“剖面楼梯栏杆参数”对话框，设置好参数后如图 8-62 所示→确定→请给出剖面楼梯的插入点：单击梯段起点与地面线的交点→得到第一段栏杆。

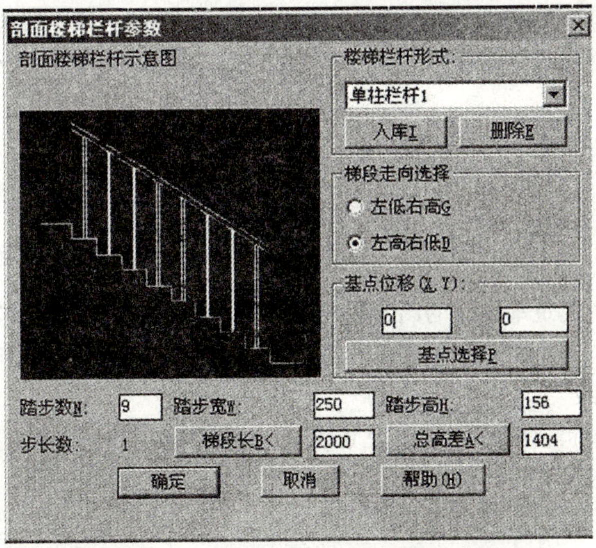

图 8-62　“剖面楼梯栏杆参数”对话框

同理，画出其他段的栏杆。

7)扶手接头

剖面→扶手接头→请单击第一组接头线:单击第一端楼梯上端扶手→再点取第二组接头线:点取相邻段的上一节楼梯下端扶手→扶手接头的伸出长度(150):单击回车键→得到一个扶手接头。

同理,画出其他接头扶手。

画第一段下部扶手:剖面→扶手接头→请单击第一组接头线:单击第一端楼梯上端扶手→再点取第二组接头线:单击第一端楼梯上端扶手→扶手接头的伸出长度(150):单击回车键→得到起点扶手接头。

同理,画出顶层顶部接头扶手。

操作结束后,结果如图8-57所示。

任务3　尺寸与符号标注、文字表格

任务目标:熟悉天正建筑软件尺寸标注和符号标注、文字表格命令,熟悉各个命令中的选项含义;能够根据要求正确选择命令和命令中的选项;熟练进行各种图形尺寸和符号标注。

任务解析:具体介绍天正建筑软件尺寸标注与编辑,符号标注、文字书写,表格建立方法,通过本任务的学习能够对所绘制建筑图形进行快速准确的尺寸标注、符号标注,并能建立符合要求的文字与表格。

尺寸标注和符号标注是设计图纸中的重要组成部分,图纸中的尺寸标注和符号标注在国家颁布的建筑制图标准中有严格的规定,直接沿用AutoCAD本身提供的尺寸标注命令不适合建筑制图的要求,特别是编辑尺寸尤其显得不便,为此软件提供了自定义的尺寸标注系统,完全取代了AutoCAD的尺寸标注功能,分解后退化为AutoCAD的尺寸标注。符号标注为天正建筑软件根据建筑制图要求提供的智能化标注系统,其方便、快捷,体现了天正建筑软件的特色。

8.3.1　尺寸标注

8.3.1.1　尺寸标注的创建

1)门窗标注

本命令适合标注建筑平面图的门窗尺寸,有以下两种使用方式:

(1)在平面图中参照轴网标注的第一、二道尺寸线,自动标注直墙和圆弧墙上的门窗尺寸,生成第三道尺寸线。

(2)当没有轴网标注的第一、二道尺寸线时,在用户选定的位置标注出门窗尺寸线。

尺寸标注→门窗标注(MCBZ)。

单击菜单命令后,命令行提示:

请用线选第一、二道尺寸线及墙体

起点<退出>:(在第一道尺寸线外面不远处取一个点P1)

终点<退出>:(在外墙内侧取一个点P2,系统自动定位绘制该段墙体的门窗标注)

选择其他墙体：（添加被内墙断开的其他要标注墙体，单击回车键结束命令）

门窗标注的实例如图 8-63 所示。

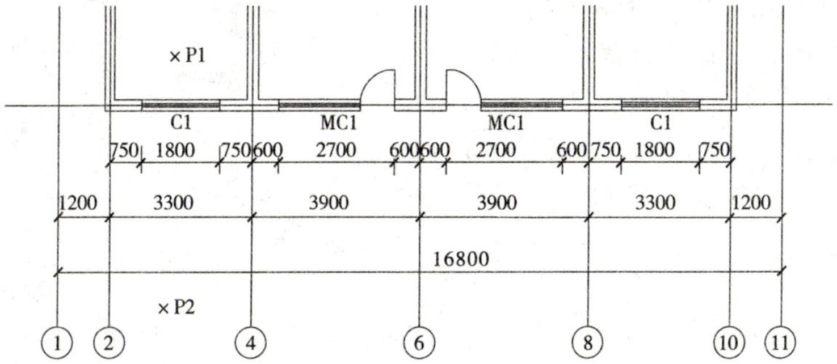

图 8-63　门窗标注

2）门窗标注的联动

“门窗标注”命令创建的尺寸对象与门窗宽度具有联动的特性，在发生包括门窗移动、夹点改宽、对象编辑、特性编辑（Ctrl + L）和格式刷特性匹配，使门窗宽度发生线性变化时，线性的尺寸标注将随门窗的改变联动更新；门窗的联动范围取决于尺寸对象的联动范围设定，即由起始尺寸界线、终止尺寸界线以及尺寸线和尺寸关联夹点所围合范围内的门窗才会联动，避免发生误操作。

沿着门窗尺寸标注对象的起点、中点和结束点另一侧共提供了三个尺寸关联夹点，其位置可以通过鼠标拖动改变，对于任何一个或多个尺寸对象可以在特性表中设置联动是否启用。

注意：目前带形窗与角窗（角凸窗）、弧窗还不支持门窗标注的联动；通过镜像、复制创建新门窗不属于联动，不会自动增加新的门窗尺寸标注。

门窗尺寸的联动关联范围如图 8-64 所示。

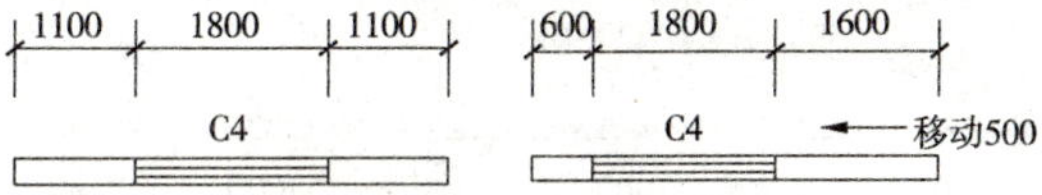

图 8-64　尺寸自动关联更新

3）墙厚标注

本命令在图中一次标注两点连线经过的一至多段天正墙体对象的墙厚尺寸，标注中可识别墙体的方向，标注出与墙体正交的墙厚尺寸，在墙体内有轴线存在时标注以轴线划分的左右墙宽，墙体内没有轴线存在时标注墙体的总宽。

尺寸标注→墙厚标注（QHBZ）。

单击菜单命令后，命令行提示：

直线第一点 <退出>：（在标注尺寸线处点取起始点）

直线第二点 <退出>：（在标注尺寸线处点取结束点）

墙厚标注的实例如图 8-65 所示。

4）两点标注

本命令为两点连线附近有关系的轴线、墙线、门窗、柱子等构件标注尺寸，并可标注各墙中点或添加其他标注点，U 热键可撤消上一个标注点。

尺寸标注→两点标注(LDBZ)。

点取菜单命令后，命令行提示：

起点(当前墙面标注)或[墙中标注(C)]<退出>：(在标注尺寸线一端点取起始点或键入 C 进入墙中标注，提示相同)

终点<选物体>：(在标注尺寸线另一端点取结束点)

请选择不要标注的轴线和墙体：(如果要略过其中不需要标注的轴线和墙体，这里有机会去掉这些对象)

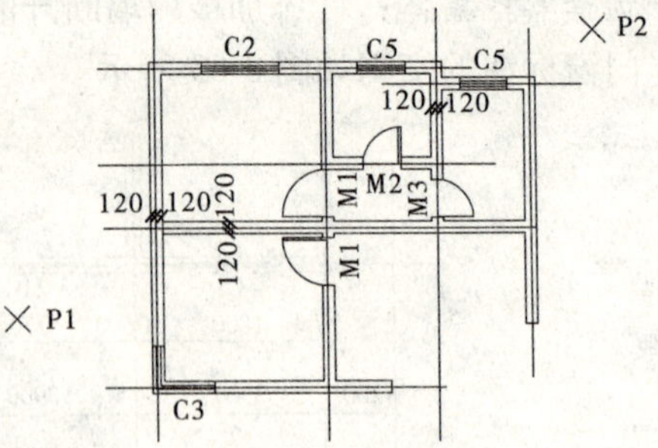

P1—起始点；P2—结束点

图 8-65　墙厚标注实例

请选择不要标注的轴线和墙体：(单击回车键结束选择)

选择其他要标注的门窗和柱子：(此时可以用任何一种选取图元的方法选择其他墙段上的窗等图元)

请输入其他标注点[参考点(R)/撤消上一标注点(U)]<退出>：(选择其他点或键入 U 撤消标注点)

请输入其他标注点[参考点(R)/撤消上一标注点(U)]<退出>：(单击回车键结束标注)

取点时可选用有对象捕捉(用快捷键 F3 切换)的取点方式定点，天正建筑软件将前后多次选定的对象与标注点一起完成标注。

两点标注实例如图 8-66 所示。

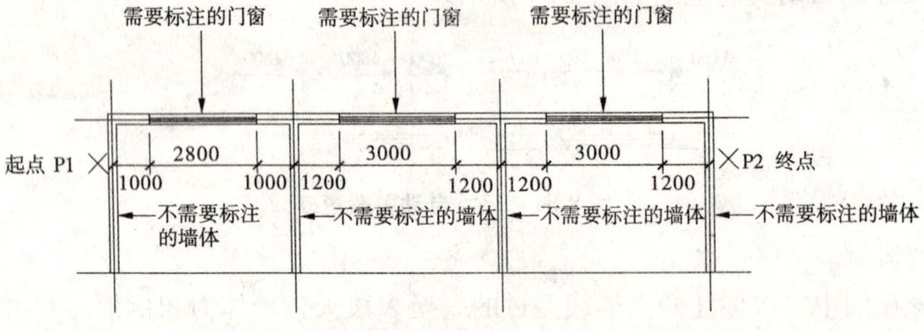

图 8-66　两点标注实例

5) 内门标注

本命令用于标注平面室内门窗尺寸以及定位尺寸线，其中定位尺寸线与邻近的正交轴线或墙角(墙垛)相关。

尺寸标注→内门标注(NMBZ)。

单击菜单命令后，命令行提示：

标注方式：轴线定位，请用线选门窗，并且以第二点作为尺寸线位置

起点或[垛宽定位(A)]<退出>：在标注门窗的另一侧点取起点或键入 A 改为垛宽定位

终点<退出>:经过标注的室内门窗,在尺寸线标注位置上给终点

内门标注实例:图 8-67(a)、(b)分别为轴线和垛宽两种定位方式的内门标注实例。

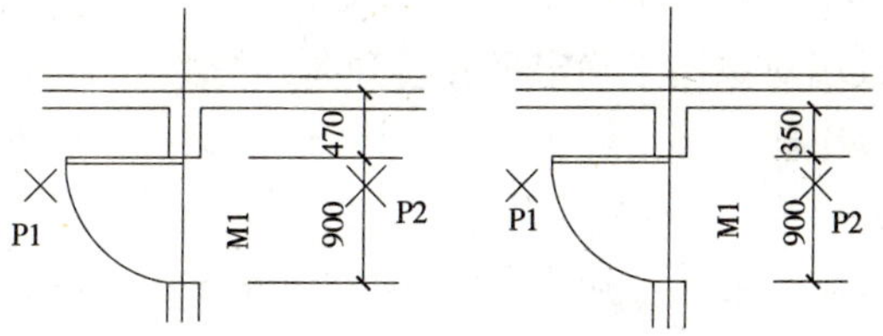

(a)轴线定位　　(b)垛宽定位

图 8-67　内门标注实例

6)快速标注

本命令类似于 AutoCAD 的同名命令,适用于天正对象,特别适用于选取平面图后快速标注外包尺寸线。

尺寸标注→快速标注(KSBZ)。

单击菜单命令后,命令行提示:

选择要标注的几何图形:（选取天正对象或平面图)

选择要标注的几何图形:（选取其他对象或单击回车键结束)

请指定尺寸线位置或[整体(T)/连续(C)/连续加整体(A)]<整体>:

选项中“整体”是从整体图形创建外包尺寸线,“连续”是提取对象节点创建连续直线标注尺寸,“连续加整体”是两者同时创建。

快速标注外包尺寸线的实例:选取要标注部分,默认整体标注,下拉完成外包尺寸线标注,键入 C 可标注连续尺寸线,如图 8-68 所示。

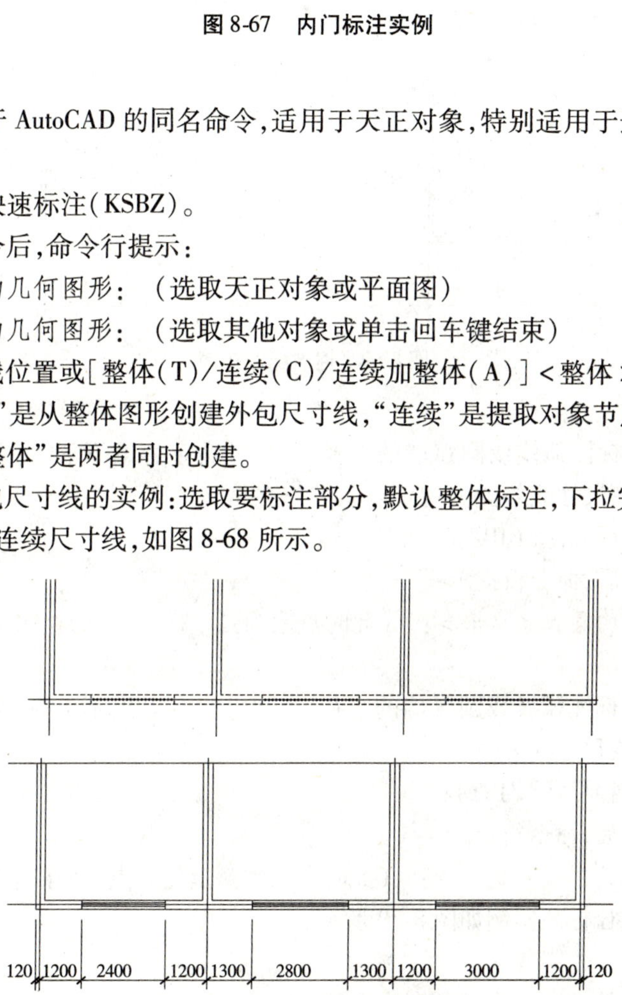

图 8-68　快速标注实例

7)逐点标注

本命令是一个通用的灵活标注工具,对选取的一串给定点沿指定方向和选定的位置标注尺寸。该命令特别适用于没有指定天正对象特征,需要取点定位标注的情况,以及其他标注命令难以完成的尺寸标注。

尺寸标注→逐点标注(ZDBZ)。

单击菜单命令后,命令行提示:

起点或[参考点(R)]<退出>：（点取第一个标注点作为起始点）

第二点<退出>：（点取第二个标注点）

请点取尺寸线位置或[更正尺寸线方向(D)]<退出>：（拖动尺寸线，点取尺寸线就位点，或键入D选取线或墙对象用于确定尺寸线方向）

请输入其他标注点或[撤消上一标注点(U)]<结束>：（逐点给出标注点，并可以回退）

请输入其他标注点或[撤消上一标注点(U)]<结束>：（继续取点，单击回车键结束命令）

逐点标注实例如图8-69所示。

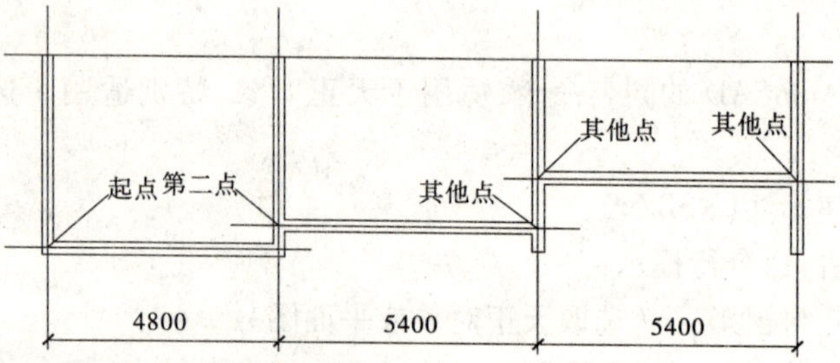

图8-69　逐点标注实例

8)半径标注

本命令在图中标注弧线或圆弧墙的半径，当尺寸文字容纳不下时，会按照制图标准规定，自动引出标注在尺寸线外侧。

尺寸标注→半径标注(BJBZ)。

单击菜单命令后，命令行提示：

请选择待标注的圆弧<退出>：（此时点取圆弧上任一点，即在图中标注好半径）

9)直径标注

本命令在图中标注弧线或圆弧墙的直径，当尺寸文字容纳不下时，会按照制图标准规定，自动引出标注在尺寸线外侧。

尺寸标注→直径标注(ZJBZ)。

单击菜单命令后，命令行提示：

请选择待标注的圆弧<退出>：（此时点取圆弧上任一点，即在图中标注好直径）

半径标注与直径标注实例如图8-70所示。

10)角度标注

本命令按逆时针方向标注两条直线之间的夹角，请注意按逆时针方向选择要标注的直线的先后顺序。

尺寸标注→角度标注(JDBZ)。

单击菜单命令后，命令行提示：

请选择第一条直线<退出>：（在标注位置点取第一根线）

请选择第二条直线<退出>：（在任意位置点取第二根线）

图8-71为角度标注实例，注意选取直线顺序的不同的标注效果。

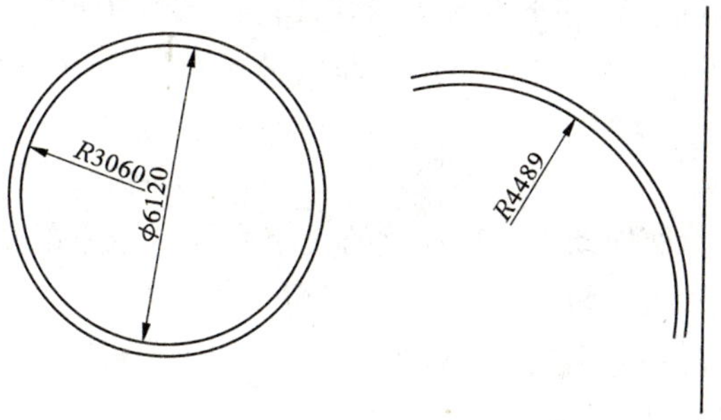

图 8-70　半径标注与直径标注实例

图 8-71　角度标注实例

11)弧长标注

本命令以国家建筑制图标准规定的弧长标注画法分段标注弧长,保持整体的一个角度标注对象,可在弧长、角度和弦长三种状态下相互转换。

尺寸标注→弧长标注(HCBZ)。

单击菜单命令后,命令行提示:

请选择要标注的弧段:（点取准备标注的弧墙、弧线）

请点取尺寸线位置＜退出＞:（类似于逐点标注,拖动到标注的最终位置）

请输入其他标注点＜结束＞:（继续点取其他标注点）

……

请输入其他标注点＜结束＞:（单击回车键结束）

图 8-72 为弧长标注实例,通过“切换角标”命令可改变标注类型。

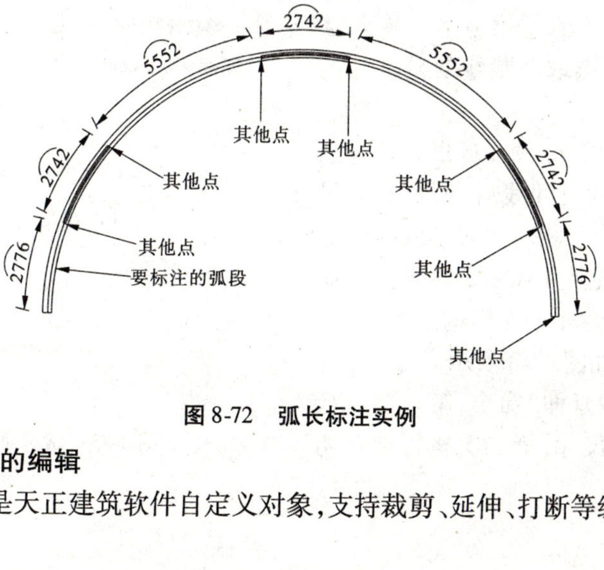

图 8-72　弧长标注实例

8.3.1.2　尺寸标注的编辑

尺寸标注对象是天正建筑软件自定义对象,支持裁剪、延伸、打断等编辑命令,使用方法与 AutoCAD 尺寸对象相同。以下介绍的是本软件提供的专用尺寸编辑命令的详细使用方法。除尺寸编辑命令外，双击尺寸标注对象，即可进入对象编辑的增补尺寸功能，参见“增补尺寸”命令。

1）文字复位

本命令将尺寸标注中被拖动夹点移动过的文字恢复到原来的初始位置，可解决夹点拖动不当时与其他夹点合并的问题。

尺寸标注→尺寸编辑→文字复位（WZFW）。

单击菜单命令后，命令行提示：

请选择天正尺寸标注：（点取要恢复的天正尺寸标注，可多选）

请选择天正尺寸标注：（单击回车键结束命令，系统把选到的尺寸标注中所有文字恢复原始位置）

2）文字复值

本命令将尺寸标注中被有意修改的文字恢复尺寸的初始数值。有时为了方便起见，会把其中一些标注尺寸文字加以改动，为了校核或提取工程量等需要尺寸和标注文字一致的场合，可以使用本命令按实测尺寸恢复文字的数值。

尺寸标注→尺寸编辑→文字复值（WZFZ）。

单击菜单命令后，命令行提示：

请选择天正尺寸标注：（点取要恢复的天正尺寸标注，可多选）

请选择天正尺寸标注：（单击回车键结束命令，系统把选到的尺寸标注中所有文字恢复实测数值）

3）剪裁延伸

本命令在尺寸线的某一端，按指定点剪裁或延伸该尺寸线。本命令综合了 TRIM（剪裁）和 EXTEND（延伸）两个命令，自动判断对尺寸线的剪裁或延伸。

尺寸标注→尺寸编辑→剪裁延伸（JCYS）。

单击菜单命令后，命令行提示：

请给出剪裁延伸的基准点或[参考点(R)]<退出>：（点取剪裁线要延伸到的位置）

要剪裁或延伸的尺寸线<退出>：（点取要作剪裁或延伸的尺寸线后，所点取的尺寸线的点取一端即作了相应的剪裁或延伸）

要剪裁或延伸的尺寸线<退出>：（命令行重复以上显示，单击回车键退出命令）

剪裁延伸实例如图 8-73 所示。

执行两次“剪裁延伸”命令，第一次执行延伸功能构造外包尺寸，第二次执行剪裁功能剪裁尺寸。

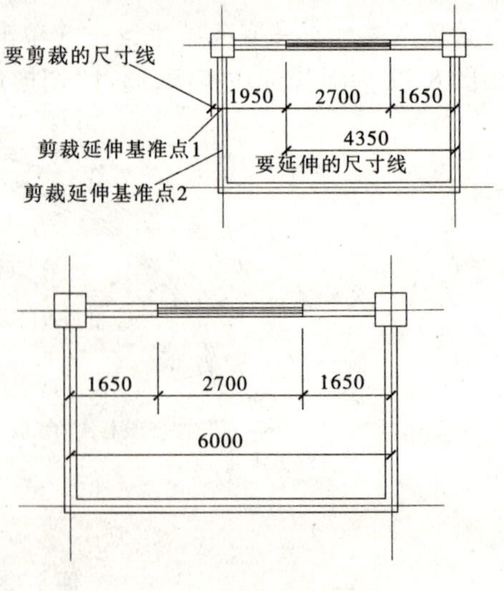

图 8-73　裁剪延伸实例

4)取消尺寸

尺寸标注→尺寸编辑→取消尺寸(QXCC)。

单击菜单命令后,命令行提示:

请选择待取消的尺寸区间的文字<退出>:(点取要删除的尺寸线区间内的文字或尺寸线均可)

请选择待取消的尺寸区间的文字<退出>:(点取其他要删除的区间,或单击回车键结束命令)

5)连接尺寸

本命令连接两个独立的天正自定义直线或圆弧标注对象,将点取的两尺寸线区间段加以连接,原来的两个标注对象合并成为一个标注对象。如果准备连接的标注对象尺寸线之间不共线,连接后的标注对象以第一个点取的标注对象为主标注尺寸对齐,通常用于把 AutoCAD 的尺寸标注对象转为天正尺寸标注对象。

尺寸标注→尺寸编辑→连接尺寸(LJCC)。

单击菜单命令后,命令行提示:

请选择主尺寸标注<退出>:(点取要对齐的尺寸线作为主尺寸)

选择需要连接的其他尺寸标注<结束>:(点取其他要连接的尺寸线)

……

选择需要连接的其他尺寸标注<结束>:(单击回车键结束命令)

连接尺寸实例如图 8-74 所示。

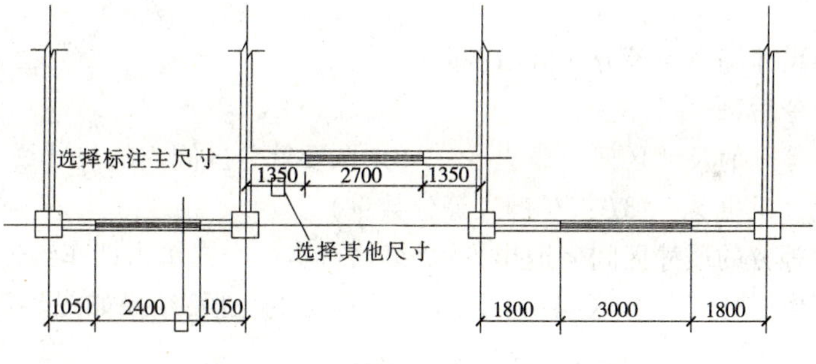

图 8-74　连接尺寸实例

6)尺寸打断

本命令把整体的天正自定义尺寸标注对象在指定的尺寸界线上打断,成为两段互相独立的尺寸标注对象,可以各自拖动夹点、移动和复制。

尺寸标注→尺寸编辑→尺寸打断(CCDD)。

单击菜单命令后,命令行提示:

请在要打断的一侧点取尺寸线<退出>:(在要打断的位置点取尺寸线,系统随即打断尺寸线,选择预览尺寸线,可见两个独立对象)

结果尺寸打断实例如图 8-75所示。

7)合并区间

合并区间新增加了一次框选多个尺寸界线箭头的命令交互方式,可大大提高合并多个区间时的效率。本命令可作为“增补尺寸”命令的逆命令使用。

尺寸标注→尺寸编辑→合并区间(HBQJ)。

单击菜单命令后,命令行提示:

请框选合并区间中的尺寸界线箭头 <退出>:用两个对角点框选要合并区间之间的尺寸界线

请框选合并区间中的尺寸界线箭头或[撤消(U)] <退出>:框选其他要合并区间之间的尺寸界线或键入 U 撤消合并

……

请框选合并区间中的尺寸界线箭头或[撤消(U)] <退出>: (单击回车键退出命令)

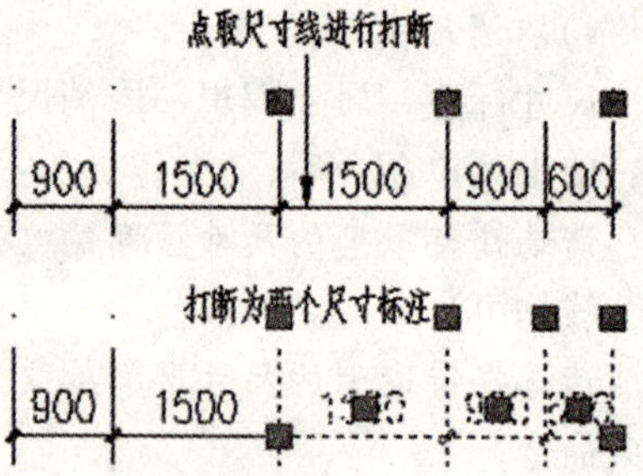

图 8-75 尺寸打断实例

合并区间实例:执行“合并区间”命令,框选三个区间中的尺寸界线箭头进行合并,结果如图 8-76 所示。

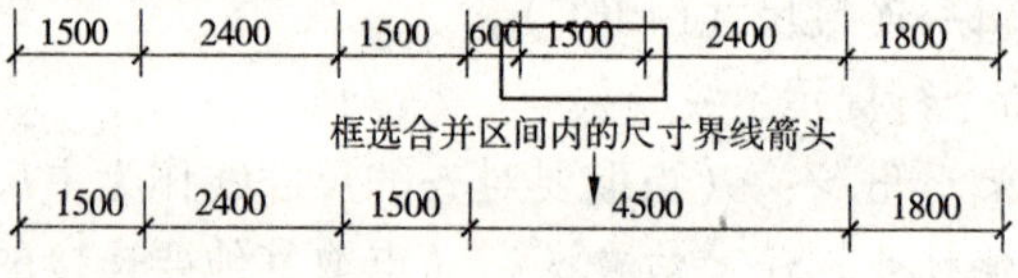

图 8-76 合并区间实例

8)等分区间

本命令用于等分指定的尺寸标注区间,类似于多次执行“增补尺寸”命令,可提高标注效率。

尺寸标注→尺寸编辑→等分区间(DFQJ)。

单击菜单命令后,命令行提示:

请选择需要等分的尺寸区间 <退出>: (点取要等分区间内的尺寸线)

输入等分数 <退出>: 3↙ (键入等分数量)

请选择需要等分的尺寸区间 <退出>:继续执行本命令或单击回车键退出命令

等分区间实例:执行“等分区间”命令,把区间等分为三段,结果如图 8-77 所示。

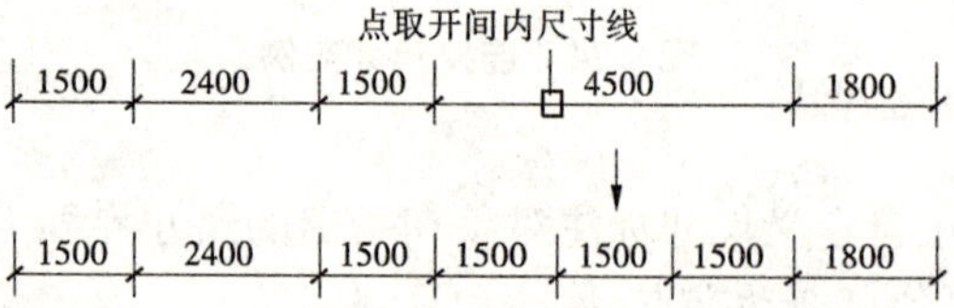

图 8-77 等分区间实例

9)等式标注

本命令对指定的尺寸标注区间尺寸自动按等分数列出等分公式作为标注文字,除不尽的尺寸保留一位小数。

尺寸标注→尺寸编辑→等式标注(DSBZ)。

单击菜单命令后,命令行提示:

请选择需要等分的尺寸区间 <退出>: (点取要按等式标注的区间尺寸线)

输入等分数 <退出>: 6↙ (按该处的等分公式要求键入等分数)

请选择需要等分的尺寸区间<退出>：（该区间的尺寸文字按等式标注，单击回车键退出命令）

等式标注实例：执行“等式标注”命令，标注6步的楼梯，标注结果如图8-78所示。

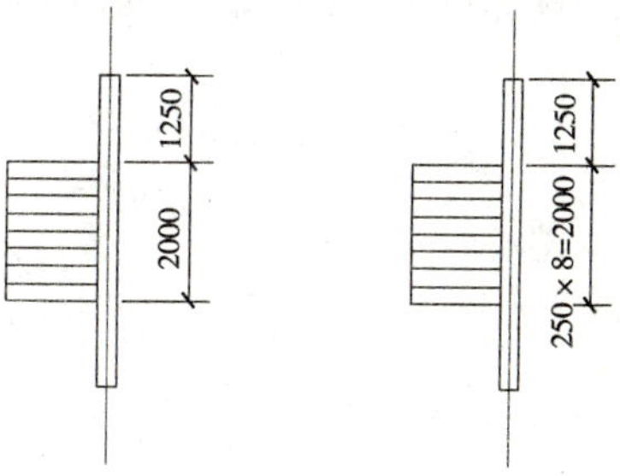

图8-78　等式标注实例

10）对齐标注

本命令用于一次按 Y 向坐标对齐多个尺寸标注对象，对齐后各个尺寸标注对象按参考标注的高度对齐排列。

尺寸标注→尺寸编辑→对齐标注（DQBZ）。

单击菜单命令后，命令行提示：

选择参考标注<退出>：（选取作为样板的标注，它的高度作为对齐的标准）

选择其他标注<退出>：（选取其他要对齐排列的标注）

……

选择其他标注<退出>：（单击回车键退出命令）

对齐标注实例：执行“对齐标注”命令，把三个标注对象对齐，结果如图8-79所示。

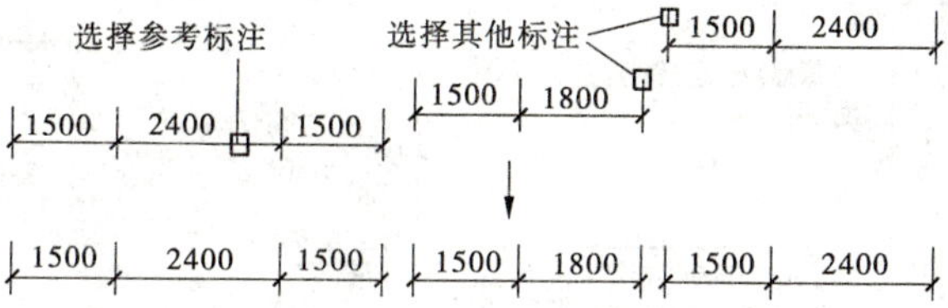

图8-79　对齐标注实例

11）增补尺寸

本命令在一个天正自定义直线标注对象中增加区间，增补新的尺寸界线，断开原有区间，但不增加新标注对象，双击尺寸标注对象即可进入本命令。

尺寸标注→尺寸编辑→增补尺寸（ZBCC）。

单击菜单命令后，命令行提示：

请选择尺寸标注<退出>：（点取要在其中增补的尺寸线分段）

点取待增补的标注点的位置或[参考点(R)]<退出>：（捕捉点取增补点或键入R定义参考点）

如果给出了参考点，这时命令行提示：

参考点：点取参考点，然后从参考点引出定位线，（无参考点直接到这里）提示：

点取待增补的标注点的位置或[参考点(R)/撤消上一标注点(U)]<退出>：（按该线方向键入准确数值，定位增补点）

点取待增补的标注点的位置或[参考点(R)/撤消上一标注点(U)]<退出>：（连续点取其他增补点，没有顺序区别）

……

点取待增补的标注点的位置或[参考点(R)/撤消上一标注点(U)]<退出>：（最后单击回车键退出命令）

增补尺寸实例:执行“增补尺寸”命令添加标注,结果如图 8-80 所示。

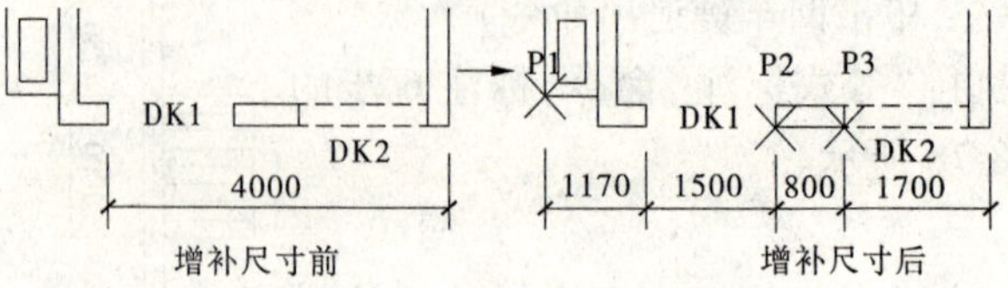

图 8-80　增补尺寸实例

注意:尺寸标注夹点提供“增补尺寸”模式控制,拖动尺寸标注夹点时,按 Ctrl 键切换为“增补尺寸”模式,即可在拖动位置添加尺寸界线。

8.3.2　符号标注

8.3.2.1　标高标注

符号标注→标高标注(BGBZ)。

单击菜单命令后,显示对话框,如图 8-81 所示。

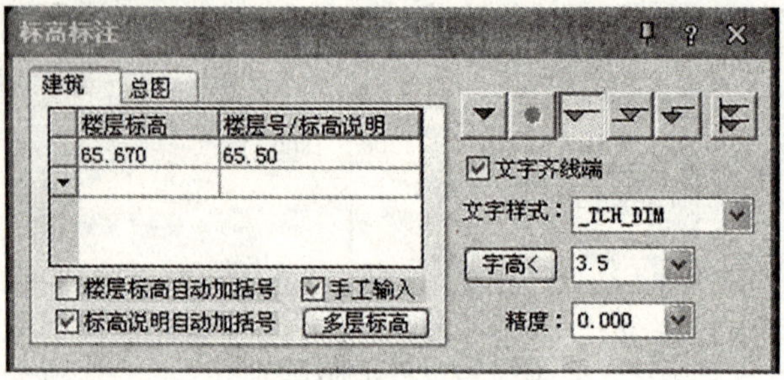

图 8-81　“标高标注”对话框

默认不勾选“手工输入”复选框,自动取光标所在的 Y 坐标作为标高数值。当勾选“手工输入”复选框时,要求在表格内输入楼层标高。

建筑标高:单击建筑标签切换到建筑标高页面,界面左方显示一个输入标高和说明的电子表格,在“楼层标高”栏中可填入一个起始标高,右栏可以填入相对标高值,用于标注建筑和结构的相对标高,此时两者均可服从动态标志,在移动或复制后根据当前位置坐标自动更新;当右栏填入说明文字后,此标高成为注释性标高符号,不能动态更新。

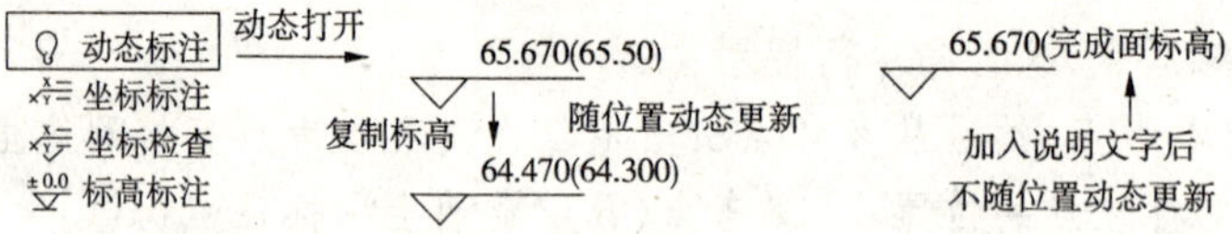

图 8-82　“建筑标高”实例

建筑标高的标注精度自动切换为 0.000,小数点后保留三位小数。

“文字齐线端”复选框用于规定标高文字的取向,勾选后文字总是与文字基线端对齐;去除勾选表示文字与标高三角符号一端对齐,与符号左右无关。

“楼层标高自动加括号”复选框用于按《房屋建筑制图统一标准》(GB/T 50001—2001)第 10.8.6 条的规定绘制多层标高,勾选后除第一个楼层标高外,其他楼层的标高加括号。

“标高说明自动加括号”复选框用于设置是否在说明文字两端添加括号，勾选后说明文字自动添加括号。

“多层标高”按钮用于处理多层标高的电子表格自动输入和清理，如图 8-83 所示。

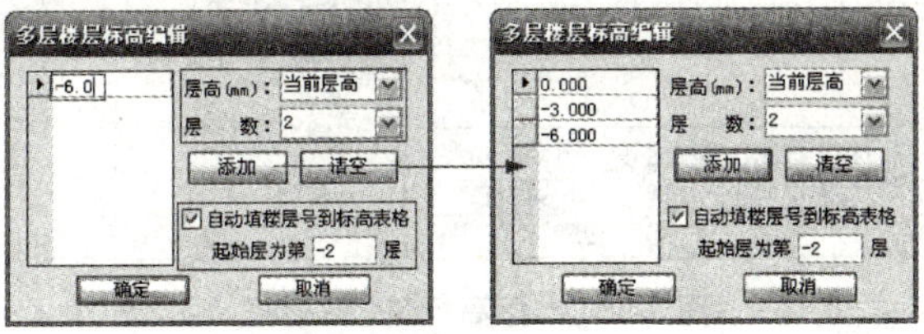

图 8-83　“多层楼层标高编辑”对话框

先键入首个楼层的起始标高（可从地下室负标高开始）“ -6.0”，然后键入起始层和层高，单击“添加”按钮，即可完成表格的填写。单击“确定”按钮，返回“标高标注”对话框。

“自动填楼层号到标高表格”复选框勾选后，以 -2F、-1F、1F 顺序自动添加标高说明，最终结果如图 8-84 所示。

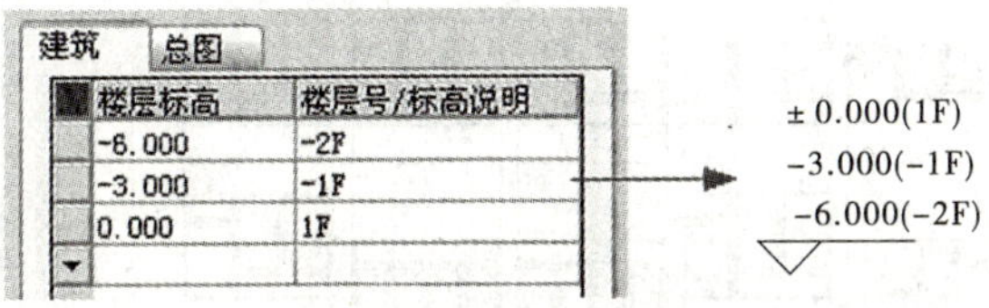

图 8-84　多层标高效果

“清空”按钮用于清除多层标高电子表格全部标高数据，“添加”按钮用于按当前起始标高和层号自动计算各层标高并将标高填入电子表格。

“自动对齐”图标按钮仅用于建筑标高，按下后，后面注写。

实例：对图 8-85 某餐厅立面图进行标高标注。

(1)绘制好经过尺寸标注的立面图，如图 8-85 所示。

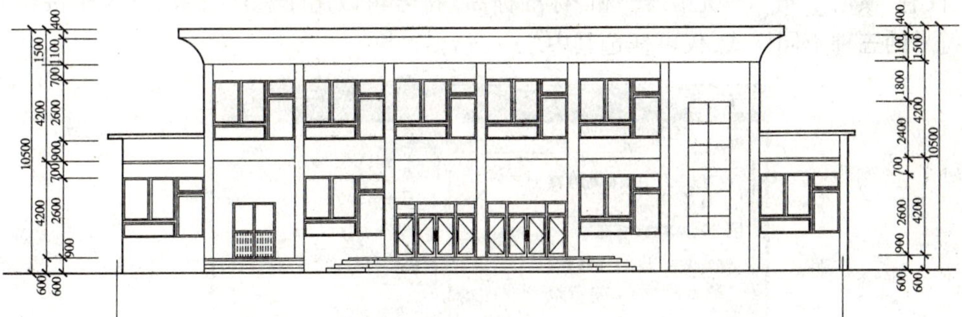

图 8-85　餐厅立面图(1:100)

(2)在需要标标高的地方做好辅助线。

(3)符号标注→标高标注(BGBZ)，弹出如图 8-86 所示的对话框。

勾选“手工输入”，填入 0.000。

请点取标高点或[参考标高(R)]<退出>：*取消*点取需要标注 ±0.000 的标高位置

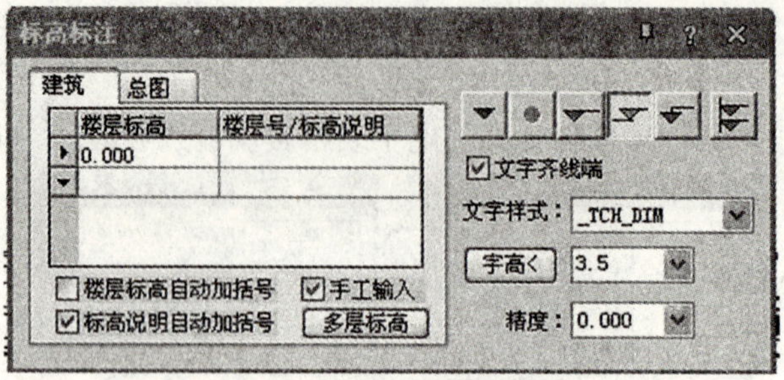

图 8-86 “标高标注”对话框

请点取标高方向<退出>：（单击鼠标确定标高正确方向）

（4）在打开动态输入的情况下，去除勾选“手工输入”，依次单击需要标注的地方即可，结果如图 8-87 所示。

图 8-87 标注标高后的餐厅正立面图（1∶100）

注意：若标高数字需要编辑，直接双击数字即可进入标记界面。

总图标高：单击总图标签切换到总图标高页面，如图 8-88 所示，在 5 个可按下的图标按钮中，仅有“实心三角”“实心圆点”和“标准标高”符号可以用于总图标高，这 3 个按钮表示标高符号的三种不同样式，仅可任选其中之一进行标注。

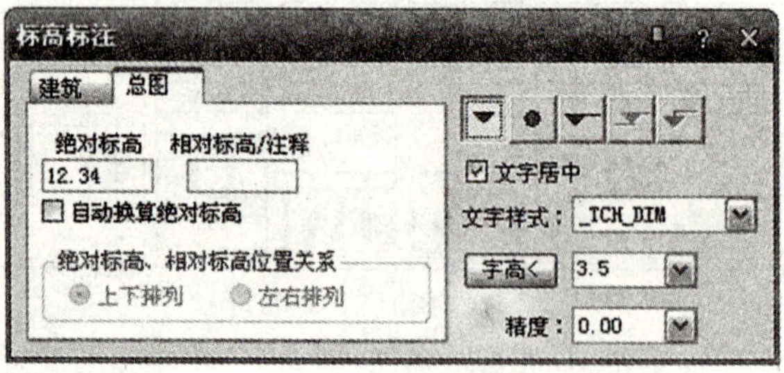

图 8-88 总图标高

总图标高的标注精度自动切换为 0.00，保留两位小数。

可选实心标高符号或标准标高符号标注相对标高或注释，标高符号的尺寸可由用户定义，见“天正选项”命令的“基本设定”页面。

“自动换算绝对标高”复选框勾选，在换算关系框输入标高关系，绝对标高自动算出并标注两者换算关系，当注释为文字时自动加括号作为注释；该复选框去除勾选时，不自动计算标高，如图 8-88 右边的编辑框可写入注释内容。

“文字居中”是《总图制图标准》(GB/T 50103—2010)中收录的两种标高符号排列，勾选后标高文字标注在符号上面，不勾选则标注在符号右边，如图 8-89 所示。

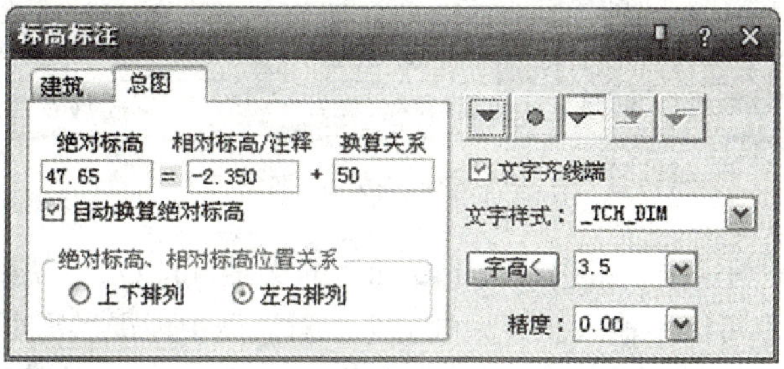

图 8-89　总图

“绝对标高 = 相对标高/注释 + 换算关系”中的“换算关系”用于输入相对标高和绝对标高之间的高差，如图 8-89 中 50 表示相对标高 ±0.000 等于绝对标高 50.00。

在“相对标高/注释”中输入相对标高，由命令计算出“绝对标高”框的内容。

“上下排列”“左右排列”用于标注绝对标高和相对标高的关系，有两种排列方式供用户自己选择。标注实例如图 8-90 所示。

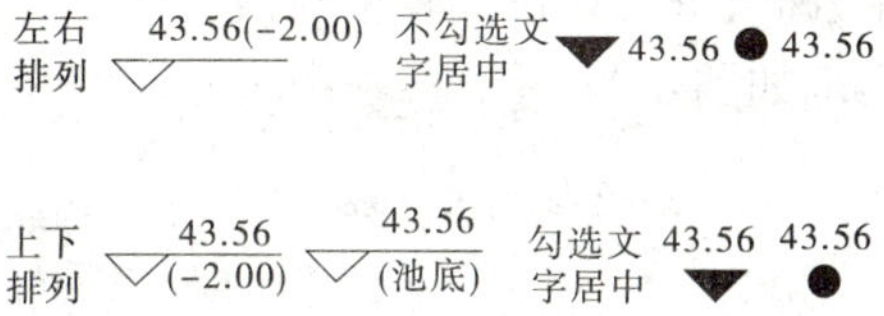

图 8-90　总图中上下排列和左右排列

在“相对标高/注释”中输入 0 或注释文字的情况(见图 8-91)。

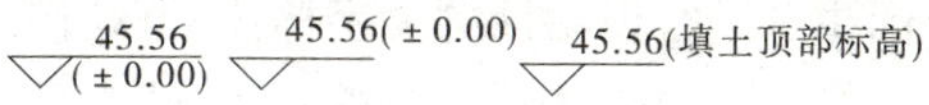

图 8-91　总图中相对标高注释

双击标高对象的文字即可进入在位编辑，直接修改标高数值，如图 8-92 所示。

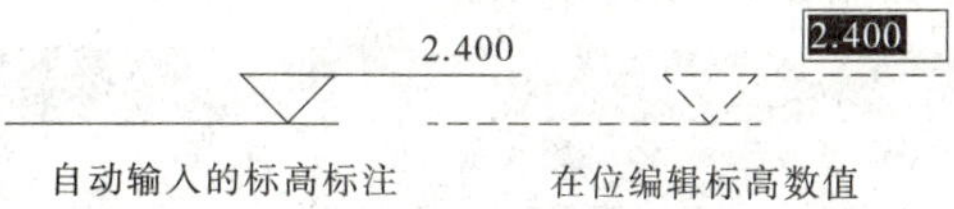

图 8-92　总图标高标注实例

双击标高对象非文字部分即可进入对象编辑，显示对话框，单击“确定”按钮完成修改。

8.3.2.2　箭头引注

本命令绘制带有箭头的引出标注，文字可从线端标注，也可从线上标注，引线可以多次转折，用于楼梯方向线、坡度等标注，共提供 5 种箭头样式和两行说明文字。

符号标注→箭头引注(JTYZ)。

单击菜单命令后，显示如图 8-93 所示的对话框，在线端时仅输入一行文字。

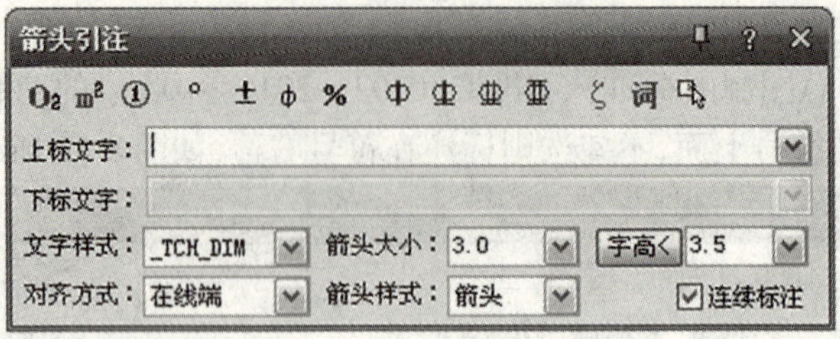

图 8-93　“箭头引注”对话框

在对话框中输入“引线端”或引线上下要标注的文字，可以从下拉列表框中选取命令保存的文字历史记录，也可以不输入文字只画箭头。对话框中还提供了更改箭头长大小、样式的功能，箭头大小按最终图纸尺寸为准，以毫米为单位给出；箭头的可选样式有“箭头”“半箭头”“点”“十字”“无”共 5 种。

对话框中输入要注写的文字，设置好参数，按命令行提示：

箭头起点或［点取图中曲线(P)/点取参考点(R)］<退出>：（点取箭头起始点）

直段下一点［弧段(A)/回退(U)］<结束>：画出引线（直线或弧线）

……

直段下一点［弧段(A)/回退(U)］<结束>：（单击回车键结束命令）

双击箭头引注中的文字，即可进入在位编辑框修改文字。

箭头引注与在位编辑实例如图 8-94 所示。

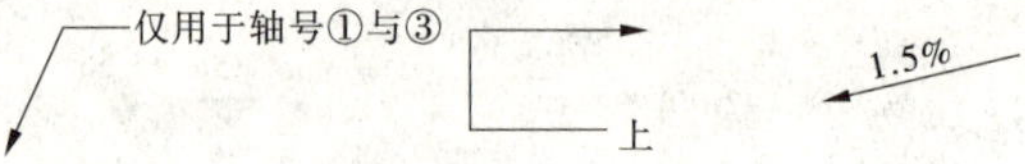

图 8-94　箭头引注与在位编辑实例

8.3.2.3　引出标注

本命令可用于对多个标注点进行说明性的文字标注，自动按端点对齐文字，具有拖动自动跟随的特性，新增“固定角度”“多行文字”与“多点共线”功能，默认是单行文字，需要标注多行文字时在特性栏中切换。

符号标注→引出标注（YCBZ）。

单击菜单命令后，显示如图 8-95 所示的对话框。

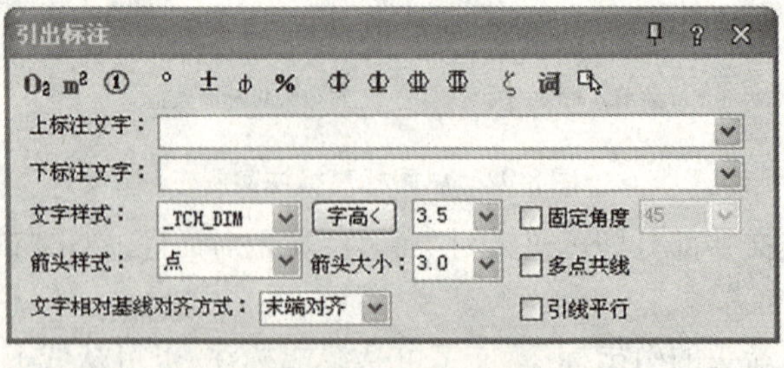

图 8-95　“引出标注”对话框

“上标注文字”：把文字内容标注在文字基线上。

“下标注文字”：把文字内容标注在文字基线下。

“箭头样式”：包括“箭头”“点”“十字”和“无”4 项，用户可任选一项指定箭头的形式。

“字高”：以最终出图的尺寸（毫米），设定字的高度，也可以从图上量取（系统自动换算）。

“文字样式”：设定用于引出标注的文字样式。

“固定角度”：设定用于引出线的固定角度，勾选后引线角度不随拖动光标改变，从 0°～90°可选。

“多点共线”：设定增加其他标注点时，这些引线与首引线共线添加，适用于立面和剖面的材料标注。

“文字相对基线对齐方式”：增加了始端对齐、居中对齐和末端对齐 3 种文字对齐方式。

8.3.2.4　做法标注

本命令用于在施工图纸上标注工程的材料做法，通过专业词库可调入北方地区常用的 88J1－X1（2000 版）的墙面、地面、楼面、顶棚和屋面标准做法。TArch 8.0 以后版本提供了多行文字的做法标注文字，每一条做法说明都可以按需要的宽度拖动为多行，还增加了多行文字位置和宽度的控制夹点。

符号标注→做法标注（ZFBZ）。

单击菜单命令后，显示如图 8-96 所示的对话框。

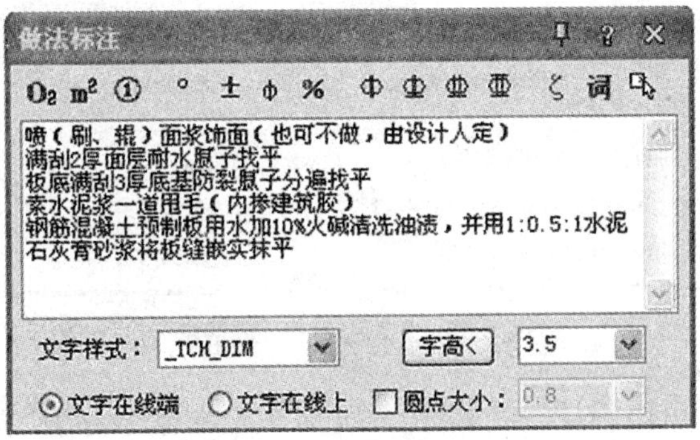

图 8-96　“做法标注”对话框

做法标注的控件功能说明：

“多行编辑框”：供输入多行文字使用，单击回车键结束，一段文字写入一条基线上，可随宽度自动换行。

“文字在线端”：文字内容标注在文字基线线端为一行表示，多用于建筑图。

“文字在线上”：文字内容标注在文字基线线上，按基线长度自动换行，多用于装修图。

其他控件的功能与“引出标注”命令相同。

在对话框中编辑好标注内容及其形式后，命令行提示：

请给出标注第一点 <退出>：（点取标注引线上的第一点）

请给出标注第二点 <退出>：（点取标注引线上的转折点）

请给出文字线方向和长度 <退出>：（拉伸文字基线的末端定点）

做法标注实例：依次点取 P1、P2、P3 位置，如图 8-97 所示。

8.3.2.5　索引符号

本命令为图中另有详图的某一部分标注索引号，指出表示这些部分的详图在哪张图上，

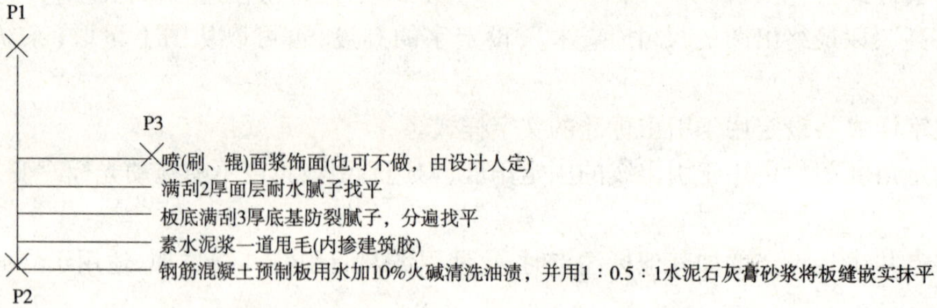

图 8-97　做法标注实例

分为"指向索引"和"剖切索引"2 类。索引符号的对象编辑提供了增加索引号与改变剖切长度的功能;新增加"添加索引范围"复选框,去除勾选后不用每次设置索引范围。

符号标注→索引符号(SYFH)。

单击菜单命令后,显示如图 8-98 所示的对话框。

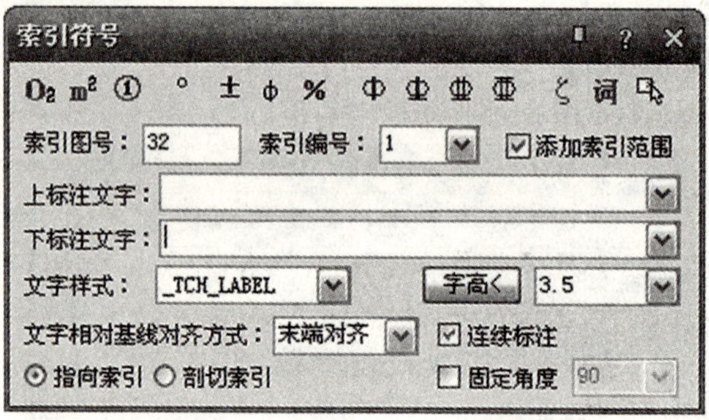

图 8-98　"索引符号"对话框

其中控件功能与"引出标注"命令类似,区别在于本命令分为"指向索引"和"剖切索引"2 类,标注时按要求选择标注。

新增了"文字相对基线对齐方式",分别为"末端对齐""居中对齐""始端对齐"3 种,用于定义上下标注文字在文字基线上水平的位置,如图 8-98 所示。

选择"指向索引"时,命令行提示:

请给出索引节点的位置<退出>：(点取需索引的部分)

如果勾选"添加索引范围"复选框,命令行提示:

请给出索引节点的范围<0.0>：(拖动圆上一点,单击定义范围或单击回车键不画出范围)

请给出转折点位置<退出>：(拖动点取索引引出线的转折点)

请给出文字索引号位置<退出>：(点取插入索引号圆圈的圆心)

选择"剖切索引"时,命令行提示:

请给出索引节点的位置<退出>：(点取需索引的部分)

请给出转折点位置<退出>：(按 F8 键打开正交,拖动点取索引引出线的转折点)

请给出文字索引号位置<退出>：(点取插入索引号圆圈的圆心)

请给出剖视方向<当前>：（拖动给点定义剖视方向）

双击索引标注对象可进入编辑对话框，双击索引标注文字部分，进入文字在位编辑。

夹点编辑增加了“改变索引个数”功能，拖动边夹点即可增删索引号，向外拖动增加索引号，超过2个索引号时向左拖动至重合删除索引号；双击文字修改新增索引号的内容，超过2个索引号的符号在导出TArch3－6版本格式时分解索引符号对象为AutoCAD基本对象。

指向索引和剖切索引与编辑实例如图8-99所示。

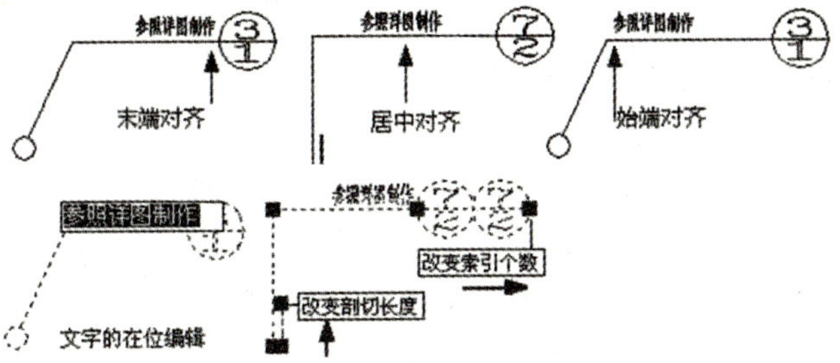

图8-99 指向索引和剖切索引与编辑实例

8.3.2.6 **图名标注**

当一个图形中绘有多个图形或详图时，需要在每个图形下方标出该图的图名，并且同时标注比例，比例变化时会自动调整其中文字的合理大小，新增特性栏“间距系数”项，表示图名文字到比例文字间距的控制参数。

符号标注→图名标注(TMBZ)。

单击菜单命令后，显示如图8-100所示的对话框。

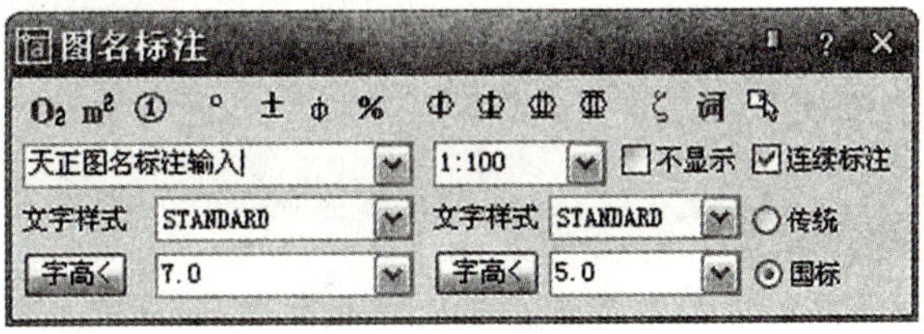

图8-100 “图名标注”对话框

在对话框中编辑好图名内容，选择合适的样式后，按命令行提示标注图名，图名和比例间距可以在“天正选项”命令中预设，已有的间距可在特性栏中修改“间距系数”进行调整，该系数为图名字高的倍数。

双击图名标注对象进入对话框修改样式设置，双击图名文字或比例文字进入在位编辑修改文字，移动图名标注夹点设在对象中间，可以用捕捉对齐图形中心线获得良好效果。

图名标注实例及夹点编辑如图8-101所示。

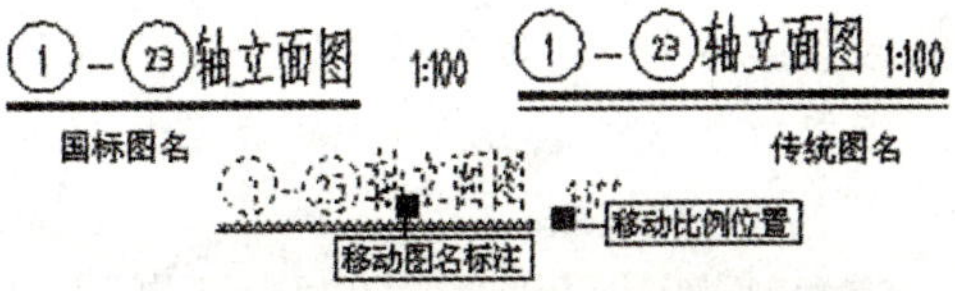

图8-101 图名标注实例及夹点编辑

8.3.2.7 **剖面剖切**

本命令在图中标注国标规定的断面剖切符号，用于定义编号的剖面图，表示剖切断面上的构件以及从该处沿视线方向可见的建筑部件，生成剖面时要依赖此符号定义剖面方向。

符号标注→剖切符号(PMPQ)。

单击菜单命令后,显示如图 8-102 所示的对话框。

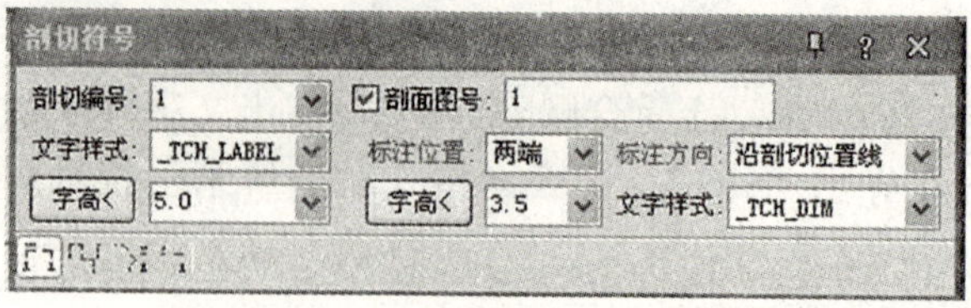

图 8-102 “剖切符号”对话框

选择下面参数依次可以绘制正交剖切、正交转折剖切、非正交转折剖切和断面剖切符号。

图 8-103 是按以上的“剖面剖切”命令创建的阶梯剖切符号。

符号标注→剖切符号(DMPQ)。

单击“正交转折剖切” ,点取菜单命令后,命令行提示:

请输入剖切编号 <1>: (键入编号“1”后单击回车键)

点取第一个剖切点 <退出>: (给出起点 P1)

点取第二个剖切点 <退出>: (沿剖线给出终点 P2)

……

点取剖视方向 <当前>: (此时在两点间可预览该符号,可以移动鼠标改变当前默认的方向,单击“确认”或回车键采用当前方向,完成断面剖切符号的标注)

标注完成后,拖动不同夹点即可改变剖面符号的位置以及改变剖切方向。

剖面剖切实例见图 8-103。

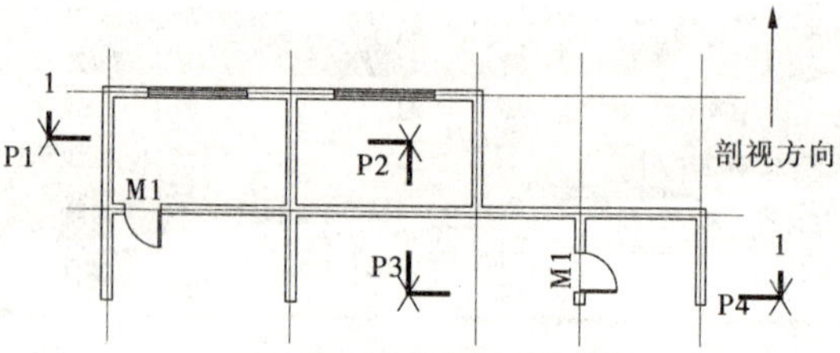

图 8-103 剖面剖切实例

8.3.2.8 加折断线

符号标注→加折断线(JZDX)。

单击菜单命令后,命令行提示:

点取折断线起点或[选多段线(S)] <退出>: (点取折断线起点,或者键入 S 选择已有的多段线)

点取折断线终点或[改折断数目],当前= (点取折断线终点或者键入 N 修改折断数目)

注意:折断数目为 0 时不显示折断线,可用于切割图形。

折断数目 <1>:2↙

点取折断线终点或[改折断数目],当前=: (拖动折断线给出终点)

当前切除外部,请选择保留范围或[改为切除内部(Q)] <不切割>: (拖动切割线边

框改变保留范围(外部被切割),给点完成命令,单击回车键仅画出折断线)

此时折断线自动从两端出头,出头的长度与折断范围长度有关,在“天正选项”命令→高级选项→折断线两端出头距离中可以设置。

内部和外部是对由折断线与切割线围合的区域而言的,请参见实例图示,使用切除内部时不会隐藏切割范围内的注释对象包括门窗编号,请单独使用隐藏特性等关闭。

键入选项 Q 时命令行提示如下:

当前切除内部,请选择切除范围或[改为切除外部(Q)]<不切割>:(拖动切割线边框改变切割范围(内部被切割)给点完成命令,单击回车键仅画出折断线)

键入选项 S 时命令行提示如下:

选择闭合多段线:选择后显示对话框见图 8-104。

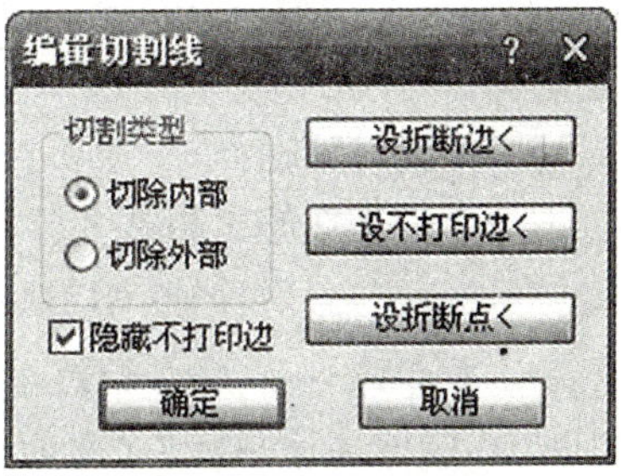

图 8-104 “编辑切割线”对话框

在对话框中单击“没折断边”按钮,进入图形中设置各边的作用,折断边为折断线所在的边。

单击“设不打印边 <”可把折断边恢复为不打印边,单击“设折断点 <”给指定位置添加折断号,同时定义一段折断线。

勾选“隐藏不打印边”复选框可隐藏非折断线边,避免干扰图面(即使不隐藏也不会打印出来),此功能仅用于对象编辑,创建时切割线总是打开的,双击折断线也可打开对话框进入对象编辑。在全部边界都设为不打印边,而且被隐藏时,会保留四个(或更多)个可选择的不打印点,需要修改时双击不打印点即可进入对象编辑,参见对象编辑的实例附图。

符号标注→加折断线(JZDX)。

单击菜单命令后,命令行提示:

点取折断线起点或[选多段线(S)]<退出>:(点取折断线起点,或者键入 S 选择已有的多段线)

加折断线的实例分别点取 P1 点和 P2 点,见图 8-105。

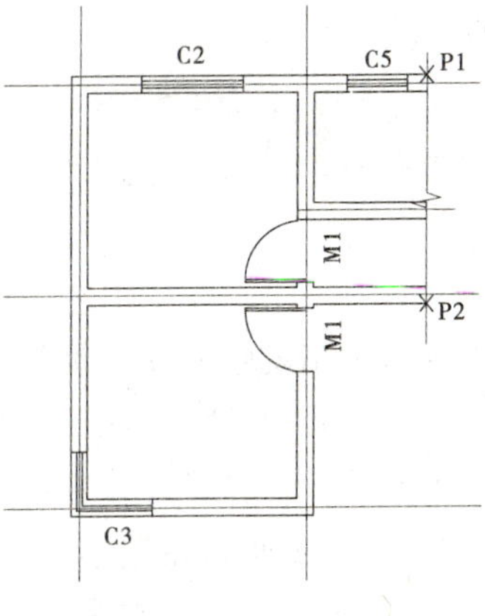

图 8-105 加折断线实例

8.3.2.9 索引图名

本命令为图中被索引的详图标注索引图名,对象中新增“详图比例”,在命令交互中输入即可标注。在特性栏中新提供“文字字高系数”,可在需要时加以调整编号文字相对于索引圆圈的大小,取 1.0 时字高充满圆圈。

符号标注→索引图名(SYTM)。

单击菜单命令后,命令行提示:

请输入被索引的图号(-表示在本图内)<->:(单击回车键或键入被索引图张号)

请输入索引编号<1>:(键入索引图编号 1 或者单击回车键)

请输入比例(-表示不绘制)1:<100>:50↙ (输入需要标注的详图比例或者半角字符,“-”表示不绘制比例)

请点取标注位置<退出>:(拖动索引图名对象插入图中指定位置(见图 8-106))

索引图名对象只有一个夹点,拖动该夹点可移动索引图名,文字与横线的间距按参数

图 8-106　索引图名实例

“文字距离基线系数”设置，参见“天正选项”命令；本命令提供基于命令行的对象编辑，提示和绘制类似。

8.3.2.10　画对称轴

本命令用于在施工图纸上标注表示对称轴的自定义对象。

符号标注→画对称轴(HDCZ)。

单击菜单命令后，命令行提示：

起点或[参考点(R)]<退出>：（给出对称轴的端点 1）

8.3.2.11　画指北针

本命令在图上绘制一个国标规定的指北针符号，从插入点到橡皮线的终点定义为指北针的方向，这个方向在坐标标注时起指示北向坐标的作用(见图 8-107)。

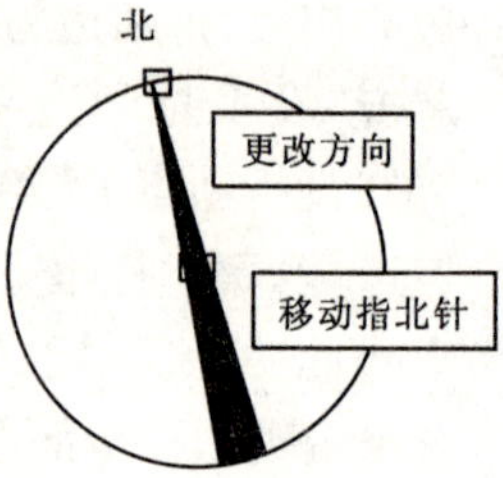

图 8-107　画指北针

符号标注→画指北针(HZBZ)。

单击菜单命令后，命令行提示：

指北针位置<退出>：（点取指北针的插入点）

指北针方向<90.0>：（拖动光标或键入角度定义指北针方向，X 正向为 0）

文字“北”总是与当前 UCS 上方对齐，但它是独立的文字对象，编辑时不会自动处理与符号的关系。

8.3.3　文字表格

文字表格的绘制在建筑制图中占有重要的地位，所有的符号标注和尺寸标注的注写离不开文字内容，而必不可少的设计说明主要是由文字和表格组成的。

AutoCAD 提供了一些文字书写功能，但主要针对西文的，对于中文字，尤其是中西混合文字的书写，编辑显得很不方便。天正建筑软件开发的自定义文字对象改进了原有的文字对象，可方便地书写和修改中西文混合文字，可使组成天正文字样式的中西文字体有各自的宽高比例，方便地输入变换文字的上下标。特别是天正建筑软件对 AutoCAD 的 SHX 字体与 Windows 的 Truetype 字体存在名义字高与实际字高不等的问题上做了自动判断修正，使汉字与西文的文字标注符合《建筑制图标准》(GB/T 50104—2010)的要求。

8.3.3.1　文字样式

本命令为天正自定义文字样式的组成，设定中西文字体各自的参数。

文字表格→文字样式(WZYS)。

单击菜单命令后，显示对话框如图 8-108 所示。

文字样式由分别设定参数的中西文字体或者 Windows 字体组成。由于天正建筑软件扩展了 AutoCAD 的文字样式,可以分别控制中英文字体的宽度和高度,达到文字的名义高度与实际可量度高度统一的目的,字高由使用文字样式的命令确定。

图 8-108　“文字样式”对话框

8.3.3.2　单行文字

本命令使用已经建立的天正文字样式,输入单行文字,可以方便为文字设置上下标、加圆圈、添加特殊符号,导入专业词库内容。

文字表格→单行文字(DHWZ)。

单击菜单命令后,显示对话框见图 8-109。

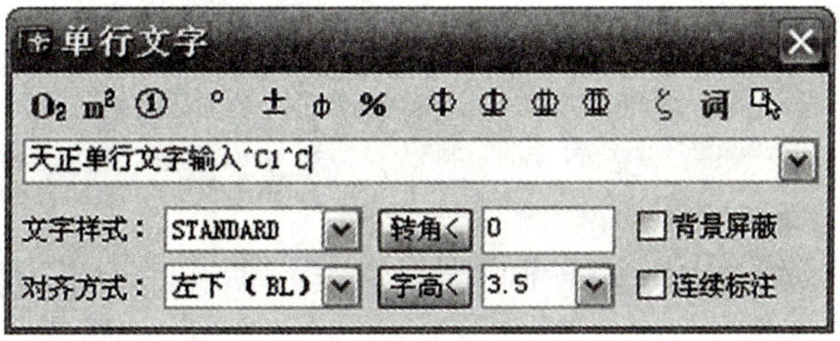

图 8-109　“单行文字”对话框

控件功能说明:

“文字输入列表”:可供键入文字符号;在列表中保存有已输入的文字,方便重复输入同类内容,在下拉列表选择其中一行文字后,该行文字复制到首行。

“文字样式”:在下拉列表中选用已由 AutoCAD 或天正文字样式命令定义的文字样式。

“对齐方式”:选择文字与基点的对齐方式。

“转角”:输入文字的转角。

“字高”:表示最终图纸打印的字高,而非在屏幕上测量出的字高数值,两者有一个绘图比例值的倍数关系。

“背景屏蔽”:勾选后文字可以遮盖背景,例如填充图案,本选项利用 AutoCAD 的 Wipe-Out 图像屏蔽特性,屏蔽作用随文字移动存在。

“连续标注”:勾选后单行文字可以连续标注。

“上下标”:鼠标选定需变为上下标的部分文字,然后单击上下标图标。

“加圆圈”:鼠标选定需加圆圈的部分文字,然后单击加圆圈的图标。

“钢筋符号”:在需要输入钢筋符号的位置,单击相应的钢筋符号。

“其他特殊符号”:单击进入特殊字符集,在弹出的对话框中选择需要插入的符号。

8.3.3.3　单行文字在位编辑实例

单行文字在位编辑:双击图上的单行文字即可进入在位编辑状态,直接在图上显示编辑框,方向总是按从左到右的水平方向,方便修改,如图 8-110 所示。

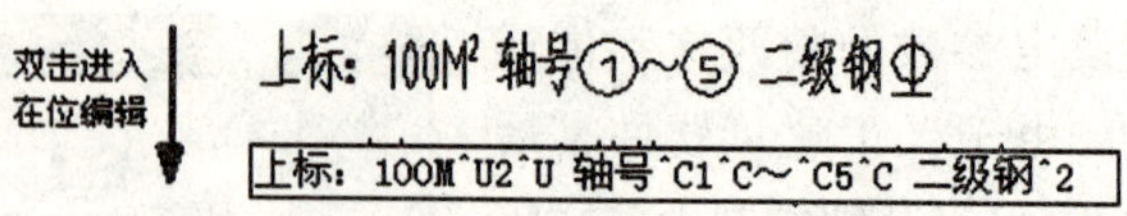

图 8-110　单行文字在位编辑

在需要使用特殊符号、专业词语等时，移动光标到编辑框外右击，即可调用单行文字的快捷菜单进行编辑，使用方法与对话框中的工具栏图标完全一致，如图 8-111 所示。

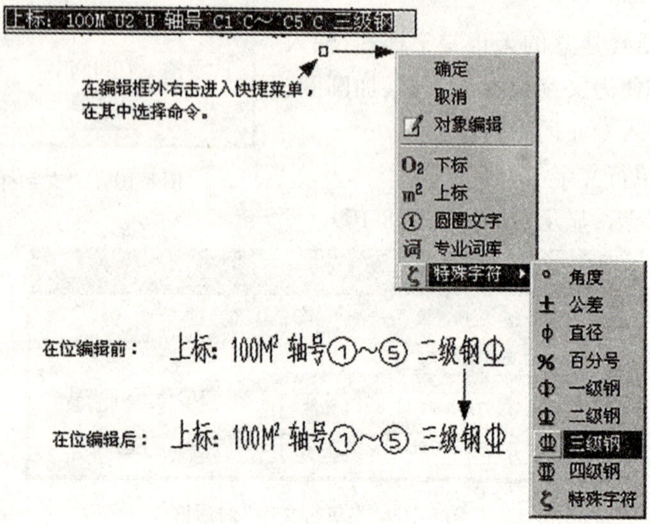

图 8-111　单行文字编辑

8.3.3.4　多行文字

本命令使用已经建立的天正文字样式，按段落输入多行中文文字，可以方便设定页宽与硬回车位置，并随时拖动夹点改变页宽。

文字表格→多行文字。

单击菜单命令后，显示对话框见图 8-112。

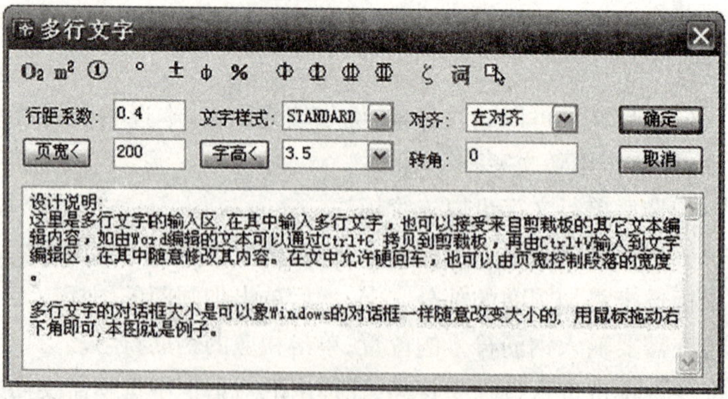

图 8-112　“多行文字”对话框

对话框控件的功能说明：

"文字输入区"：在其中输入多行文字，也可以接受来自剪贴板的其他文本编辑内容，如由 Word 编辑的文本可以通过 Ctrl + C 键拷贝到剪贴板，再由 Ctrl + V 键输入到文字编辑区，在其中随意修改其内容。允许硬回车，也可以由页宽控制段落的宽度。

"行距系数"：与 AutoCAD 的 MTEXT 中的行距有所不同，本系数表示的是行间的净距，单位是当前的文字高度，比如 1 为两行间相隔一空行，本系数决定整段文字的疏密程度。

"字高"：以毫米单位表示的打印出图后实际文字高度，已经考虑当前比例。

"对齐"：决定了文字段落的对齐方式，共有左对齐、右对齐、中心对齐、两端对齐 4 种对齐方式。

其他控件的含义与"单行文字"对话框的相同。

8.3.3.5 专业词库

本命令组织一个可以由用户扩充的专业词库，提供一些常用的建筑专业词语和多行文字段落随时插入图中。词库还可在各种符号标注命令中调用，其中"做法标注"命令可调用其中北方地区常用的 88J1 - X1(2000 版)工程做法的主要内容。从 TArch 8.0 版本开始提供以 xml 格式保存的词库数据，并把界面类型显示由列表改为树显示，并可由 dbf. txt 数据源读取数据转化为词库的 xml 文件，或将别的词库 xml 数据文件转化为词库的 xml 文件，同时支持将当前词库中数据导出为 txt 和 xml 文件。

在 TArch 8.0 版本中，词语可以在文字编辑区进行内容修改(更改或添加多行文字)，单击"修改索引"按钮把原词语作为索引使用，单击"入库"按钮可直接保存多行文字段落。

文字表格→专业词库(ZYCK)。

单击菜单命令后，显示对话框见图 8-113，在其中可以输入和输出词语、多行文字段落以至材料做法。

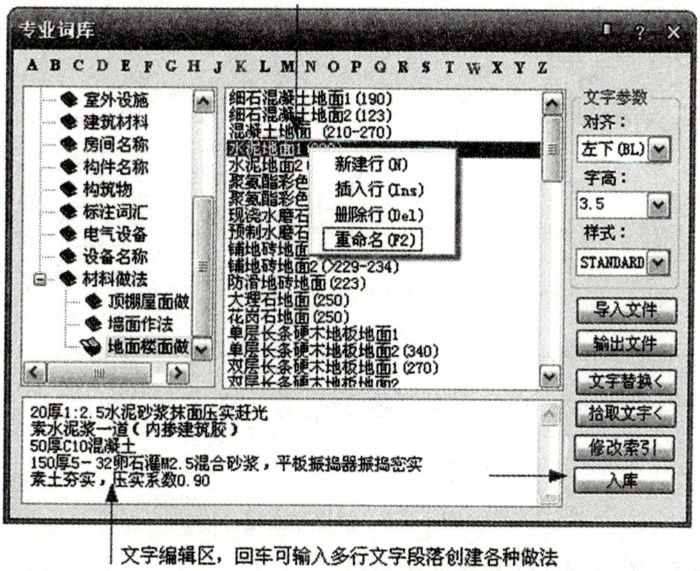

图 8-113 "专业词库"对话框

多行文字或材料做法入库词语索引可以重新命名。

8.3.3.6 创建表格

本命令根据已知行列参数通过对话框新建一个表格，提供以最终图纸尺寸值(毫米)为单位的行高与列宽的初始值，考虑了当前比例后自动设置表格尺寸大小。

文字表格→新建表格(XJBG)。

单击菜单命令后，显示“新建表格”对话框，见图 8-114。

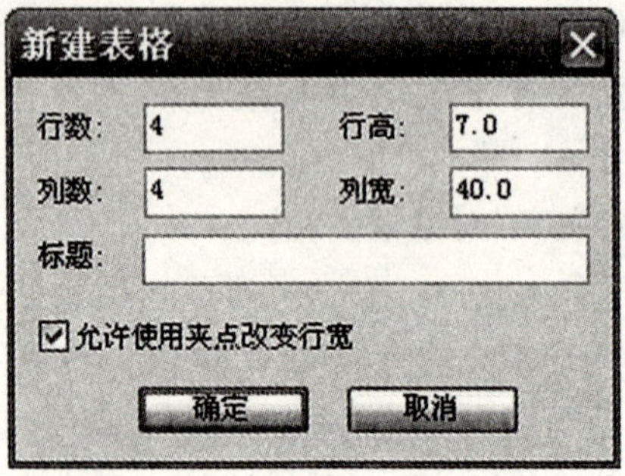

图 8-114 “新建表格”对话框

在其中输入表格的标题以及所需的行数和列数，单击“确定”按钮后，命令行提示：

左上角点或[参考点(R)]<退出>：（给出表格在图上的位置）

单击选中表格，双击需要输入的单元格，即可启动“在位编辑”功能，在编辑栏进行文字输入。

项目练习

1. 用天正建筑软件 TArch 2013 绘制如图 8-115 所示的楼梯平面图。

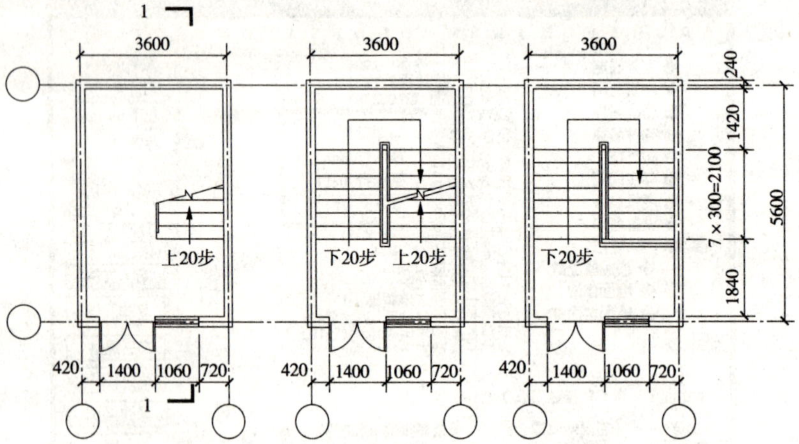

图 8-115 楼梯平面图

2. 绘制如图 8-116、图 8-117 所示的平面图。

3. 绘制如图 8-118 所示的平面图，并在此基础上生成正立面图、剖面图，对其进行编辑完善，达到图 8-118 餐厅正立面图和 1—1 剖面图设计深度要求。

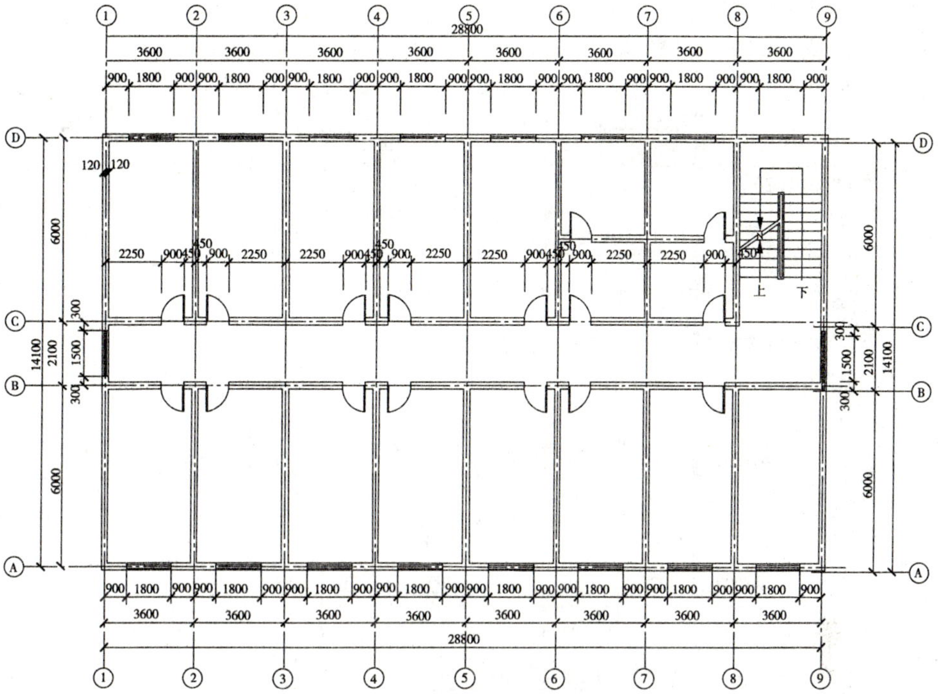

图 8-116　某办公楼标准层平面图(1∶100)

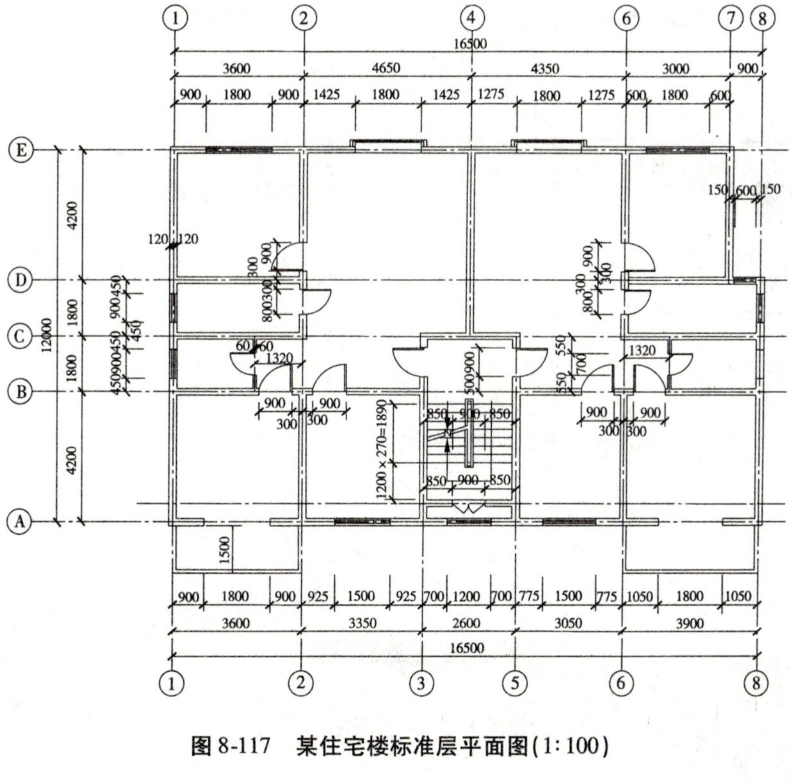

图 8-117　某住宅楼标准层平面图(1∶100)

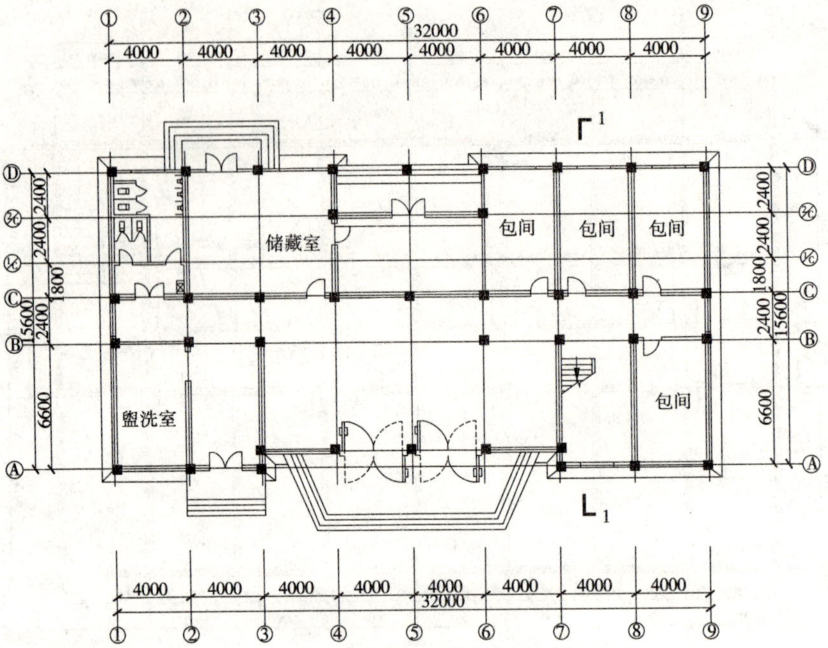

餐厅首层平面图1：100

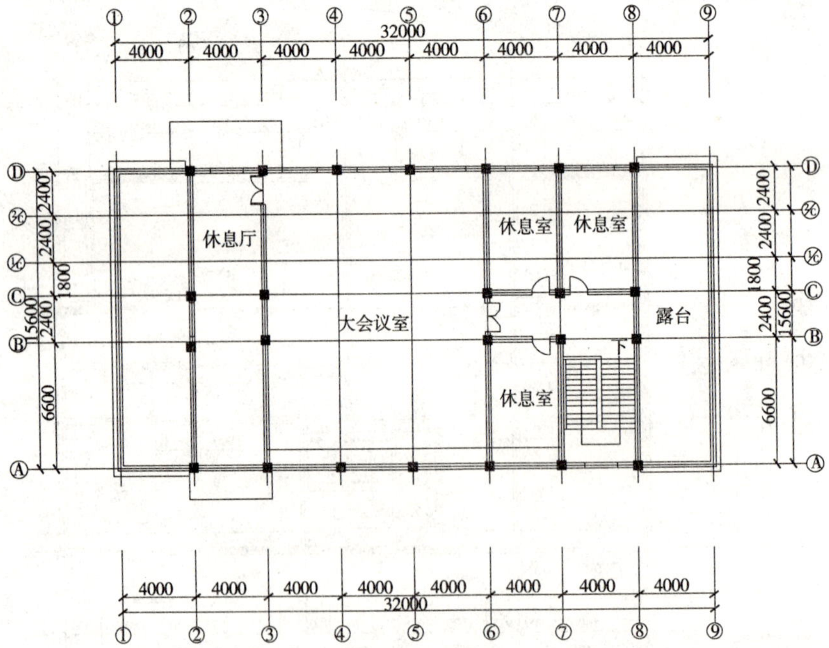

餐厅二层平面图1：100

图 8-118　某餐厅施工图

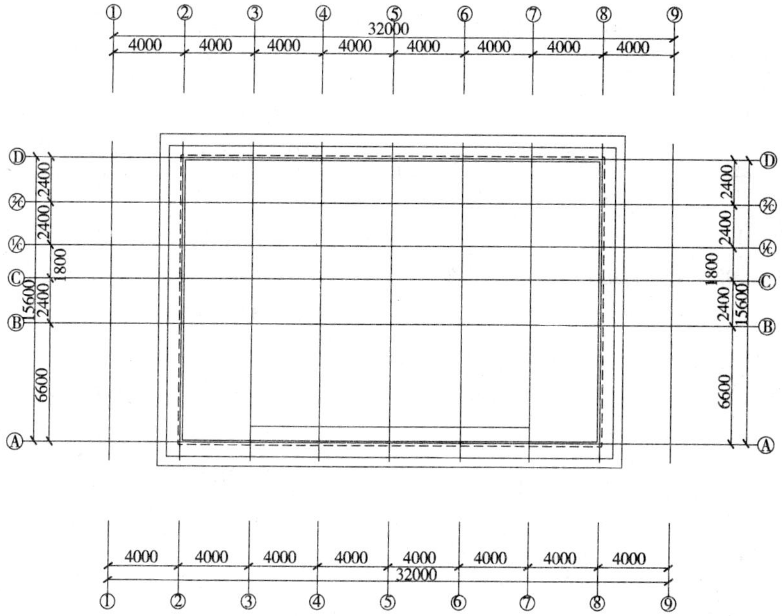

餐厅屋顶平面图1：100

餐厅正立面图1：100

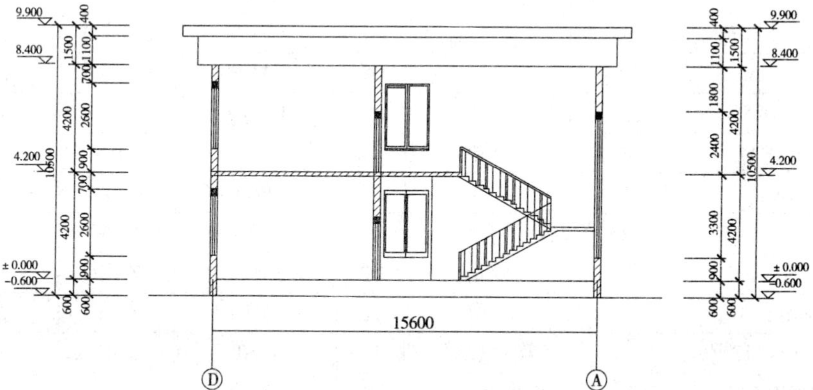

1—1剖面图1：100

续图 8-118

AutoCAD 常用命令快捷输入法

序号	命令	快捷键	命令说明	序号	命令	快捷键	命令说明
1	LINE	L	直线	39	DIMLINEAR	DLI	线性标注
2	XLINE	XL	参照线	40	DIMCONTINUE	DCO	连续标注
3	MLINE	ML	多线	41	DIMBASELINE	DBA	基线标注
4	PLINE	PL	多段线	42	DIMALIGNED	DAL	对齐标注
5	POLYGON	POL	正多边形	43	DIMRADIUS	DRA	半径标注
6	RECTANG	REC	矩形	44	DIMDIAMETER	DDI	直径标注
7	ARC	A	画弧	45	DIMANGULAR	DAN	角度标注
8	CIRCLE	C	画圆	46	DIMARC	DAR	弧长标注
9	SPLINE	SPL	样条曲线	47	DIMCENTER	DCE	圆心标注
10	ELLIPSE	EL	椭圆	48	QLEADER	LE	引线标注
11	INSERT	I	插入图块	49	DIMQ	快速标注	
12	MAKE BLOCK	B	创建块	50	DIMEDIE		编辑标注
13	WRITE BLOCK	W	写块	51	DIMTEDIT		编辑标注文字
14	POINT	PO	画点	52	DIMSTYLE		标注更新
15	HATCH	H	填充	53	DIMSTYLE	D	标注样式
16	REGION	REG	面域	54	HATCHEDIT	HE	编辑填充
17	TEXT	DT	单行文本	55	PEDIT	PE	编辑多段线
18	MTEXT	T	多行文本	56	SPLINEDIT	SPE	编辑样条曲线
19	ERASE	E	删除	57	MLEDIT		编辑多线
20	COPY	CO	复制	58	ATTEDIT	ATE	编辑属性
21	MIRROR	MI	镜像	59	BATTMAN		块属性管理器
22	OFFSET	O	偏移	60	DDEDIT	ED	编辑文字
23	ARRAY	AR	阵列	61	LAYER	LA	图层管理
24	MOVE	M	移动	62	MATCHPROP	MA	特性匹配
25	ROTATE	RO	旋转	63	PROPERTIES	CHMO	对象特征
26	SCALE	SC	比例缩放	64	NEW	Ctrl + N	新建文件
27	STRETCH	S	拉伸	65	OPEN	Ctrl + O	打开文件
28	TRIM	TR	修剪	66	SAVE	Ctrl + S	保存文件
29	EXTEND	EX	延伸	67	UNDO	U	回退一步
30	BREAK	BR	打断	68	PAN	P	平移
31	JOIN	J	合并	69	ZOOM + ↙	Z + ↙	实时缩放
32	CHAMFER	CHA	直角	70	ZOOM + W	Z + W	窗口缩放
33	FILLET	F	圆角	71	ZOOM + P	Z + P	前一视图
34	EXPLODE	X	分解	72	ZOOM + E	Z + E	范围缩放
35	LIMITS		图形界限	73	DIST	DI	测量距离
36	COPYCLIP	Ctrl + C	跨文本复制	74	AREA		测量面积
37	PASTCLIP	Ctrl + V	跨文本粘贴	75	MEASURE	ME	定距等分
38	帮助主体	F1		76	DIVIDE	DIV	定数等分